难混溶合金粉末内部形貌及其凝固机理

彭银利　著

华中科技大学出版社
中国·武汉

内 容 简 介

本书共9章，包括绪论，难混溶合金研究进展、不同相分离方式下第二相液滴长大及形貌组织，温度梯度场中形核-长大和调幅分解的相分离组织，温度梯度对相分离组织形貌的影响研究，不同粒径 Fe-Sn 合金粉末中形貌多样性机理研究，雾化合金微滴外围气流场的模拟仿真，粉末内部形貌与剖开面之间的内在联系，不同凝固条件下 Fe-Sn 合金的凝固形貌、相组成及合金条带中的结构分层现象。

本书紧密围绕难混溶合金粉末新材料，展开讨论了粉末内部形貌的多样性特征与规律，分析了“壳-核”结构粉末的形成机理，为继续深入开展难混溶合金研究的学者们和开发新材料、新技术的技术人员提供参考。

图书在版编目(CIP)数据

难混溶合金粉末内部形貌及其凝固机理 / 彭银利著. -- 武汉 ：华中科技大学出版社，2024. 7.
ISBN 978-7-5680-5718-9

Ⅰ. TG132.3；TF12

中国国家版本馆 CIP 数据核字第 20247N96G8 号

难混溶合金粉末内部形貌及其凝固机理
Nanhunrong Hejin Fenmo Neibu Xingmao ji Qi Ninggu Jili

彭银利　著

策划编辑：张　毅
责任编辑：杜筱娜
封面设计：廖亚萍
责任监印：朱　玢

出版发行：华中科技大学出版社(中国·武汉)　　电话：(027)81321913
　　　　　武汉市东湖新技术开发区华工科技园　　邮编：430223

录　　排：武汉正风天下文化发展有限责任公司
印　　刷：武汉市洪林印务有限公司
开　　本：710mm×1000mm　1/16
印　　张：13
字　　数：248千字
版　　次：2024年7月第1版第1次印刷
定　　价：89.00元

前　　言

金属粉末是现代工业生产中不可或缺的基础原料，目前被广泛应用于金属3D打印、粉末冶金、表面喷涂等技术领域。其中，自组装“壳-核”型金属粉末是粉体新材料中最具发展潜力的重要分支，其因具有特殊的微观结构和广阔的应用前景而备受研究者们的青睐。实际上，这类自组装结构常出现在难混溶合金粉末中，如Fe-Sn、Fe-Cu、Al-Bi和Cu-Co等。自组装行为发生在冷却凝固过程中，且十分复杂，涉及宏观传质与传热。因此，揭示难混溶合金粉末的内部形貌规律并阐明其多样性凝固组织的形成机理一直以来都是研究者们的关注焦点。

随着科技的不断进步和计算机运算能力的迅猛提升，多方法探究极大地提高了人们对难混溶合金凝固过程的认识，使人们对相分离过程有了更加深入的了解。例如，基于同步辐射方法原位观测相分离过程中第二相液滴的运动，采用中子衍射实时观察相分离过程并解析其中的微观结构，借助相场仿真模拟难混溶合金的凝固组织，以及利用透明难混溶体系与金属体系的相似性类比研究相分离组织的演化路径等。上述方法，本书都有涉及。如果仍有不明之处，敬请有兴趣的读者参考相关文献。

本书首先阐述了难混溶合金相分离时的热动力学过程和相关领域的最新研究进展；随后，依次分析了相分离方式、温度场类型和温度梯度对合金粉末凝固组织的影响；然后，探究了气流场和粉末制样时的剖开面对合金粉末热场和观测形貌的作用机制；最后，采用单辊技术研究了单向温度梯度场条件下合金中形成层状条带组织的演变规律。通过阅读本书，读者能够系统掌握难混溶合金粉末内部的多样性形貌及其相应的形成机理。同时，本书可为深入开展难混溶合金粉末研究的学者们和开发新材料、新技术的技术人员提供参考。

本书由南阳理工学院智能制造学院彭银利撰写，同时受河南省增材制造航空材料工程研究中心、南阳市增材制造技术与装备重点实验室、南阳理工学院博士科研启动基金项目、国家自然科学基金项目（52201044）的资助，在此一并表示感谢。此外，也非常感谢南阳市产业创新科技人才团队——南阳理工学院增材制造技术与装备科技创新团队的诸位成员，他们对本书提出了许多宝贵意见。

本书在撰写过程中借鉴了大量参考文献中的最新研究成果和宝贵数据资料，在此谨向相关学者表示衷心的感谢。

由于作者水平有限，书中难免有疏漏，敬请各位读者批评指正。

著　者

2024 年 2 月

目　录

第1章　绪论 …… 1

1.1　引言 …… 1

1.2　液-液相分离热力学 …… 11

1.2.1　热力学模型 …… 11

1.2.2　两种相分离方式 …… 15

1.3　相分离动力学 …… 18

1.3.1　形核-长大 …… 18

1.3.2　对流运动 …… 20

1.3.3　碰撞与凝并 …… 21

1.4　液滴生长及熟化规律 …… 23

1.5　研究意义 …… 26

本章参考文献 …… 27

第2章　难混溶合金研究进展 …… 36

2.1　引言 …… 36

2.2　多元合金体系中的难混溶区 …… 36

2.3　“壳-核”结构研究进展 …… 37

2.3.1　粉体法 …… 37

2.3.2　直观法 …… 41

2.3.3　相场模拟法 …… 43

2.4　难混溶合金的凝固组织及控制研究 …… 46

2.4.1　掺杂组元对合金凝固组织的影响 …… 47

2.4.2　引入电流对合金凝固组织的影响 …… 49

2.4.3　加载磁场对合金凝固组织的影响 …… 52

本章参考文献 …… 55

第3章　不同相分离方式下第二相液滴长大及形貌组织 …… 60

3.1　引言 …… 60

3.2 实验材料及过程 …… 61
3.2.1 实验材料 …… 61
3.2.2 样品制备与封装 …… 62
3.2.3 恒温场装置 …… 64
3.2.4 实验流程 …… 64
3.3 恒温场中的相分离过程 …… 65
3.3.1 调幅分解 …… 65
3.3.2 形核-长大 …… 66
3.4 液滴长大规律 …… 67
3.5 同一溶液中的两种相分离方式 …… 72
3.5.1 计算调幅分解线 …… 72
3.5.2 SCN-60% H_2O 溶液形核-长大过程 …… 73
3.5.3 SCN-60% H_2O 溶液调幅分解过程 …… 75
3.6 本章小结 …… 76
本章参考文献 …… 76

第4章 温度梯度场中形核-长大和调幅分解的相分离组织 …… 79
4.1 引言 …… 79
4.2 实验过程 …… 80
4.3 单向温度梯度场中的相分离组织 …… 82
4.3.1 SCN-70% H_2O 溶液微观相分离过程 …… 84
4.3.2 SCN-50% H_2O 溶液微观相分离过程 …… 86
4.4 圆形温度梯度场中的相分离组织 …… 87
4.5 温度梯度场形状对相分离组织的影响 …… 89
4.6 两种“核”形成路径 …… 92
4.7 本章小结 …… 95
本章参考文献 …… 96

第5章 温度梯度对相分离组织形貌的影响研究 …… 98
5.1 引言 …… 98
5.2 实验过程 …… 99
5.3 温度梯度对“壳-核”结构的影响 …… 100
5.3.1 SCN-50% H_2O 溶液相分离过程 …… 100
5.3.2 SCN-70% H_2O 溶液相分离过程 …… 103

5.4　“壳-核”结构对温度梯度的依赖性分析 …… 104
5.5　本章小结 …… 106
本章参考文献 …… 106

第 6 章　不同粒径 Fe-Sn 合金粉末中形貌多样性机理研究 …… 108
6.1　引言 …… 108
6.2　落管装置与实验过程 …… 109
6.3　Fe-58%Sn 合金凝固形貌 …… 111
6.4　粉末内部温度场 …… 113
6.5　第二相粒子的迁移距离 …… 118
6.6　第二相粒子碰撞强度 …… 122
6.7　原位观测结果及分析 …… 124
6.8　本章小结 …… 127
本章参考文献 …… 127

第 7 章　雾化合金微滴外围气流场的模拟仿真 …… 130
7.1　引言 …… 130
7.2　模型建立与网格划分 …… 131
7.2.1　模型及边界条件 …… 131
7.2.2　流体控制方程 …… 131
7.2.3　网格划分方法 …… 133
7.3　气流场 …… 134
7.3.1　微滴周围流场的建立及其特征 …… 134
7.3.2　气体初始速率对流场的影响 …… 136
7.3.3　网格模型独立性验证 …… 138
7.4　微滴-气之间传热过程分析 …… 139
7.5　微滴直径对流场的影响 …… 141
7.6　本章小结 …… 143
本章参考文献 …… 143

第 8 章　粉末内部形貌与剖开面之间的内在联系 …… 146
8.1　引言 …… 146
8.2　粉末制备实验与气流-温度场模型 …… 147
8.2.1　落管实验 …… 147

8.2.2 模型和温度场 …… 148
8.3 Fe-68%Sn 粉末的形貌 …… 149
8.4 粉末周围气流场和温度场 …… 150
8.4.1 气流场 …… 150
8.4.2 温度场 …… 152
8.4.3 Y 轴方向的温度分布 …… 154
8.5 不同截面上的内部形貌 …… 155
8.6 “核”的理论位置 …… 157
8.7 本章小结 …… 158
本章参考文献 …… 159

第9章 不同凝固条件下 Fe-Sn 合金的凝固形貌、相组成及合金条带中的结构分层现象 …… 164

9.1 引言 …… 164
9.2 实验方法 …… 165
9.2.1 母合金熔炼 …… 165
9.2.2 单辊法制备合金条带 …… 166
9.2.3 样品处理 …… 166
9.3 结果与分析 …… 167
9.3.1 常规凝固组织形貌 …… 167
9.3.2 常规凝固条件下的物相组成 …… 171
9.3.3 单辊快速凝固组织 …… 171
9.3.4 快速凝固条件下的相组成 …… 174
9.4 化学成分对 Fe-Sn 合金条带凝固组织的影响 …… 175
9.4.1 临界点成分左侧的合金 …… 175
9.4.2 临界点成分合金 …… 177
9.4.3 临界点成分右侧的合金 …… 179
9.4.4 难混溶区外的合金 …… 187
9.4.5 初始成分对相分离过程的影响 …… 188
9.5 冷却速率对 Fe-Sn 合金条带凝固组织的影响 …… 190
9.5.1 $Fe_{40}Sn_{60}$ 合金条带的分层现象 …… 190
9.5.2 $Fe_{32}Sn_{68}$ 合金条带的分层现象 …… 192
9.5.3 冷却速率对层数的影响分析 …… 194
9.6 本章小结 …… 195
本章参考文献 …… 196

第1章 绪　论

1.1 引　言

偏晶合金，又称难混溶合金(immiscible alloy)，是一类在工业和电子等领域具有广泛应用前景的功能型金属材料[1-4]。与其他金属材料相比，难混溶合金的应用在一定程度上依赖其特有的凝固特点，即在凝固过程中会经历分相行为。图1-1所示为典型的二元难混溶合金相图[5-9]，显然，相图中存在一个两相(L_1和L_2)共存区域，称为难混溶区(miscibility gap)，C_m为难混溶成分点。在液相线(阴影区域的上边界)以上，两相完全互溶成单一相(L相)。当初始成分介于C_m和C_f之间的难混溶合金降温冷却时，将穿过难混溶区，并在难混溶区内，合金由初始状态的单一相分解为两个共存相，即$L \longrightarrow L_1 + L_2$，这个过程就称为相分离(phase separation)。一般而言，L_1和L_2的体积所占比例不同。其中，体积比例低的一相叫作小体积分数相或第二相，而另一相叫作基体相。通常，第二相以小球状/液滴的形式存在于基体相中。

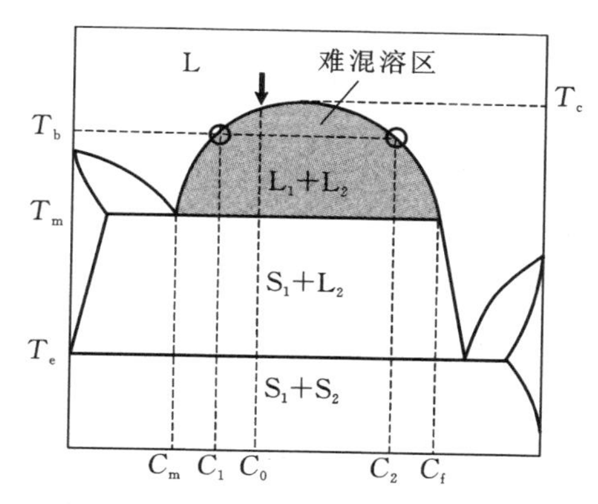

图1-1　典型的二元难混溶合金相图

难混溶合金的凝固过程十分特别。以C_0成分的合金凝固为例，其位置如图1-1中箭线所示。在温度为T_b时，平衡后基体相和第二相的组成分别为C_1和C_2；当温度降低至难混溶温度T_m时，体系将发生难混溶反应，即$L_1 \longrightarrow S_1 + L_2$；随着温度进

一步降低至 T_e，剩余液体 L_2 发生液-固相变；随后，凝固过程结束。在某些特殊条件下，例如存在温度梯度场和重力场等，第二相能够发生偏聚，致使凝固后组织呈现出特殊的结构形貌[10-16]。基于其形貌特异性，这类合金在诸多领域中表现出良好的应用前景。图 1-2 所示为难混溶合金的应用实例，如 Cu-Be 合金汽车轴瓦、Fe-Cu 基合金摩擦片、Cu-Cr 合金电触头开关器件等。

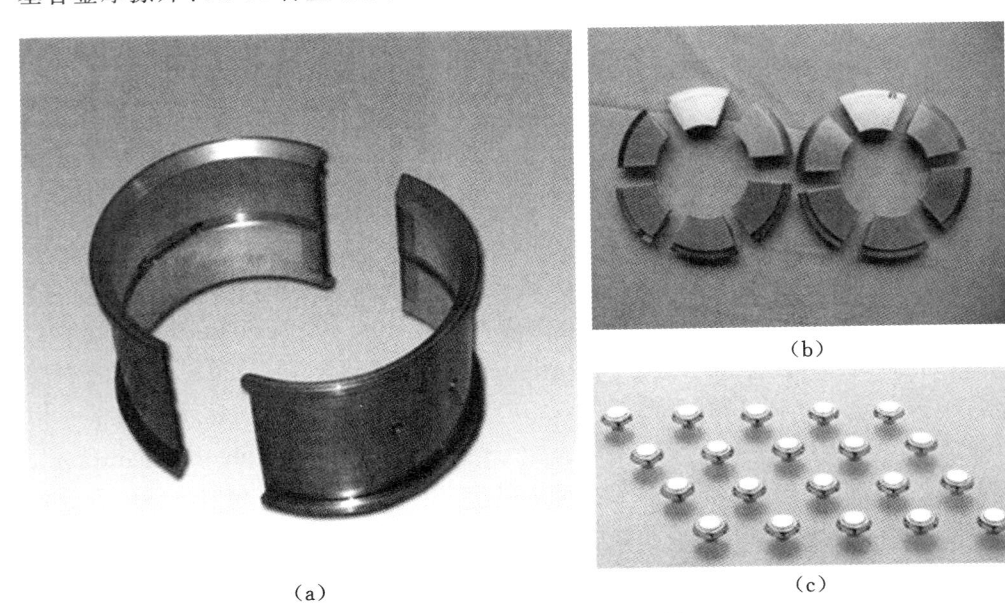

(a)　　(b)　　(c)

图 1-2　难混溶合金的应用实例

(a)Cu-Be 合金汽车轴瓦；(b)Fe-Cu 基合金摩擦片；(c)Cu-Cr 合金电触头开关器件

通常情况下，合金的具体应用方向与其结构紧密相关。例如，由富 Fe 相包裹富 Cu 相的纳米型 Fe-Cu 合金粉末表现出良好的催化性能[17-19]；由 Fe 相包覆的 Cu 基合金导线可以用于高铁电缆，减轻质量的同时提升输电能力[20,21]；Bi-Ga 合金因具有超导性能而常常应用于制备半导体器件[22-24]；当 Cu-Pb-Sn、Al-Pb、Ni-Pb 合金中较软的 Pb 相弥散分布于较硬的 Cu 相、Al 相及 Ni 相中时，材料表现出很好的耐磨性能，常用作自润滑汽车轴瓦材料[8,25-28]；纤维状的 In 相嵌入 Al 基体中，能够大大提升 Al-In 合金的软磁性能[29-32]；具有“蛋-壳”型结构的 Cu-Bi-Sn 和 Sn-Pb-Bi 合金在 BGA(球栅阵列封装)电子封装过程中可用作填充焊料，具有良好的导热性能和力学支撑特性等[33-37]；Cu-Co 合金[37-40]和 Zn-Bi 合金纳米粒子都是良好的电化学材料[41-44]，通常在电化学反应中充当电极材料，其中 Cu-Co 合金还表现出高矫顽力，因而常用于制备永磁体[45-48]；当较硬颗粒 Ni 相(Cr 相)均匀分散于 Ag 相(Cu

相）基体中时，合金具有较高的强度和比热容、耐电磨损等特性[49-51]，常常依靠其良好的热加工性能制备电阻和电接触材料，目前已广泛应用于等负荷接触器和铁路继电器、磁性启动器等诸多领域。由此可见，难混溶材料在当今工程材料领域中占据着极其重要的地位。因此，全面地掌握难混溶合金的凝固过程并进一步揭示形貌组织的规律显得日益迫切。同时，制备性能更优的难混溶合金，对当下技术提出了新的挑战。

截至目前，已发现具有稳定难混溶区的二元难混溶合金种类繁多，主要集中在Ag、Bi、Cu和Ca等合金系。表1-1所示为含稳定难混溶区的二元难混溶体系。

表1-1 含稳定难混溶区的二元难混溶体系[51]

Ag-B	B-Ge	Bi-Mn	Ce-Eu	Cu-Se	Fe-Sn	K-Tb	Na-Y
Ag-Co	B-Sn	Bi-Rb	Ce-K	Cu-Tu	Fe-Sr	K-Ti	Na-Zn
Ag-Cr	Ba-Ce	Bi-Se	Ce-Li	Cu-U	Ga-Hg	K-Tm	Nd-Sr
Ag-Fe	Ba-Cr	Bi-Si	Ce-Mo	Cu-V	Ga-Te	K-V	Nd-Ti
Ag-Ir	Ba-Fe	Bi-V	Ce-Na	Cu-W	Gd-K	La-Li	Nd-V
Ag-K	Ba-Gd	Bi-Zn	Ce-Ti	Cr-Pb	Gd-Li	La-Na	Ni-Pb
Ag-Mn	Ba-K	Ca-Cd	Ce-Zr	Cr-Sn	Gd-Mo	La-Ti	Ni-Sr
Ag-Nb	Ba-La	Ca-Ce	Co-In	Dy-K	Gd-Na	Li-Cs	Ni-Tl
Ag-Ni	Ba-Mn	Ca-Cr	Co-Li	Dy-Li	Gd-Sr	Li-Fe	Pb-Se
Ag-Os	Ba-Nd	Ca-Er	Co-Pb	Dy-Na	Gd-Ti	Li-K	Pb-Si
Ag-Rh	Ba-Pm	Ca-Gd	Co-Tl	Dy-Sr	Gd-V	Li-Na	Pb-Zn
Ag-Se	Ba-Pr	Ca-K	Cr-Er	Dy-Ti	Hf-Mg	Li-Ni	Pb-Zr
Ag-Ta	Ba-Ru	Ca-La	Cr-K	Dy-V	Ho-K	Li-Pm	Sc-V
Ag-U	Ba-Sc	Ca-Mn	Cr-La	Er-K	Ho-Mo	Li-Sm	Sc-Sr
Ag-V	Ba-Sm	Ca-Na	Cr-Li	Er-Na	Ho-Na	Lu-Na	Sc-V
Ag-W	Ba-Ti	Ca-Nd	Cr-Mg	Er-Sr	Ho-Sr	Lu-Sr	Se-Tl
Al-Bi	Ba-Y	Ca-Pm	Cr-Na	Er-V	Ho-Ti	Lu-V	Si-Tl
Al-Cd	Ba-Zr	Ca-Pr	Cr-Pb	Eu-Li	Ho-V	Lu-Yb	Sm-Ti
Al-In	Be-K	Ca-Sc	Cr-Pm	Eu-Mn	In-Te	Mg-Mn	Sm-V
Al-K	Be-Li	Ca-Sm	Cr-Pr	Eu-Na	In-V	Mg-Mo	Sn-Zr

续表

Al-Na	Be-Mg	Ca-Tb	Cr-Sm	Eu-Ti	K-La	Mg-Nb	Sn-W
Al-Pb	Be-Na	Ca-Ti	Cr-Sn	Eu-V	K-Li	Mg-Ru	Sr-Tb
Al-Tl	Be-Se	Ca-Tm	Cr-Sr	Eu-Zr	K-Mg	Mg-Ta	Sr-Ti
As-Tl	Be-Sn	Ca-W	Cr-Y	Fe-In	K-Mn	Mg-W	Sr-Tm
Au-Rh	Be-Sr	Ca-Zr	Cs-Fe	Fe-K	K-Mo	Mg-Zr	Tb-Ti
Au-Se	Be-Zn	Cd-Cr	Cu-K	Fe-Li	K-Nd	Na-Ni	Tb-V
Au-W	Bi-Co	Cd-Fe	Cu-Mo	Fe-Mg	K-Ni	Na-Pr	Ti-Yb
Au-Ru	Bi-Cr	Cd-K	Cu-Na	Fe-Na	K-Pb	Na-Tb	V-Y
Au-Mo	Bi-Ga	Ce-Cr	Cu-Ru	Fe-Rb	K-Sr	Na-Tm	W-Zn

近年来,球状难混溶合金中出现的一类具备“壳-核”结构的功能材料引起研究者们的广泛关注[52-57]。研究者们旨在揭示“壳-核”结构的形成机理,为进一步开发和利用新材料提供重要的理论指导。Shi 等人[58,59]率先利用雾化液态金属法制备了 Fe-Cu 基“壳-核”结构粉末,其赤道面形貌如图 1-3 所示。从图 1-3 中不难看出,该课题组在实验中获得了不同形式的“壳-核”结构形貌和不同层数的“壳-核”结构组织。随后,Jiang 等人[60-63]发展了一种数值计算模型,研究了“壳-核”结构的演化路径及相应的形成机理,且计算结果与实验结果较为符合。与此同时,Wu 等人[64-66]利用相场法还原了第二相液滴在球状难混溶合金粉末中的形成过程及“壳-核”结构的演化过程,并利用 3 m 落管实验在多体系中验证了这一结论。Wang 等人[67]也利用落管法在 Fe-Sn 和 Cu-Pb 等二元体系中开展了“壳-核”结构形成机理研究,在不同成分的难混溶体系中得到了多样的组织形貌,包括“壳-核”结构、弥散结构和非规则结构等,揭示了界面张力对“壳-核”层数的作用机理及成分对凝固形貌的影响规律。综合以上研究,“壳-核”结构的形成过程大体可以描述如下[68-70]:球状难混溶合金因整体温度降低,首先在合金微球外侧发生相分离,析出第二相液滴,然后合金熔体由外及内逐步分解为两相。与此同时,合金球体内部出现了温度梯度,方向指向液滴内部,在第二相与基体相之间界面张力的作用下,第二相液滴向球状合金的几何中心迁移,经历汇聚和碰撞等一系列过程,最终在合金液滴的中心形成大尺寸第二相聚集体,待球状合金完全凝固为粉末,即形成了“壳-核”组织。这种金属颗粒被称为“壳-核”粉末,其形成过程得到了研究者的普遍认可。

实际上,对于球状难混溶合金粉末而言,影响其内部凝固组织形貌的因素较多。例如,第二相析出速率、生长尺寸、体积占比、移动速率和球状合金粉末的冷却

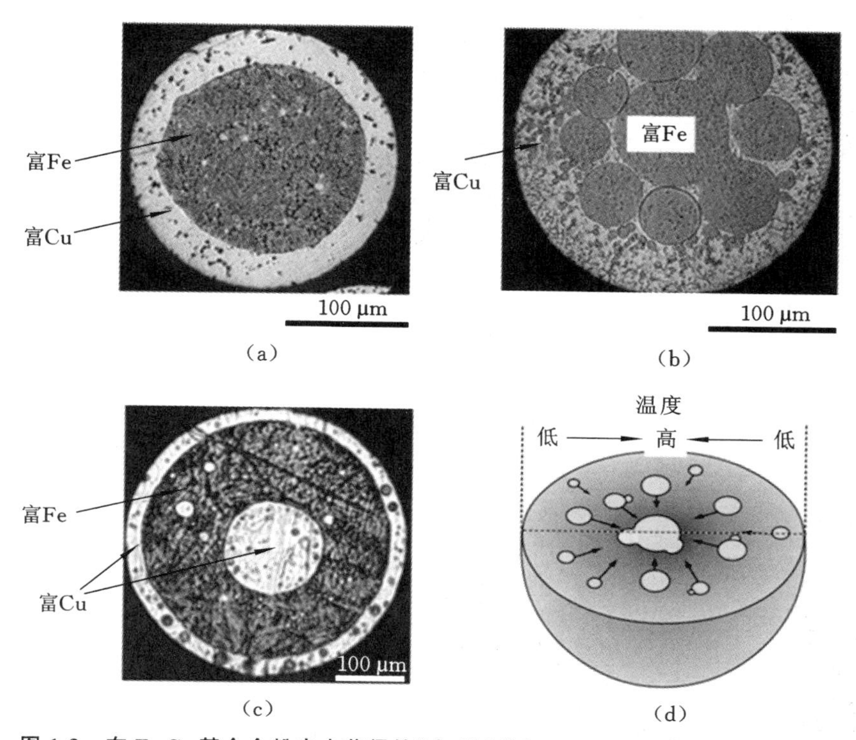

图 1-3　在 Fe-Cu 基合金粉末中获得的“壳-核”状凝固组织及其形成机理示意图

(a)、(b)两层状 Cu-31.4Fe-3Si-0.6C 合金粉末的横截面形貌；(c)三层状 Cu-51.4Fe-3Si-0.6C 合金粉末的横截面形貌；(d)合金粉末内部“核”结构的演化示意图

速率等，都会影响第二相液滴向合金粉末中心移动或者汇聚，从而导致合金粉末内部的凝固组织十分复杂。图 1-4 给出了近年来研究者们在难混溶合金(包含亚稳定合金系)粉末/颗粒中获得的多种凝固组织形貌。通过对比不难发现，粉末内的形貌十分丰富，包含“壳-核”型、弥散型、枝晶型和不规则核等多种形貌。

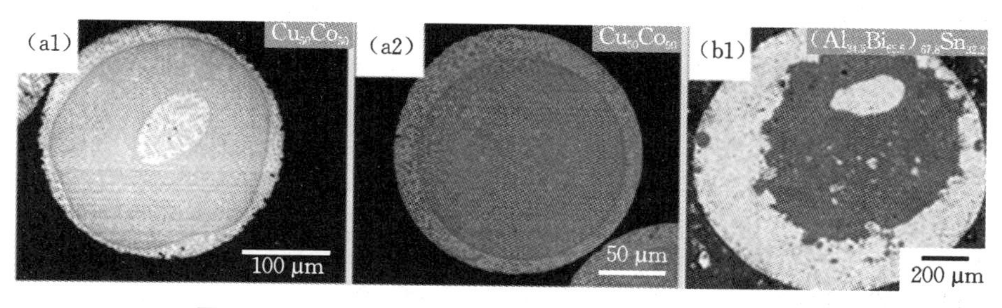

图 1-4　难混溶合金粉末/颗粒中的多种凝固组织形貌

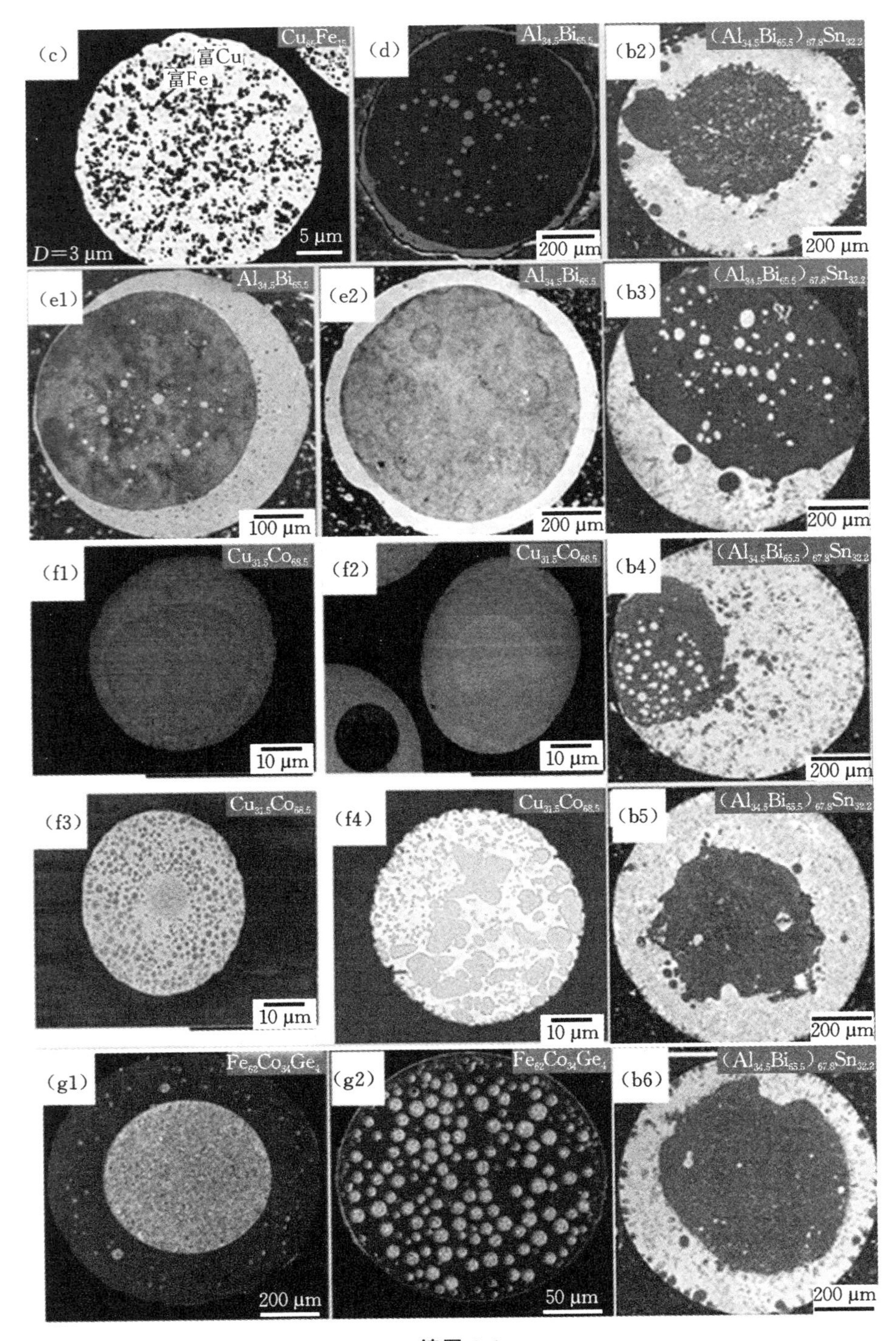
(c)
$Cu_{85}Fe_{15}$
富Cu
富Fe
5 μm
D=3 μm
(d)
$Al_{34.5}Bi_{65.5}$
200 μm
(b2)
$(Al_{34.5}Bi_{65.5})_{67.8}Sn_{32.2}$
200 μm
(e1)
$Al_{34.5}Bi_{65.5}$
100 μm
(e2)
$Al_{34.5}Bi_{65.5}$
200 μm
(b3)
$(Al_{34.5}Bi_{65.5})_{67.8}Sn_{32.2}$
200 μm
(f1)
$Cu_{31.5}Co_{68.5}$
10 μm
(f2)
$Cu_{31.5}Co_{68.5}$
10 μm
(b4)
$(Al_{34.5}Bi_{65.5})_{67.8}Sn_{32.2}$
200 μm
(f3)
$Cu_{31.5}Co_{68.5}$
10 μm
(f4)
$Cu_{31.5}Co_{68.5}$
10 μm
(b5)
$(Al_{34.5}Bi_{65.5})_{67.8}Sn_{32.2}$
200 μm
(g1)
$Fe_{62}Co_{34}Ge_{4}$
200 μm
(g2)
$Fe_{62}Co_{34}Ge_{4}$
50 μm
(b6)
$(Al_{34.5}Bi_{65.5})_{67.8}Sn_{32.2}$
200 μm

续图 1-4

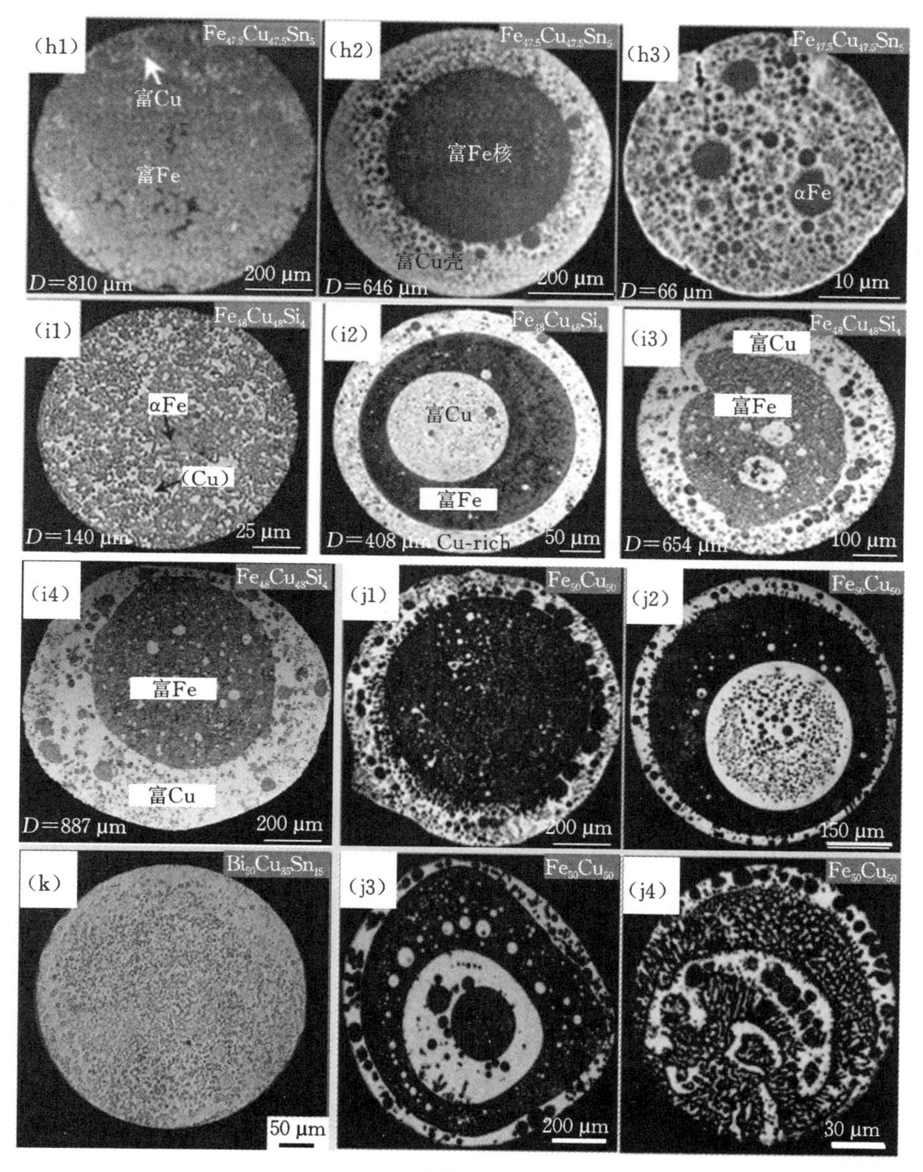

续图 1-4

仔细分析图 1-4，可以发现粉末中的凝固形貌总体可以分为六种类型，如图 1-5 所示。图 1-5(a)～(c)依次给出“壳-核”型、多核型、“壳-核-晕”三层状。图 1-5(d)～(f)为含有弥散颗粒的“壳-核”结构，但这些小颗粒所处位置不同，这是因为颗粒来源不同：图 1-5(d)中深色粒子为相分离第二相；图 1-5(e)“核”中的灰白色粒子可能为二次分相产物;而图 1-5(f)中既含有一次分相粒子(深色粒子),又含有二次分相粒子("核"结构中的灰色粒子)。

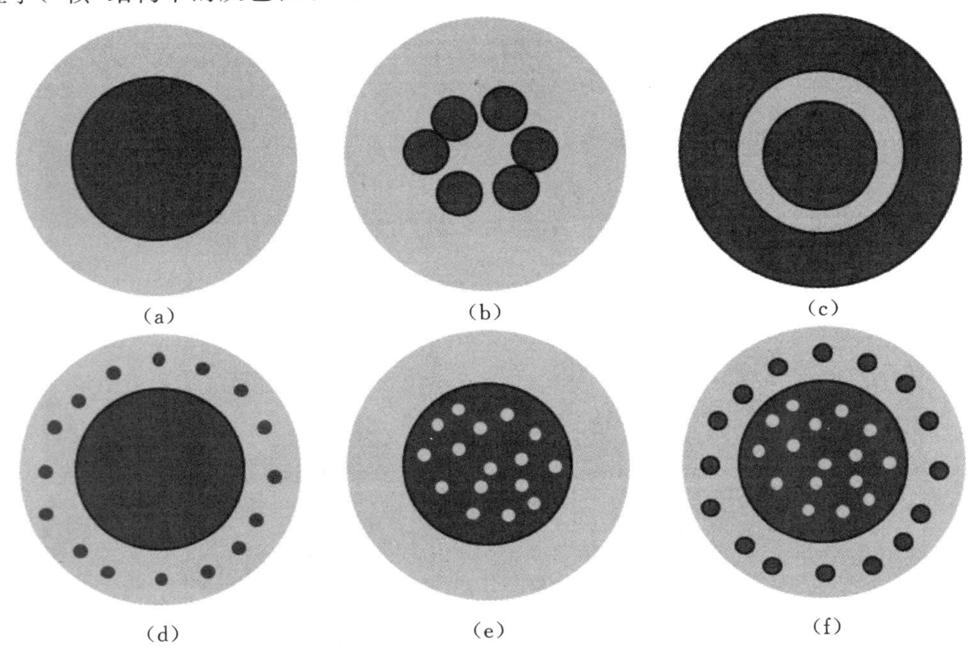

图 1-5 难混溶合金粉末内部典型的六种凝固形貌

然而,目前有关"壳-核"结构形貌形成过程的研究还不够全面、深入。首先,金属不透明性极大地限制了研究者在真实条件下开展原位观测实验,导致上述"壳-核"结构演化过程很难在实验上直观地被证实。其次,尽管已有大量文献利用相场模拟法和数值模型法研究了"壳-核"结构形成机理,但涉及的多个液滴的迁移过程及它们之间的碰撞过程尤为复杂[71-73],且模拟计算对真实的合金体积也有一定的限制,这些因素都导致计算机辅助的研究方法存在一定的局限性[74,75]。最后,有关"壳-核"结构的形成机理探究往往建立在对凝固组织形貌的推断之上,中间部分演化细节的缺失使得这种研究方法仍然缺乏一定的可靠性。根据以上事实不难发现,更好地设计和利用特殊结构的难混溶材料仍然面临着巨大挑战,因此系统地研究球状难混溶合金的凝固过程及其机理至关重要。由以上分析可知,目前已有的研究对"壳-核"结构的中间演化路径关注较少,而这一环节恰恰是全面认识这种结构形貌和揭示其机理的关键所在。基于此,本书将从"壳-核"结构演化路径着手,逐步分析其形成过程,进而揭示"壳-核"结构的形成机理。

早期研究发现[56,65],球状难混溶合金内部的终态结构与初始成分有关。图 1-6

(a)～(c)给出了 Fe-Sn 合金中比较常见的几种组织形貌，圆形区域为粉末颗粒的横截面扫描电子显微镜(SEM)图像。与之相对应的合金成分如图 1-6(d)所示。能谱分析表明，灰白色(亮)区域为富 Sn 相，而深灰色(暗)区域为富 Fe 相。这一点与早期有关小体积分数相的计算吻合。在临界点成分 Fe-68%Sn 合金中得到了“壳-核”结构，如图 1-6(b)所示，其中，“核”为富 Sn 相，而在临界点成分上、下均容易得到弥散结构组织，如图 1-6(a)和(c)所示。这一规律与本课题组发表的结果及国内外课题组得到的结论完全相符[76,77]。通过对比不难发现，图中这几种粉末颗粒的直径相近，约为 400 μm，即在其自由凝固过程中内部温度场差别较小。然而，其内部形貌差异明显。其中最为显著的一个微观特点是，在最高点成分处，第二相粒子尺寸相对较大。由此说明，影响液滴半径的因素也可能是形成这种形貌差异的原因之一。

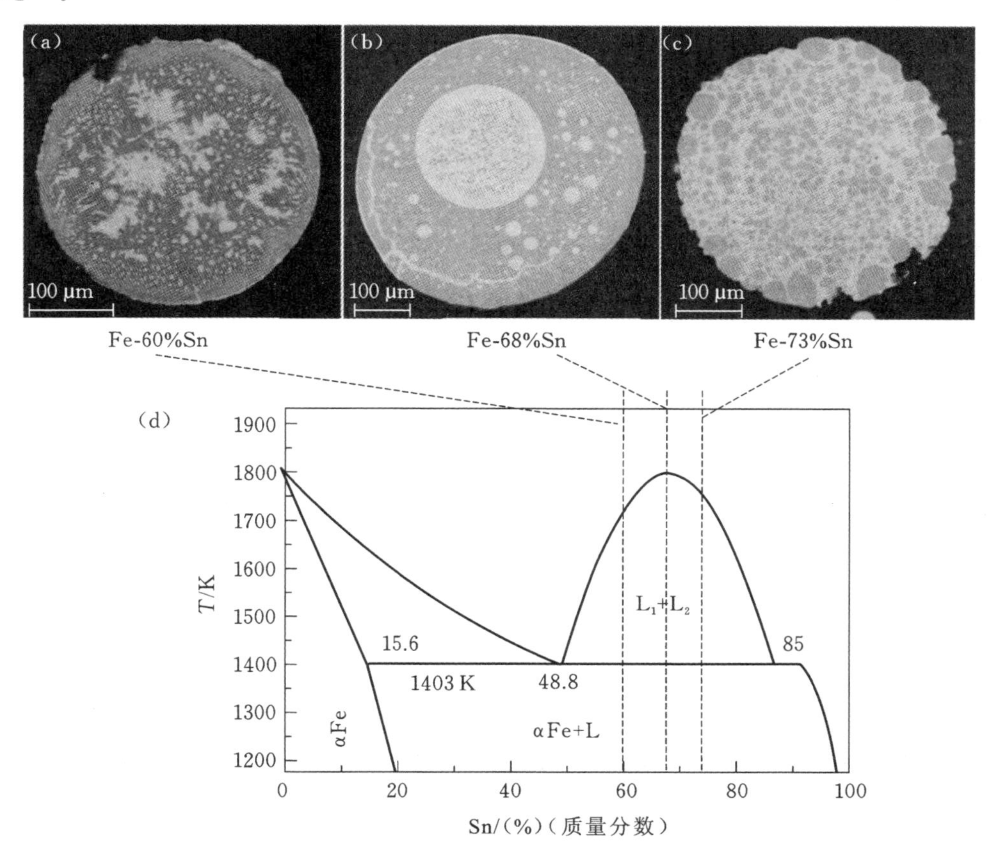

图 1-6　Fe-Sn 合金中常见的组织形貌及与之相对应的合金成分

众所周知，液滴半径变化是一个动力学过程，与相分离方式有关。难混溶区内存在两种相分离方式[78-80]：形核-长大(nucleation-growth)和调幅分解(spinodal decomposition)。已有研究发现，Fe-68%Sn合金的相分离方式为调幅分解，而Fe-60%Sn合金和Fe-73%Sn合金的相分离方式以形核-长大为主。就热动力学过程而言，这两种相分离方式完全不同，主要表现在相分离热力学和生长动力学两个方面。

(1) 相分离热力学。针对形核过程，体系首先需要克服一定的能量势垒，在局部区域出现溶质聚集，呈亚稳态[81,82]。当形核尺寸超过临界晶核尺寸时，析出稳定的晶核相，之后依靠溶质扩散长大。溶质依靠上坡扩散在整个范围内出现成分波动，当成分达到平衡时，体系立即析出球状第二相液滴。通常情况下，第二相液滴弥散分布在基体相中。

(2) 生长动力学。第二相液滴生长速率存在明显差异。在恒温条件下，由于形核初期第二相液滴间距较大，此时第二相液滴生长过程完全依靠溶质下坡扩散，溶质由基体相扩散至两相界面，之后进入第二相液滴中，这时第二相液滴半径 r 与时间 t 的关系为 $r \sim t^{1/2}$[83]；当溶质达到平衡时，溶质基本不再随时间发生变化，此时，第二相液滴长大受界面自由能驱使，称为第二相熟化，满足 $r \sim t^{1/3}$ 的长大规律。而调幅分解属于自发式分解[84,85]，该过程不需要消耗能量，在分解过程中首先出现纳米级的网络状组织，呈周期性分布规律，其特征波长与时间的关系为 $L \sim t^{1/3}$；当界面出现后，微观液流起主导作用[86]，控制第二相液滴的熟化过程，长大规律满足 $r \sim t$[87,88]。通常情况下，调幅分解在第一阶段($L \sim t^{1/3}$)时间极短，即第二相液滴长大主要受第二阶段($r \sim t$)控制[89,90]。

相分离方式对第二相液滴析出及其长大速率的影响明显不同，从而可以推断：在相同时间内，依靠调幅分解方式产生的第二相液滴半径相对较大，而形核产生的第二相液滴半径往往较小。当两种液滴同处于相同温度梯度场中时，大尺寸第二相液滴能够迁移更远的距离，因此，相分离形貌可能致使最终的组织形貌出现明显差异。尽管目前已有大量研究集中探究了相分离形貌组织的影响因素，但有关相分离方式对球状难混溶合金中相分离形貌及终态下的“壳-核”结构的机理研究却少有报道。由此可见，从相分离方式的角度出发，考察形核-长大和调幅分解对相分离形貌的影响具有重要的研究意义。

除此之外，碰撞是影响球状合金内部形貌的另一个重要因素。其原因是，第二相液滴相互碰撞决定了第二相在球状合金内部的聚集状态，从而影响难混溶合金的终态组织形貌。当碰撞程度较弱时，第二相液滴半径变化不明显，此时第二相液滴因迁移速率较慢而容易被液-固界面捕捉，从而形成弥散结构。若第二相液滴在发生碰撞后能够在球状中心位置形成几个相互独立的球状聚集体，凝固后形貌将呈多核结构。如果大量第二相液滴在球状合金的中心位置碰撞形成一个球结构聚集体，那么在这种情况下凝固形貌将是“壳-核”结构。由此可见，系统地研究第二相液滴碰撞过程是进一步揭示“壳-核”结构形成机理的关键所在。

目前，有关第二相液滴碰撞的研究已有很多。例如，Wang 等人[2,58,59]利用气体雾化技术在 Fe-Cu 基合金中获得了多样的“壳-核”结构，并研究了第二相液滴碰撞对组织形貌的影响，结果表明：第二相液滴迁移至合金粉末几何中心，经历碰撞和凝并过程形成“壳-核”结构。赵九洲等人建立了“壳-核”结构数值模型，用于描述相分离组织演化过程，计算了第二相液滴在液态合金中的碰撞函数，研究结果表明：第二相液滴与固-液界面的相互作用将影响终态下的形貌结构。Munitz 等人[91]利用 6.5 m 落管实验研究了亚稳难混溶 Cu-Co 合金中相分离组织与冷却速率的关系，并得到了“壳-核”结构，研究结果表明：“壳-核”结构是过冷度和第二相液滴碰撞时间平衡的结果。然而，针对“壳-核”结构演化途径，尤其是合金内部第二相液滴由单个状态演变为中心“核”的过程仍然缺乏深入研究。简而言之，金属体系中的第二相液滴碰撞过程缺失，导致“壳-核”结构形成机理尚不清晰。因此，直观地获得第二相液滴在温度梯度场中的演化过程是揭示“壳-核”结构形成机理的关键所在。

针对以上问题，本书以透明“合金”丁二腈-水（SCN-H_2O）难混溶体系为研究对象，原位观测不同相分离方式下第二相液滴在温度梯度场中的动态过程，研究其动力学行为，阐明组织形成及第二相液滴碰撞规律，揭示相分离方式和第二相液滴间相互碰撞行为对“壳-核”结构形成过程的作用机理。此外，实验中还利用落管法检验了二元 Fe-Sn 难混溶合金中第二相液滴之间相互作用强度对“壳-核”结构形貌的影响，将其和透明体系相比较，从而揭示难混溶合金粉末中的特殊结构形貌形成机理。

1.2 液-液相分离热力学

相分离是由一种相转变为另一种相的相变过程。这种变化需要做功或消耗能量才能实现。对难混溶合金而言，通常情况下合金体系在难混溶区内分解为两种共存液相，也就是说，相变过程涉及二元相的分离。为了使模型和计算简单，这里仅以二元溶液为例，说明其中的能量变化。由热力学原理可知，只有当体系的吉布斯自由能变化量小于零时，相变过程才能自发进行，液-液相变也是如此。

1.2.1 热力学模型

设 X_A mol A 原子和 X_B mol B 原子的总量为 1 mol，A 原子和 B 原子混合形成合金示意图如图 1-7(a)所示。混合前，A、B 两原子独立存在，此时体系的摩尔吉布

斯自由能为纯组元的摩尔吉布斯自由能的线性叠加，即

$$G^{L}_{(A+B)}=X_{A}G^{0}_{A}+X_{B}G^{0}_{B} \tag{1-1}$$

式中：X_A、X_B——组元A、B的摩尔分数，且 $X_A+X_B=1$；

G^0_A、G^0_B——组元A、B的摩尔吉布斯自由能；

$G^L_{(A+B)}$——体系为纯组元A和B时的摩尔吉布斯自由能。

这里，假设A、B两种原子的尺寸相当且相互独立，在形成合金前后体积不发生变化。

当A、B混合形成合金时，体系的摩尔吉布斯自由能G^L_{alloy}可以表示为

$$G^{L}_{alloy}=X_{A}\overline{G}^{L}_{A}+X_{B}\overline{G}^{L}_{B} \tag{1-2}$$

式中：$\overline{G}^L_A$、$\overline{G}^L_B$——组元A、B的偏摩尔吉布斯自由能。

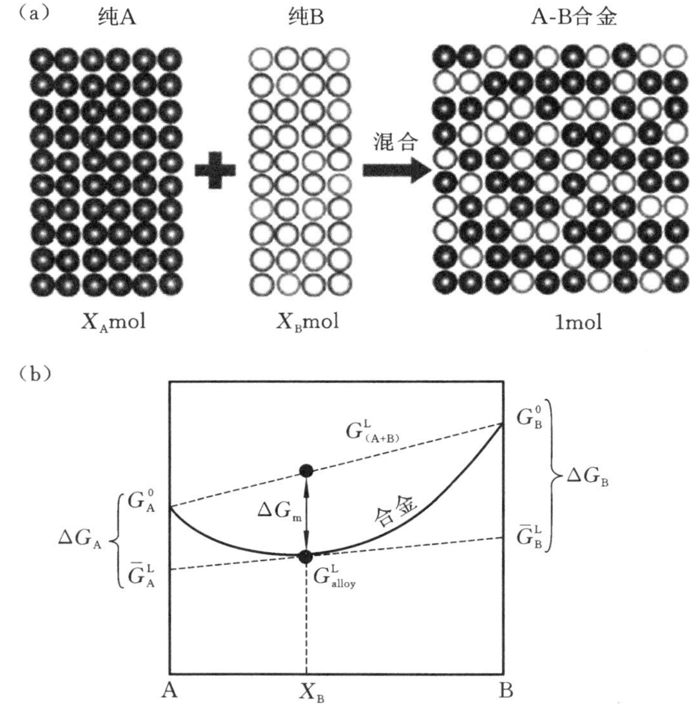

图1-7 (a)A、B两种原子混合形成合金示意图；(b)混合时体系的能量变化

为了区分$G^L_{(A+B)}$和G^L_{alloy}，图1-7(b)中用虚线和实线分别表示混合前与混合后的吉布斯自由能。偏摩尔吉布斯自由能$\overline{G}^L$是通过作G^L_{alloy}曲线的切线得到的。那么，混合后形成液态合金时体系的摩尔吉布斯自由能变化量为ΔG_m，可以写成：

$$\begin{aligned}\Delta G_m &= G^L_{alloy} - G^L_{(A+B)} \\ &= (X_A \overline{G}^L_A + X_B \overline{G}^L_B) - (X_A G^0_A + X_B G^0_B) \\ &= X_A (\overline{G}^L_A - G^0_A) + X_B (\overline{G}^L_B - G^0_B) \\ &= X_A \Delta G_A + X_B \Delta G_B\end{aligned} \tag{1-3}$$

ΔG_m 的大小已在图 1-7(b)中标出。

根据 Gibbs-Helmholtz(吉布斯-亥姆霍兹)方程,有 $G=H-TS$,则 ΔG_m 和摩尔混合焓 ΔH_m 及摩尔混合熵 ΔS_m 有如下关系:

$$\Delta G_m = \Delta H_m - T\Delta S_m \tag{1-4}$$

式中:ΔH_m——形成每摩尔合金时因组元间的混合而产生的能量改变量。

对于理想溶液而言,无须考虑原子间相互作用力,即 $\Delta H_m=0$。然而,实际液体中原子间相互作用力是不同的,即 $\Delta H_m \neq 0$,其值与原子间的相互作用、键能和组分都有紧密联系。若不考虑体积在混合前后的变化,内能的变化就是焓变,即

$$\Delta H_m = I_{AB} X_A X_B \tag{1-5}$$

式中:I_{AB}——相互作用参量。

对于二元溶液,I_{AB} 可视为常数,不随溶液温度和浓度的改变而变化,可以表示为

$$I_{AB} = N_0 Z\varepsilon \tag{1-6}$$

式中:N_0——阿伏伽德罗常数;

Z——每个原子的结合键数;

ε——形成一个 A—B 键引起的能量变化。

由式(1-6)可知,I_{AB} 的正负取决于 A—B 键键能的大小,并有如下三种情况:

(1) $I_{AB}=0$,$\Delta H_m=0$,这种溶液被称为理想溶液;

(2) $I_{AB}<0$,$\Delta H_m<0$,合金形成时放热;

(3) $I_{AB}>0$,$\Delta H_m>0$,合金形成时吸热。

也就是说,当同类原子间的作用力较强时,异类原子间倾向于结合,即合金趋于两相分离状态。相分离过程就属于(3)这种情况。

对于 ΔS_m,根据玻尔兹曼(Boltzmann)公式和斯特林(Sterling)数学变换公式可得:

$$\Delta S_m = -R(X_A \ln X_A + X_B \ln X_B) \tag{1-7}$$

式中:R——气体常数。

联立式(1-1)~式(1-7),体系的摩尔吉布斯自由能变化量为

$$\Delta G_m = \Delta H_m - T\Delta S_m = I_{AB} X_A X_B + RT(X_A \ln X_A + X_B \ln X_B) \tag{1-8}$$

根据 ΔH_m(或者$I_{AB} X_A X_B$)值的正负,ΔG_m 可以分为以下两种情况:

(1) $\Delta H_m \leqslant 0$。当A/B组元混合系统放热或不放热时，ΔG_m 与 X_B 的关系如图1-8所示。可以看出，所有浓度下 $\Delta G_m < 0$，这意味着，A/B组元不需要借助外部能量就能够完全混合形成合金。以 X_0 成分的某种合金为例，若合金能够分解为两个平衡共存相，成分点分别对应图1-8中虚线与实曲线的两个交点。此时 $G^L_{(A+B)}$ 为空心圆，合金 G^L_{alloy} 为实心圆。从图中可以看出，此时共存的两液相不能稳定存在。只有当溶液混合成单一相时，体系能量为最低，即体系处于最稳定的状态。

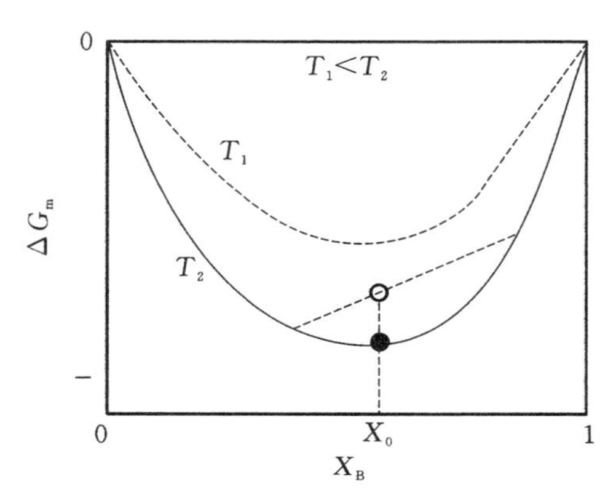

图1-8　$\Delta H_m \leqslant 0$ 时，ΔG_m 与成分 X_B 之间的关系

(2) $\Delta H_m > 0$。A/B组元混合时系统吸热，能否自发进行取决于温度和成分。图1-9为不同温度 T 时 ΔG_m 与成分 X_B 之间的关系，其中 $T_1 > T_2 > T_3 > T_4$。当温度为 T_1 时(图1-9(a))，由于 $\Delta H_m \ll T\Delta S_m$，$\Delta G_m < 0$；当温度降低为 T_2 时(图1-9(b))，ΔG_m 的值仍然小于0，但已经向0靠近；当温度进一步降低为 T_3 时(图1-9(c))，ΔG_m 曲线已经呈现双峰趋势，波谷内 $\Delta G_m < 0$，表示该区域内体系处于单一液相，波峰位置 $\Delta G_m > 0$，这意味着该成分区间内的合金处于不混溶状态；当温度为 T_4 时(图1-9(d))，更大成分范围内处于 $\Delta G_m > 0$。

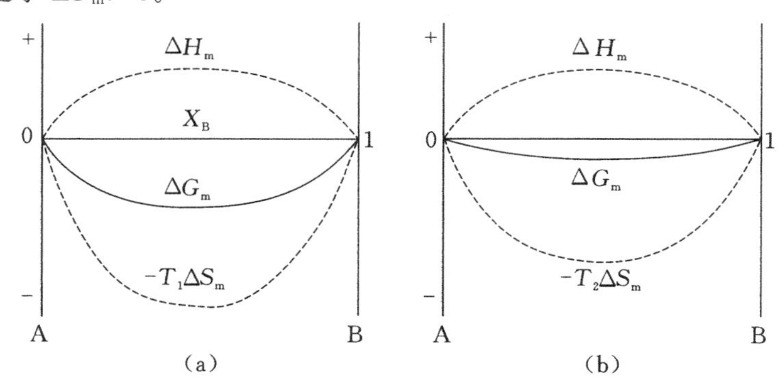

图1-9　$\Delta H_m > 0$ 时，不同温度下 ΔG_m 与成分 X_B 之间的关系

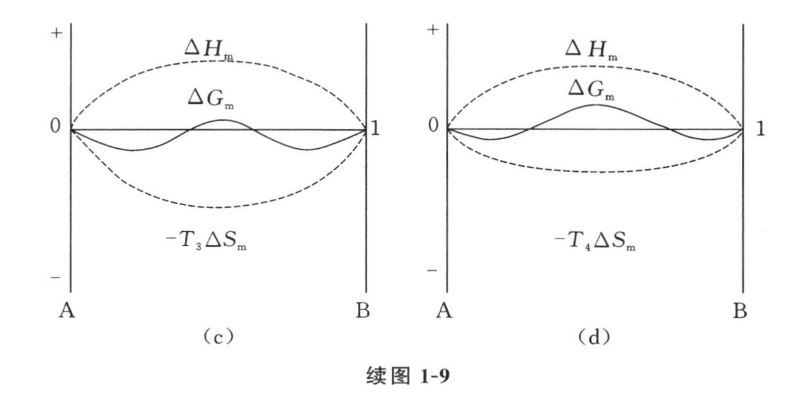

续图 1-9

对比可见,相分离现象属于 $\Delta H_m>0$ 这种情况,即组元混合时吸热。对于某一合金,只有当温度高于某温度时,组元才能完全互溶,而低于这一温度时,两相分离。

对于 ΔG_m-X_B 曲线中波谷的物理意义,作如下解释:作公切线同时切于曲线的两个波谷,切点位置即表示该温度下两饱和溶液的组成。当温度进一步降低时,两个波谷将分别向两边移动。也就是说,在任意给定温度下,都会相应地有两种饱和溶液。由难混溶区特点可知,同一温度对应的溶解度曲线上存在两个不同成分的点,它们的位置由对应温度下 ΔG_m-X_B 曲线的波谷公切线确定。随着温度的升高,ΔG_m-X_B 曲线的两个切点越来越靠近。达到 T_c 时,两个切点合二为一,这个点称为临界成分点,对应相图的最高点。

1.2.2 两种相分离方式

由前一节内容可知,ΔG_m-X_B 曲线在波谷公切点的位置为两相相平衡浓度,即液-液不混溶区的边界线。由 $\frac{\partial \Delta G_m}{\partial X_B}=0$ 关系可求出公切点位置,有

$$\frac{\partial \Delta G_m}{\partial X_B}=I_{AB}(X_A-X_B)+RT\ln\frac{X_B}{X_A}=0 \tag{1-9}$$

将 $X_A=1-X_B$ 代入式(1-9)可得:

$$T=\frac{I_{AB}(1-2X_B)}{R\ln\frac{1-X_B}{X_B}} \tag{1-10}$$

图 1-10(a)给出了 T_1 温度下 ΔG_m-X_B 曲线,空心圆为曲线的公切点,其意义在于:当初始合金成分介于空心圆之间时,该温度下的合金将发生相分离,析出共存的

两液相。而图中实心圆所在位置 X_{S1} 和 X_{S2} 称为 ΔG_m-X_B 曲线的拐点，即 $\frac{\partial^2 \Delta G_m}{\partial X_B^2}=0$ 所对应的位置点。对式(1-9)再次求导得：

$$\frac{\partial^2 \Delta G_m}{\partial X_B^2}=-2I_{AB}+RT\frac{1-X_B}{X_B}\left(\frac{1}{1-X_B}\right)^2=0 \tag{1-11}$$

化简得：

$$T=\frac{2I_{AB}}{R}X_B(1-X_B) \tag{1-12}$$

由式(1-12)可知，同 T 值下对应两个 X_B 值，即拐点位置。将所有温度下的拐点连线，这条线就称为调幅分解线，如图 1-10(b)中阴影区域上边界所示。在 T_1 温度下，当初始合金成分介于 X_{S1} 和 X_{S2} 之间时，即 $\frac{\partial^2 \Delta G_m}{\partial X_B^2}<0$；当初始成分在拐点以外且在空心圆内侧时，$\frac{\partial^2 \Delta G_m}{\partial X_B^2}>0$。

图 1-10(b)表明，调幅分解线将难混溶区分为两个区域：亚稳区(metastable region)和不稳区(unstable region)。无论是在亚稳区内还是在不稳区内，体系都将发生相分离。亚稳区内相分离方式为形核-长大，不稳区内相分离方式为调幅分解。

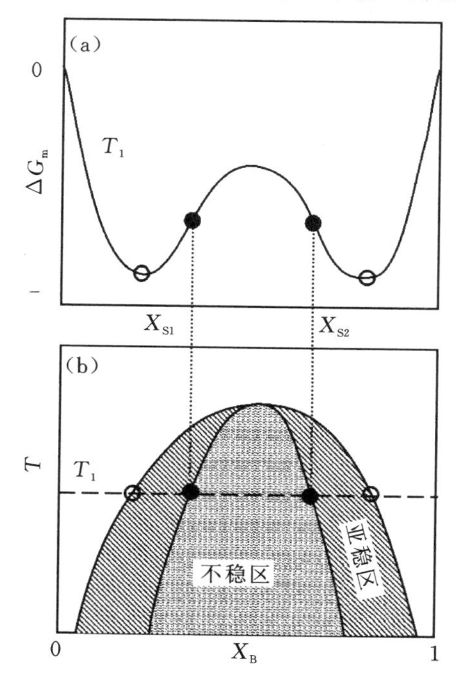

图 1-10 (a)T_1 温度时 ΔG_m-X_B 曲线；(b)难混溶区内的亚稳区和不稳区

由于亚稳区和不稳区内$\frac{\partial^2 \Delta G_m}{\partial X_B^2}$正负符号相反，因此，各自的相分离过程具有不同的热力学特征。

在亚稳区内，ΔG_m-X_B曲线表现为有波谷，即$\frac{\partial^2 \Delta G_m}{\partial X_B^2}>0$。亚稳区内的合金不会立即分解。这是因为分解时$\Delta G_m$将增大，其$\Delta G_m$-$X_B$曲线如图1-11所示。就微观区域而言，溶解度变化不明显。在亚稳区内，若某一成分的合金（实心圆位置）分解为两相（空心圆位置），则ΔG_m增大。这一点与热力学原理不符。此时，体系更倾向于呈单一相。因此，在亚稳区内要想实现相分离过程，必须首先逾越一定的能量势垒，使得体系中某些微区域内的浓度起伏超过一定阈值，之后才能形成临界晶核，否则，体系维持亚稳定状态。

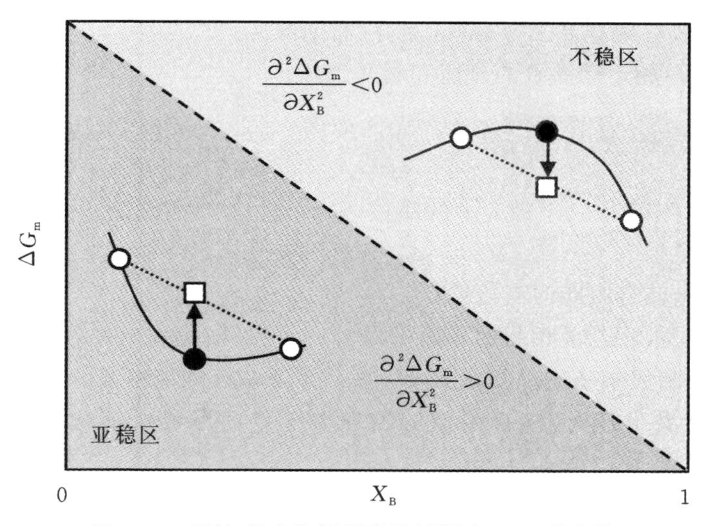

图1-11 形核-长大和调幅分解过程中ΔG_m的变化

此外，在不稳区内，ΔG_m-X_B曲线表现为有波峰，即$\frac{\partial^2 \Delta G_m}{\partial X_B^2}<0$。当溶液成分和温度同时处于不稳区内时，溶液会立即分解。这是一个ΔG_m减小的过程，能够自发进行，如图1-11所示。当合金由初始态（实心圆位置）分解为两相（空心圆位置）时，ΔG_m不断减小。因此，溶液能够自发地分解为两液相。同时，体系自由能也不断下降。由此可见，调幅分解是一个自发过程，不需要任何能量势垒。

综上所述，难混溶区内存在两种热力学差异明显的相分离方式：形核-长大和调幅分解。其中，调幅分解是一个自由能降低的过程，能够自发进行，任何微小的成分扰动都能够导致相分离；而形核-长大过程则首先依靠较大的成分起伏克服一定的形核势垒，之后生成稳定的临界晶核，最后析出晶核不断长大。

1.3 相分离动力学

一般而言，难混溶合金由密度和熔点差异较大的两种元素组成，因此，在常规条件下重力在相分离过程中扮演着重要角色。随着科技的发展，研究者开始着手探索外太空环境和微重力环境下的凝固实验，并逐步意识到还有除两相密度差外的其他因素影响液-液相分离和第二相的粗化机制，例如：

(1) 形核-长大[92,93]；

(2) 界面张力驱动的 Marangoni 对流；

(3) 重力驱动的对流；

(4) Ostwald 熟化和 Brownian 凝并(布朗凝并)[94]；

(5) 由第二相运动导致的碰撞和凝并[94,95]。

1.3.1 形核-长大

形成一个体积为 b、半径为 r 的晶核，总的自由能改变量为

$$\Delta G_c = \Delta G_V \cdot b + 4\pi r^2 \sigma_{L_1L_2} \tag{1-13}$$

式中：ΔG_V——体自由能的变化量；

$\sigma_{L_1L_2}$——液相与液相间的界面张力。

半径小于临界半径的晶核消失，而另一部分晶核则能够长大。这是因为当晶核半径大于临界半径时，体自由能的增加大于界面形成所消耗的自由能。假定 ΔG_V 为常数，那么，当 $\frac{\partial \Delta G_c}{\partial r}=0$ 时，ΔG_c 有最大值，我们把此时的半径定义为临界半径 r^*。

由 $b=\frac{4\pi r^3}{3}$，可以求出临界晶核半径 r^*：

$$\frac{\partial \Delta G_c}{\partial r} = -4\pi r^{*2} \Delta G_V + 8\pi r^* \sigma_{L_1L_2} = 0 \tag{1-14}$$

化简得：

$$r^* = \frac{2\sigma_{L_1L_2}}{\Delta G_V} \tag{1-15}$$

形核能垒取 r^* 时：

$$\Delta G_c = \frac{16\pi \sigma_{L_1L_2}^3}{3\Delta G_V} \tag{1-16}$$

当体系中因相分离析出第二相时，可以用经典形核理论描述亚稳区内的相变过程，均质形核率为

$$I_{\mathrm{hom}}=\frac{O\cdot\Gamma\cdot Z}{X_{\mathrm{A}}b_{\mathrm{A}}+X_{\mathrm{B}}b_{\mathrm{B}}}\cdot\exp\left(-\frac{\Delta G_{\mathrm{c}}}{K_{\mathrm{B}}T}\right)\tag{1-17}$$

式中：b_{A}、b_{B}——A、B组元的原子体积；

X_{A}、X_{B}——A、B组元的摩尔分数；

O——与临界半径有关的常数，$O=4(r^{*})^{2/3}$；

Γ——原子跃迁速率；

Z——Zeldovich 因子；

K_{B}——玻尔兹曼常数；

T——绝对温度。

实际形核过程往往因杂质或者润湿角的问题，发生非均质形核，此时所需要的过冷度相对较小，因此形核率高，可以写为

$$I_{\mathrm{het}}=N_{\mathrm{V}}\frac{O\cdot\Gamma\cdot Z}{X_{\mathrm{A}}b_{\mathrm{A}}+X_{\mathrm{B}}b_{\mathrm{B}}}\cdot\exp\left(-f(\theta)\frac{\Delta G_{\mathrm{c}}}{K_{\mathrm{B}}T}\right)\tag{1-18}$$

$$f(\theta)=\frac{2-3\cos\theta+\cos^{3}\theta}{4}\tag{1-19}$$

式中：N_{V}——异质核心的数目密度；

θ——晶核和基体之间的润湿角。

在晶核/第二相液滴刚刚形成后，过饱和的基体相包裹着晶核并在其周围形成耗散层。若认为第二相液滴质心是静止的，那么该液滴将依靠纯扩散方式长大：

$$v=\frac{\mathrm{d}R}{\mathrm{d}t}=D\frac{c_{\mathrm{m}}-c_{\mathrm{I}}}{c_{\mathrm{g}}-c_{\mathrm{I}}}\frac{1}{R}\tag{1-20}$$

式中：c_{m}——远第二相液滴基体的溶质平均物质的量浓度；

c_{g}——第二相液滴内部的溶质物质的量浓度；

c_{I}——第二相液滴与基体之间界面处的溶质物质的量浓度；

D——溶质扩散系数；

t——第二相液滴的生长时间；

R——第二相液滴半径。

当第二相液滴与周围基体相达到平衡时，界面处溶质浓度满足 Gibbs-Thomson 关系[96]，即

$$c_{\mathrm{I}}\cong c_{\infty}\left(1+\frac{a}{R}\right)\tag{1-21}$$

其中，

$$a=\frac{2\sigma_{\mathrm{L_1L_2}}\Omega}{K_{\mathrm{B}}T} \tag{1-22}$$

式中：c_{∞}——基体熔体的物质的量浓度；

Ω——晶核内平均原子体积。

式(1-21)表明，第二相液滴半径越小，周围相基体的溶质的物质的量浓度就越高。

1.3.2 对流运动

液滴的对流运动方式主要有 Brownian 运动、重力驱动的 Stokes 运动和界面张力驱动的 Marangoni 对流运动。

1）Brownian 运动

所谓 Brownian(布朗)运动，就是指微小粒子受到大量分子不断撞击而表现出无规则的热运动现象。对于相分离过程而言，若形核初期产生的大量第二相液滴广泛地分布于基体熔体中，那么，Brownian 运动将导致第二相液滴之间发生碰撞，碰撞频率为

$$M=\frac{8R_2K_{\mathrm{B}}T}{3\eta_{\mathrm{m}}R_1}n(R_1)n(R_2) \tag{1-23}$$

式中：η_{m}——基体相黏度；

$n(R_1)$、$n(R_2)$——半径为 R_1 和 R_2 的第二相液滴的数目密度。

2）Stokes 运动

通常情况下，二元难混溶合金中两组元密度差别较大，因此，相分离后第二相液滴将受到 Stokes 作用：密度小的第二相向上运动或者密度大的第二相向下沉积，最后可能形成第二相偏聚的组织形貌。第二相液滴的运动速率与第二相液滴半径的平方及两相密度差成正比，其表达式为

$$V_{\mathrm{S}}=\frac{2g(\rho_{\mathrm{g}}-\rho_{\mathrm{m}})}{3}\frac{\eta_{\mathrm{g}}+\eta_{\mathrm{m}}}{\eta_{\mathrm{m}}(2\eta_{\mathrm{g}}+3\eta_{\mathrm{m}})}R^2 \tag{1-24}$$

式中：ρ_{g}、ρ_{m}——第二相液滴和基体相的密度；

η_{g}、η_{m}——第二相液滴和基体相的黏度；

g——重力加速度。

3）Marangoni 对流运动

具备一定尺寸的熔体在冷却过程中，凝固过程开始于最外部区域，将产生由外及内的温度梯度。对于难混溶合金而言，相分离首先发生在样品表面，当第二相液滴出现后，在温度梯度的作用下，第二相液滴能够向中心的高温区域迁移，Marangoni 对流运动速率[97]为

$$V_M=\frac{2RK_m}{(2K_m+K_g)(2\eta_m+3\eta_g)}\frac{\partial\sigma_{L_1L_2}}{\partial T}\nabla T \tag{1-25}$$

式中：K_g、K_m——第二相液滴和基体相的热导率；

$\frac{\partial\sigma_{L_1L_2}}{\partial T}$——依赖于温度的界面能梯度；

∇T——温度梯度。

与固相中的扩散系数相比，液相中的原子扩散系数较大，因此液滴在液态基体中生长速率较快。若第二相液滴体积分数较小，且保持质心位置不变，那么其生长方式为纯扩散长大。然而，在实际凝固过程中，存在温度梯度或者是密度差，使得第二相液滴是运动的，导致其周围的扩散层遭到破坏。物质的输运在边界层内以扩散方式进行，而在边界层外侧则通过对流实现。对流速率远远大于扩散速率，因此，移动液滴的生长指数将发生较大变化，其规律为

$$v=\frac{2}{\pi}\sqrt{\frac{\pi}{3}}D\frac{c_m-c_I}{c_g-c_I}\left(\frac{D}{2}\frac{\eta_m}{\eta_g+\eta_m}\right)^{1/2}U^{1/2}\frac{1}{R^{-1/2}} \tag{1-26}$$

这里，U 是第二相液滴的移动速率，即 $U=V_S+V_M$。

研究表明：对流引起的物质输运是极其重要的，它会刺激液滴加速生长。一般来说，晶核本身的长大会受到流体流动的影响，而由对流引起的生长比纯扩散生长要快得多。在实际情况中，晶核很难完全依靠纯扩散的方式生长，也就是说，对流引起的生长才是最重要的。另外，Ratke[1] 认为：当第二相液滴的体积分数不断增加时，其生长速度也会随之显著增加。

1.3.3 碰撞与凝并

碰撞与凝并是相分离过程中第二相液滴粗化的一类重要机制。在形核初期或者核出现不久，液核半径较小，由式(1-24)和式(1-25)可知，Stokes 运动和 Marangoni 对流运动较弱，Brownian 运动占主导地位。当液核长大到一定尺寸后，第二相液滴的运动更具有方向性，Stokes 运动迫使液滴上浮或下沉，方向与重力方向平行，而 Marangoni 对流运动使得液滴沿着温度梯度方向由低温端向高温端迁移。由于液滴的碰撞和凝并机理不同，相应地，其碰撞和凝并速率也不相同。下面将分别介绍三种运动方式导致的凝并过程[98,99]。

1) Brownian 凝并

假设初始时形核产生了N_0个相同半径的液核，经历 t 时后，核的数目因布朗碰撞而改变，同时，部分核的体积也将发生变化，核的数目 N 和体积发生变化的核的

数目 N_2 可根据以下公式[98]进行计算：

$$\frac{N}{N_0}=\frac{1}{\left(1+\frac{2}{3}\frac{K_B T}{\eta}N_0 t\right)^2} \tag{1-27}$$

$$\frac{N_2}{N_0}=\frac{\frac{2}{3}\frac{K_B T}{\eta}N_0 t}{\left(1+\frac{2}{3}\frac{K_B T}{\eta}N_0 t\right)^3} \tag{1-28}$$

式中：η——液核周围溶液的黏度。

由式(1-27)和式(1-28)可知，液核总数目随时间呈减少趋势。当初始形核量较高时，Brownian 运动对相分离过程中产生的第二相液滴作用时间较短，影响并不显著。

Brownian 凝并发生的前提条件是液滴相互接近，且当两液滴接近至与他们尺寸相当时，才能够发生凝并，碰撞示意图如图 1-12 所示。碰撞体积为

$$W_B=\frac{8K_B T R_2}{3\eta R_1} \tag{1-29}$$

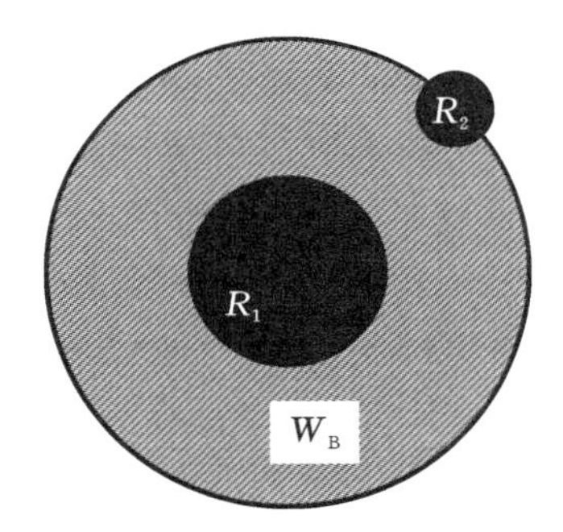

图 1-12　液滴 Brownian 运动碰撞示意图

2) Stokes 凝并

通常情况下，相分离后的两相存在密度差，此时析出的液滴相将下沉或上浮。由式(1-24)可以看出，液滴迁移速率与其半径的平方成正比，即半径越大，迁移速率越快。在这种情况下，大液滴可能追赶和捕捉那些尺寸较小的液滴，从而发生碰撞和凝并。图 1-13 给出液滴 Stokes 运动碰撞示意图，ΔV_S 为两液滴速率差。在单位时间内，Stokes 运动碰撞体积可以表示为

$$\begin{aligned} W_S &=\pi(R_1+R_2)^2\Delta V_S \\ &=\pi(R_1+R_2)^2\left|V_S(R_1)-V_S(R_2)\right| \end{aligned} \tag{1-30}$$

式中：$V_S(R_1)$、$V_S(R_2)$——半径为 R_1 和 R_2 的液滴的 Stokes 运动速率。

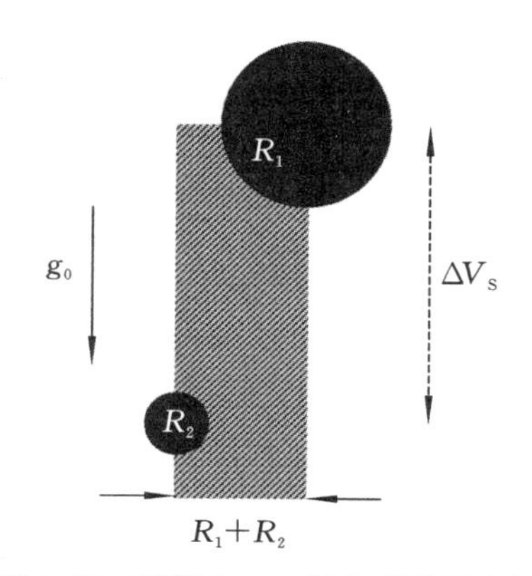

图 1-13　液滴 Stokes 运动碰撞示意图

3）Marangoni 凝并

液滴在温度梯度场中将发生 Marangoni 对流运动，速率由式(1-25)给出。在相同温度梯度条件下，液滴半径不同，其运动速率也不相同。与 Stokes 运动相似，速率差将导致液滴发生碰撞和凝并，该过程如图 1-14 所示。

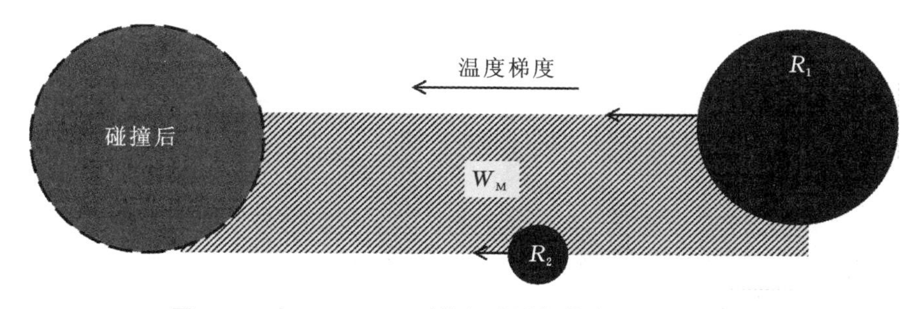

图 1-14　由 Marangoni 对流运动引起的液滴碰撞示意图

Marangoni 对流运动碰撞体积为

$$\begin{aligned} W_M &= \pi (R_1+R_2)^2 \Delta V_M \\ &= \pi (R_1+R_2)^2 \left| V_M(R_1) - V_M(R_2) \right| \end{aligned} \tag{1-31}$$

式中：$V_M(R_1)$、$V_M(R_2)$——半径为 R_1 和 R_2 液滴的 Marangoni 对流运动速率。

1.4　液滴生长及熟化规律

一般而言，形核后液滴长大有两个过程：形核生长和熟化生长。所谓形核生长，是指液核从过饱和溶液中析出后，仅仅依靠溶质输运方式增大液滴半径，同时液滴数目保持不变。熟化生长过程是指不同尺寸的液滴之间出现竞争生长，即大液滴继续长大，小液滴消失，平均半径增大。此时，液滴数目减少，但体积分数保持不变。

Siggia[87]率先在三维二元液态混合物中开展流体动力学相互作用(hydrodynamic interaction)对调幅分解后期液滴熟化率的影响研究。分析发现，对于远临界点成分(far off-critical concentration)下的激冷实验，相分离析出第二相液滴，初始增长受扩散型液滴碰撞(diffusive droplet coalescence)控制，满足生长规律 $R \sim At^{1/3}$(A 为常数，R 为液滴半径，t 为时间)。随后，液滴受蒸发消失机制(evaporation-condensation mechanism)控制[85-89]，满足生长规律 $R \sim Bt^{1/3}$(B 为常数)。尽管两种生长机制指数相同，但放大倍数不同。由临界点成分(critical concentration)下的激冷实验可知，调幅分解导致小体积分数相呈连续状组织，生长受界面扩散控制，满足 $R \sim t^{1/3}$ 生长模式。同时，Siggia 预测了液流将提升液滴生长规律，使得连续状组织破裂为液滴，满足 $R \sim t$。这个过程受界面张力控制。在最后阶段，生长规律还因受重力影响而存在一个转折点。

Tanaka[80]按照相分离后形貌把调幅分解划分为液滴状调幅分解(droplet spinodal decomposition)和连续状调幅分解(bicontinuous spinodal decomposition)，形貌如图 1-15 所示。两者熟化机制不同：前者液滴体积分数为 0.21～0.34，主要依靠 Brownian 凝并机制长大；后者液滴体积分数约为 0.5，由 Siggia 机制控制生长。

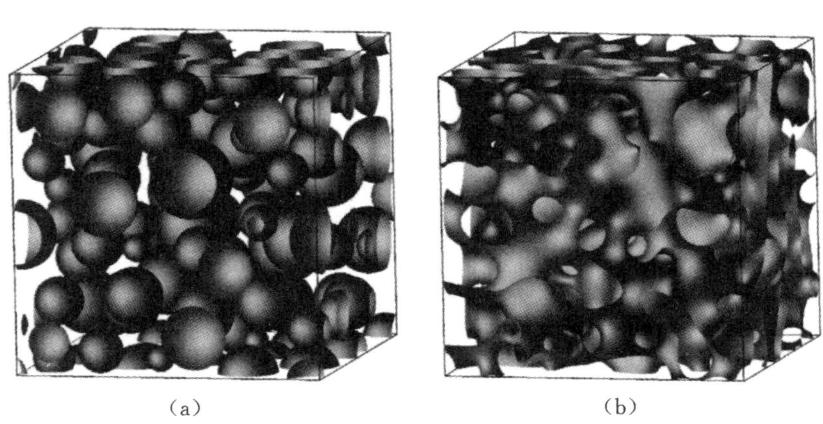

(a)　　(b)

图 1-15　两种调幅分解形貌

(a)液滴状；(b)连续状

另外，针对液滴状调幅分解中的熟化过程，有研究者提出了一种新的熟化机制：碰撞引起的碰撞熟化。该研究者利用原位观测研究了聚己内酯-乙烯混合物在近临界点成分下的相分离过程，发现当液滴数目密度较大时，液滴碰撞能够产生微观液流，从而导致其近邻的液滴将进一步发生碰撞。同时，实验还研究了液滴半径和数目随时间的变化关系，结果表明：在液滴生长前两个阶段，半径满足 $R \sim t^{1/3}$，但在第三个阶段，液滴熟化速率显著下降。液滴数目密度在第一个阶段基本保持不变，但在第二个阶段和第三个阶段都呈减少趋势，分别满足 $n \sim t^{-1}$ 和 $n \sim t^{-1/3}$。

Miguel[86]研究了二元流体材料在二维情况下的相分离过程，分析了流体不稳定性(hydrodynamic instability)对临界点成分混合物中液滴线性生长规律的影响，发现液滴半径随时间的变化关系满足扩散生长规律(diffusive growth law)，即 $R \sim t^{1/2}$。显然，这一点与三维情况下液滴的生长规律不同。同时，这一结果与二维情况下纯液体分子动力学模拟结果相符。Miguel 认为，在相分离后期阶段，液滴半径将由扩散长大行为控制的 $R \sim t^{1/2}$ 转变为由蒸发消失机制控制的 $R \sim t^{1/3}$。

Bates 等人[99]利用弹性光散射法研究了近临界点成分的分子液体中调幅分解过程。通过分析实验结果可知，调幅分解可以分为四个阶段：早期阶段，中间阶段，转变期阶段和后期阶段。早期阶段中相关长度(即成分特征波长)可以用 Cahn 线性理论来解释；中间阶段中成分特征波长变化依赖于温度；随着成分逐渐趋向于平衡值，调幅分解过程进入转变期阶段，与此同时，界面厚度逐渐减小；当成分达到平衡值以后，进入后期阶段，该转变存在一个明显的转折点，体系中出现界面。

Sato 等人[100]利用弹性光散射法研究了稀聚合物溶液在亚稳区内的相分离过程。实验通过研究光散射强度，从而推出液滴平均半径和总数目密度，发现在生长阶段，液滴数目保持不变，但半径呈 $R \sim t$ 增长，而在熟化阶段，液滴半径为 $R \sim t^{1/3}$，数目密度呈 t^{-1} 减少。然而，这种液滴生长规律与 Cumming 等人[101,102]($R \sim t^{1/2}$)和 Nakata 等人[103]($R \sim t^{1/4}$)得到的实验结果不相符。Sato 把 $R \sim t$ 的快速增长规律归结为聚合物的非扩散行为，认为生长速率与分子链的缠绕状态有关。简而言之，稀聚合物中液滴生长阶段并不是由分子纯扩散行为所致。

Tokuyama 和 Enomoto[104,105]研究了二元体系在亚稳区内形核生长和液滴熟化动力学转折点，根据转折点个数可以将整个长大过程分为以下三个阶段：①初始生长阶段，此时液滴间扩散场尚未重叠，液滴直接依靠扩散长大，不依赖于溶质，液滴数目不变，但其体积分数快速增长；②扩散场出现重叠的过渡阶段，此时液滴生长因长程相互作用而逐渐减慢；③最后熟化阶段，此时液滴长大完全依靠熟化，而体积分数保持不变。图 1-16 给出了亚稳区内液滴半径和数目随时间的变化关系，可以归结为如下几类。

(1) 生长阶段：液滴半径 $R \sim t^{1/2}$，液滴数目 $n \sim t^{0}$，液滴总体积 $\phi \sim t^{3/2}$；

(2) 过渡阶段：液滴半径 $R \sim t^{1/4}$，液滴数目 $n \sim t^{-2/3}$，液滴总体积 $\phi \sim t^{1/12}$；

(3) 熟化阶段：液滴半径 $R \sim t^{1/3}$，液滴数目 $n \sim t^{-1}$，液滴总体积 $\phi =$ 常数。

尽管目前已经有大量研究集中在相分离后第二相液滴生长及熟化过程上，但当液滴发生宏观移动时，周围溶质场与液滴之间的位置关系发生了巨大变化，此时,有关液滴在外部场(例如温度梯度场、重力场等)中的运动情况及外部场对液滴形貌的影响的研究仍不充分。这也是难混溶材料学家特别关心的问题之一。

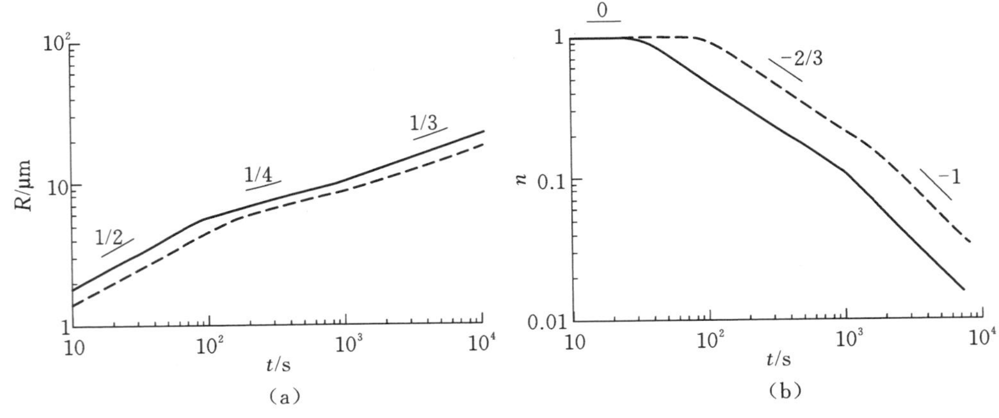

图 1-16　液滴半径和液滴数目随时间的变化关系

1.5　研究意义

难混溶合金凝固后的组织结构常常决定了合金的性能及其用途,因此,全面深入地探究影响合金组织结构的影响因素,并揭示其内禀机制一直以来是难混溶合金领域的热点问题之一。其中,具有"壳-核"结构的材料是难混溶合金中最常见的一类功能型材料,在电子封装和催化等领域具有较高的应用价值。

目前已有大量文献集中报道了粉末状难混溶合金内部存在"壳-核"结构这一现象。针对这种结构的形成过程,目前普遍认为:第二相液滴在球状合金熔体表层率先析出后,受 Marangoni 对流和 Stokes 作用逐渐迁移至球状样品中心位置,之后相互碰撞为一体,从而形成"壳-核"结构。然而,常规条件下难混溶合金具有金属不透明性和苛刻的原位观测实验条件,加之较小的模拟尺寸等局限条件,这些共同导致相分离形貌演化过程缺失,从而掩盖了某些关键因素对中间过程的影响。因此,针对"壳-核"结构演化路径这一问题,仍需要进一步分析说明,从而揭示"壳-核"结构形成机制。

尽管已有大量研究集中在液滴相微观生长和熟化规律方面,但少有研究自上而下地考察早期液滴微观差异对终态宏观形貌的影响。例如,在温度梯度场中的 Marangoni 对流作用下,液滴由低温端向高温端移动。前期研究表明,在难混溶区域内存在动力学特征完全不同的两种相分离方式:形核-长大和调幅分解。整体而言，两种方式下析出的第二相液滴的尺寸和形貌都有明显差异。当这两种液滴在温度梯度场中运动时，显然，二者的动力学行为也将不同。然而，截至目前，由微观差异引起的宏观形貌差异仍然缺乏充分的研究。

液滴运动和碰撞能够影响液滴在球状难混溶合金内部的分布，对合金的终态组织形貌的形成具有重要作用。然而，少有研究从影响液滴运动和碰撞的根本原因出发去研究"壳-核"结构的形成机理。相分离方式和粉末颗粒大小是影响液滴运动和碰撞的两个重要因素，前者影响液滴尺寸，后者影响合金粉末内部温度场。目前，有关"壳-核"结构形成过程及影响因素的研究，仍然局限于根据终态实验结果反推组织形成路径，或者基于相场法模拟组织演化过程。然而，真实情况下液滴运动及相互作用十分复杂，极大地限制了研究者采用反演法和模拟法获得真实可靠的演化路径。因此，发展一种利用透明型难混溶体系原位观测方法，直观地得到"壳-核"结构组织演化路径及液滴碰撞对形貌的作用过程对于揭示"壳-核"结构形成机制具有重要意义，同时，也为设计和调控"壳-核"型难混溶合金材料提供理论依据。

本章参考文献

[1] RATKE L, DIEFENBACH S. Liquid immiscible alloys[J]. Materials Science and Engineering: R: Reports, 1995, 15(7-8): 263-347.

[2] WANG C P, LIU X J, OHNUMA I, et al. Formation of immiscible alloy powders with egg-type microstructure[J]. Science, 2002, 297(5583): 990-993.

[3] 彭银利，白威武，李梅，等.难混溶合金微滴中 L_2 相迁移动力学行为[J].有色金属工程，2023，13(2)：1-6.

[4] 禹胜林，王听岳，崔殿亨.球栅阵列(BGA)封装器件与检测技术[J].电子工艺技术，2000，21(1)：10-12.

[5] 徐锦锋，范于芳，陈娓，等.Cu-10%Pb 亚偏晶合金的急冷快速凝固研究[J].铸造，2008，57(11)：1132-1135.

[6] ITAMI T, MASAKI T, KURIBAYASI K, et al. Two liquid phase separations of liquid Bi-Ga alloys under low gravity[J]. Advanced Materials, 1994(A): 581-584.

[7] HAO W, YANG G C. Rapid solidification behavior and microstructure of highly undercooled Cu-Pb monotectic alloy melts[J]. Chinese Journal of Materials Research, 2004, 18(4): 357-364.

[8] 李永伟，张少明，石力开，等.Al-Pb 轴瓦合金的应用及研究进展[J].材料导报，1999(2)：4-7.

[9] EPPERSON J E,FÜRNROHR P,GEROLD V.An analysis of the distribution of defects in a two-stage tight binding model for Al-In alloys[J]. Acta Metallurgica,1975,23(11):1381-1387.

[10] CHEN C H,LEE B H,CHEN H C,et al.Interfacial reactions of low-melting Sn-Bi-Ga solder alloy on Cu substrate[J].Journal of Electronic Materials, 2016,45(1):197-202.

[11] HEINONEN J S,JENNINGS E S,RILEY T R.Crystallisation temperatures of the most Mg-rich magmas of the Karoo LIP on the basis of Al-in-olivine thermometry[J].Chemical Geology,2015,411:26-35.

[12] BRESLIN C B,CARROLL W M.The effects of indium precipitates on the electrochemical dissolution of Al-In alloys[J]. Corrosion Science, 1993, 34 (7):1099-1109.

[13] GANCARZ T,PSTRUŚ J,FIMA P,et al. Thermal properties and wetting behavior of high temperature Zn-Al-In solders[J]. Journal of Materials Engineering and Performance,2012,21(5):599-605.

[14] ZHENG H X, MA W Z, JI C C, et al. Solidification behavior of highly undercooled Ni-31.44% Pb monotectic alloy melts[J]. Chinese Journal of Nonferrous Metals,2003,13(2):339-343.

[15] 孙占波,宋晓平,胡柱东.深过冷条件下 Cu-Co 合金的液相分解[J].中国有色金属学报,2001,11(1):68-73.

[16] 朱定一,杨晓华,魏炳波.Cu-Cr 二元过共晶合金的深过冷及快速凝固[J].中国有色金属学报,2002,12(5):891-896.

[17] ZHANG C Z,CHEN C G,LI P,et al.Microstructure and properties evolution of rolled powder metallurgy Cu-30Fe alloy[J].Journal of Alloys and Compounds, 2022,909:164761.

[18] YUAN D W,ZENG H,XIAO X P,et al.Effect of Mg addition on Fe phase morphology,distribution and aging kinetics of Cu-6.5Fe alloy[J].Materials Science and Engineering:A,2021,812:141064.

[19] WANG M,JIANG Y B,LI Z,et al.Microstructure evolution and deformation behaviour of Cu-10wt%Fe alloy during cold rolling[J].Materials Science and Engineering:A,2021,801:140379.

[20] YANG F,DONG L,ZHOU L,et al.Excellent strength and electrical conductivity achieved by optimizing the dual-phase structure in Cu-Fe wires[J]. Materials

Science and Engineering:A,2022,849:143484.

[21] STEPANOV N D,KUZNETSOV A V,SALISHCHEV G A,et al.Evolution of microstructure and mechanical properties in Cu-14%Fe alloy during severe cold rolling[J].Materials Science and Engineering:A,2013,564:264-272.

[22] SKLYARCHUK V, MUDRY S, YAKYMOVYCH A. Viscosity of Bi-Ga liquid alloys[J].Journal of Physics Conference Series,2008,98(6):062021.

[23] MASANORI I,SHIN'ICHI T.Structural study of liquid Bi-Ga alloys with miscibility gaps[J].Journal of the Physical Society of Japan,1992,61(5):1585-1589.

[24] HONG Z Y,LÜ Y J,XIE W J,et al.The liquid phase separation of Bi-Ga hypermonotectic alloy under acoustic levitation condition[J].Chinese Science Bulletin,2007,52(11):1446-1450.

[25] 蔡英文,李建国,傅恒志.单辊淬冷 Cu-Pb 亚偏晶合金的凝固组织特性[J].材料科学与工程,1994,12(4):51-53.

[26] 高卡,郭晓琴,张锐.单辊快速凝固法制备 Co-Cu-Pb 合金颗粒的结构与形成机制[J].粉末冶金材料科学与工程,2016,21(6):862-869.

[27] SUN X S,HAO W X,MA T,et al.Liquid phase separation mechanism of Cu-40wt.% Pb hypermonotectic alloys[J]. Advances in Materials Science and Engineering,2018,2018(1):6971981.

[28] SUN X S,HAO W X,MA T,et al.Control of the solidification structure of hypermonotectic Cu-40wt.% Pb alloy melt by pulse currents[J]. AIP Advances,2018,8(10):105019.

[29] SCHMIDT M W. Amphibole composition in tonalite as a function of pressure:an experimental calibration of the Al-in-hornblende barometer[J]. Contributions to Mineralogy and Petrology,1992,110(2-3):304-310.

[30] UENISHI K, KAWAGUCHI H, KOBAYASHI K F. Microstructure of mechanically alloyed Al-In alloys[J].Journal of Materials Science,1994,29(18):4860-4865.

[31] HAYES L J,ANDREWS J B.Effect of convective instability in directionally solidified hypermonotectic Al-In alloys[J].Materials Science Forum,2000,329-330(7):209-218.

[32] 舒方霞,王兆文,高炳亮.Al-In-Mg 系铝合金阳极在 NaOH 溶液中的电化学行为[J].轻合金加工技术,2004,32(10):39-42.

[33] 陈书，赵九洲.Sn 对 Al-Pb 偏晶合金凝固过程及组织的影响[J].金属学报，2014，50(5)：561-566.

[34] 殷涵玉，鲁晓宇.自由落体条件下三元 $Cu_{60}Sn_{20}Pb_{20}$ 偏晶合金的快速凝固[J].有色金属，2009，61(4)：21-25.

[35] 张雪华，阮莹，王伟丽，等.三元 Fe-Sn-Ge 和 Cu-Pb-Ge 偏晶合金相分离与快速凝固研究[J].中国科学(G 辑：物理学 力学 天文学)，2007，37(3)：359-366.

[36] 陶荣.恒定磁场作用下 Al-Pb 偏晶合金凝固过程研究[J].铸造技术，2014，35(6)：1251-1253.

[37] 杨森，刘文今，贾均.A1-3.4Wt%Bi 偏晶合金定向凝固组织演变规律研究[J].自然科学进展，2001，11(7)：729-734.

[38] 王静，曹崇德，曾祥，等.深过冷 $Cu_{40}Co_{40}Ti_{20}$ 合金的亚稳相分离与快速凝固[J].铸造技术，2011，32(7)：943-946.

[39] ZHANG Y K，SIMON C，VOLKMANN T，et al. Nucleation transitions in undercooled $Cu_{70}Co_{30}$ immiscible alloy[J].Applied Physics Letters，2014，105(4)：041908.

[40] BACHMAIER A，PFAFF M，STOLPE M，et al. Phase separation of a supersaturated nanocrystalline Cu-Co alloy and its influence on thermal stability[J].Acta Materialia，2015，96：269-283.

[41] CARLBERG T，FREDRIKSSON H. The influence of microgravity on the solidification of Zn-Bi immiscible alloys[J]. Metallurgical Transactions A，1980，11(10)：1665-1676.

[42] ROGERS J R，DAVIS R H.Modeling of collision and coalescence of droplets during microgravity processing of Zn-Bi immiscible alloys[J].Metallurgical Transactions A，1990，21(1)：59-68.

[43] FREDRIKSSON B H.A study of the coalescence process inside the miscibility gap in Zn-Bi alloys[J].MRS Proceedings，1981，9：563.

[44] 王正宏，于红娇，李胜明，等.Sn-Zn-Bi-In-P 新型无铅焊料性能研究[J].电子元件与材料，2014，33(11)：95-98.

[45] LI S，LIU F，YANG W.Comparison of dendrite and dispersive structure in rapidly solidified Cu-Co immiscible alloy with different heat flow modes[J].Transactions of Nonferrous Metals Society of China，2017，27(1)：227-233.

[46] LIU X J，YU Y，LIU Y H，et al.Experimental investigation and thermodynamic calculation of the phase equilibria in the Co-Cu-V ternary system[J].Journal of

Phase Equilibria and Diffusion,2017,38(5):733-742.

[47] JEGEDE O E,COCHRANE R F,MULLIS A M.Metastable monotectic phase separation in Co-Cu alloys[J]. Journal of Materials Science, 2018, 53(16): 11749-11764.

[48] SHOJI E,ISOGAI S,SUZUKI R,et al.Neutron computed tomography of phase separation structures in solidified Cu-Co alloys and investigation of relationship between the structures and melt convection during solidification [J].Scripta Materialia,2020,175:29-32.

[49] 王崇琳,吴维涛,牛淼.Ag-Ni 纳米晶合金中的网状结构特征[C]//2003 年全国粉末冶金学术会议论文集.长沙:中南大学出版社,2003.

[50] 赵雷,赵九洲.Ni-Ag 偏晶合金凝固过程研究[J].金属学报,2012,48(11):1381-1386.

[51] DERIMOW N,ABBASCHIAN R.Liquid phase separation in high-entropy alloys—A review[J].Entropy,2018,20(11):890.

[52] ZHAO D G,LIU R X,WU D,et al.Liquid-liquid phase separation and solidification behavior of Al-Bi-Sb immiscible alloys[J].Results in Physics,2017,7:3216-3221.

[53] DAI F P,WANG W L,RUAN Y,et al.Liquid phase separation and rapid dendritic growth of undercooled ternary $Fe_{60}Co_{20}Cu_{20}$ alloy[J]. Applied Physics A,2018,124:20.

[54] 张俊芳,王予津,卢温泉,等.$Al_{70}Bi_{11}Sn_{19}$合金颗粒的核壳组织[J].金属学报,2013,49(4):457-463.

[55] HUANG H F,CHENG Z Z,LEI C L,et al.A novel synthetic strategy of Fe @Cu core-shell microsphere particles by integration of solid-state immiscible metal system and low wettability[J].Journal of Alloys and Compounds,2018,747:50-54.

[56] PENG Y L,TIAN L L,WANG Q,et al.An opposite trend for collision intensity of minor-phase globules within an immiscible alloy droplet[J]. Journal of Alloys and Compounds,2019,801:130-135.

[57] WANG N,ZHANG L,PENG Y L,et al.Composition-dependence of core-shell microstructure formation in monotectic alloys under reduced gravity conditions[J].Journal of Alloys and Compounds,2016,663:379-386.

[58] SHI R P,WANG C P,WHEELER D,et al.Formation mechanisms of self-

organized core/shell and core/shell/corona microstructures in liquid droplets of immiscible alloys[J].Acta Materialia,2013,61(4):1229-1243.
[59] SHI R P, WANG Y, WANG C P, et al. Self-organization of core-shell and core-shell-corona structures in small liquid droplets[J]. Applied Physics Letters,2011,98(20):204106.
[60] JIANG H X,ZHAO J Z,HE J.Solidification behavior of immiscible alloys under the effect of a direct current[J]. Journal of Materials Science & Technology,2014,30(10):1027-1035.
[61] HE J,ZHAO J Z,RATKE L.Solidification microstructure and dynamics of metastable phase transformation in undercooled liquid Cu-Fe alloys[J].Acta Materialia,2006,54(7):1749-1757.
[62] HE J,MATTERN N,TAN J,et al.A bridge from monotectic alloys to liquid-phase-separated bulk metallic glasses: design, microstructure and phase evolution[J].Acta Materialia,2013,61(6):2102-2112.
[63] ZHAO J Z, RATKE L. A model describing the microstructure evolution during a cooling of immiscible alloys in the miscibility gap[J]. Scripta Materialia,2004,50(4):543-546.
[64] WU Y H,WANG W L,WEI B B.Predicting and confirming the solidification kinetics for liquid peritectic alloys with large positive mixing enthalpy[J]. Materials Letters,2016,180:77-80.
[65] WU Y H,WANG W L,XIA Z C,et al.Phase separation and microstructure evolution of ternary Fe-Sn-Ge immiscible alloy under microgravity condition [J].Computational Materials Science,2015,103:179-188.
[66] 秦涛,王海鹏,魏炳波.壳核组织形成过程的数值模拟研究[J].中国科学(G辑:物理学 力学 天文学),2007(3):409-416.
[67] WANG N,ZHANG L,ZHENG Y P,et al.Shell phase selection and layer numbers of core-shell structure in monotectic alloys with stable miscibility gap[J].Journal of Alloys and Compounds,2012,538:224-229.
[68] LUO S B,WANG W L,XIA Z C,et al.Solute redistribution during phase separation of ternary Fe-Cu-Si alloy[J].Applied Physics A,2015,119(3):1003-1011.
[69] OHNUMA I,SAEGUSA T,TAKAKU Y,et al.Microstructural evolution of alloy powder for electronic materials with liquid miscibility gap[J].Journal of

Electronic Materials,2008,38(1):2-9.
[70] DAI R,ZHANG J F,ZHANG S G,et al.Liquid immiscibility and core-shell morphology formation in ternary Al-Bi-Sn alloys [J]. Materials Characterization,2013,81:49-55.
[71] DAI R R,ZHANG S G,GUO X,et al.Formation of core-type microstructure in Al-Bi monotectic alloys[J].Materials Letters,2011,65(2):322-325.
[72] HE J,ZHAO J Z.Behavior of Fe-rich phase during rapid solidification of Cu-Fe hypoperitectic alloy[J].Materials Science and Engineering: A,2005,404(1-2):85-90.
[73] PENG Y L,ZHANG L,WANG L,et al.A new route for core-shell structure formation in criticality against conventional wisdom[J].Materials Letters,2018,216:70-72.
[74] KUWAJIMA T ,SAITO Y ,SUWA Y.Kinetics of phase separation in iron-based ternary alloys.II.Numerical simulation of phase separation in Fe-Cr-X (X=Mo,Cu) ternary alloys[J].Intermetallics,2003,11(11-12):1279-1285.
[75] DU L F, WANG L L, ZHENG B, et al. Numerical simulation of phase separation in Fe-Cr-Mo ternary alloys[J].Journal of Alloys and Compounds,2016,663:243-248.
[76] KRISHNAN R,JAISWAL P K,PURI S.Phase separation in antisymmetric films: a molecular dynamics study[J].Journal of Chemistry Physics,2013,139(17):174705.
[77] ZHANG L,PENG Y L,ZHANG L,et al.Temperature and initial composition dependence of pattern formation and dynamic behavior in phase separation under deep-quenched conditions [J]. RSC Advances, 2019, 9 (19): 10670-10678.
[78] CAHN J W,HILLIARD J E.Free energy of a nonuniform system.III.Nucleation in a two-component incompressible fluid[J].Journal of Chemical Physics,1959,31(3):688-699.
[79] CAHN J W,HILLIARD J E.Free energy of a nonuniform system.I.Interfacial free energy[J].Journal of Chemical Physics,1958,28(2):258-267.
[80] TANAKA H,YOKOKAWA T,ABE H,et al.Transition from metastability to instability in a binary-liquid mixture[J].Physical Review Letters,1990,65(25):3136-3139.

[81] TOKUYAMA M, ENOMOTO Y. Theory of phase-separation dynamics in quenched binary mixtures[J]. Physical Review E, 1993, 47(2): 1156-1179.

[82] BINDER K, STAUFFER D. Statistical theory of nucleation, condensation and coagulation[J]. Advances in Physics, 2006, 25(4): 343-396.

[83] CUMMING A, WILTZIUS P, BATES F S. Nucleation and growth of monodisperse droplets in a binary-fluid system[J]. Physical Review Letters, 1990, 65(7): 863-866.

[84] 徐祖耀. Spinodal 分解始发形成调幅组织的强化机制[J]. 金属学报, 2011, 47(1): 1-6.

[85] CAHN J W. On spinodal decomposition[J]. Acta Metallurgica, 1961, 9: 795-801.

[86] MIGUEL M S, GRANT M, GUNTON J D. Phase separation in two-dimensional binary fluids[J]. Physical Review A, 1985, 31(2): 1001-1005.

[87] SIGGIA E D. Late stages of spinodal decomposition in binary mixtures[J]. Physical Review A, 1979, 20(2): 595-605.

[88] WILTZIUS P, CUMMING A. Domain growth and wetting in polymer mixtures[J]. Physical Review Letters, 1991, 66(23): 3000-3003.

[89] HUANG J S, GOLDBURG W I, BJERKAAS A W. Study of phase separation in a critical binary liquid mixture: spinodal decomposition[J]. Physical Review Letters, 1974, 32(17): 921-923.

[90] GONNELLA G, ORLANDINI E, YEOMANS J M. Spinodal decomposition to a lamellar phase: effects of hydrodynamic flow[J]. Physical Review Letters, 1997, 78(9): 1695-1698.

[91] MUNITZ A, ABBASCHIAN R. Microstructure of Cu-Co alloys solidified at various supercoolings[J]. Metallurgical and Materials Transactions A, 1996(27): 4049-4059.

[92] SAGUI C, GRANT M. Theory of nucleation and growth during phase separation[J]. Physical Review E, 1999, 59(4): 4175-4187.

[93] BRAY A J. Theory of phase-ordering kinetics[J]. Advances in Physics, 2010, 51(2): 481-587.

[94] MARQUSEE J A, ROSS J. Theory of Ostwald ripening: competitive growth and its dependence on volume fraction[J]. Journal of Chemical Physics, 1984, 80(1): 536-543.

[95] 贾均，赵九洲，郭景杰，等. 难混溶合金及其制备技术[M]. 哈尔滨：哈尔滨工业大学出版社，2002.

[96] LUCKHAUS S.Solutions for the two-phase Stefan problem with the Gibbs-Thomson Law for the melting temperature[J].European Journal of Applied Mathematics,1990,1(2):101-111.

[97] YOUNG N O,GOLDSTEIN J S,BLOCK M J.The motion of bubbles in a vertical temperature gradient[J].Journal of Fluid Mechanics,1959,6(3):350-356.

[98] 孙倩.偏晶合金凝固过程及微合金化的影响[D].合肥:中国科学技术大学,2017.

[99] BATES F S,ROSEDALE J H,STEPANEK P,et al.Static and dynamic crossover in a critical polymer mixture[J].Physical Review Letters,1990,65(15):1893-1896.

[100] SATO H,KUWAHARA N,KUBOTA K.Phase separation in a dilute polymer solution in a metastable region[J].Physical Review E,1994,50(3):1752-1754.

[101] SHI B Q,HARRISON C,CUMMING A.Fast-mode kinetics in surface-mediated phase-separating fluids[J].Physical Review Letters,1993,70(2):206-209.

[102] CUMMING A,WILTZIUS P,BATES F S,et al.Light-scattering experiments on phase-separation dynamics in binary fluid mixtures[J].Physical Review A,1992,45(2):885-897.

[103] NAKATA M,KAWATE K.Kinetics of nucleation in a dilute polymer solution[J].Physical Review Letters,1992,68(14):176-179.

[104] TOKUYAMA M,ENOMOTO Y.Dynamics of crossover phenomenon in phase-separating systems[J].Physical Review Letters,1992,69(2):312-315.

[105] TOKUYAMA M,ENOMOTO Y.Theory of phase-separation dynamics in quenched binary mixtures[J].Physical Review E,1993,47(2):1156-1179.

第2章　难混溶合金研究进展

2.1　引　　言

难混溶合金因具有独特的凝固组织和性能特点，不仅可作为优异的自润滑材料和超导材料，而且还能依靠自组装成为智能型结构材料。对于典型的二元难混溶合金而言，当合金初始成分在难混溶区范围内时，熔融合金的凝固过程通常伴随液-液相分离，即第二相从基体相中析出，并与基体相液-液共存。

事实上，对于具有正的混合焓的二元合金体系[1,2]，如Cu-Fe、Cu-Co和Cr-Cu等，虽然其平衡相图中并无难混溶区，但当这些合金在凝固过程中获得合适的过冷度后，合金熔体也将发生液-液相分离。如此，难混溶合金的范围进一步扩大。因此，研究难混溶合金具有极其重要的意义。

控制难混溶合金凝固组织一直是材料领域的研究热点[3-5]。近年来，研究者们逐步将目光聚焦于三元甚至多元体系难混溶合金的研究。例如，向难混溶合金中添加微量元素，提高组元间的溶解度，从而在一定程度上抑制偏析，达到细化组织的目的。除以上策略外，也有研究者通过增加外场（电场、磁场和复合场等），实现对第二相粒子运动行为的调控，从而减小合金内部偏析。

2.2　多元合金体系中的难混溶区

除二元难混溶合金在凝固过程中易出现液-液相分离外，目前发现还有较多三元及多元合金相图中也存在难混溶区，即凝固过程可能伴随液-液相分离。表2-1罗列了部分可发生相分离现象的多元难混溶体系及其对应的相分离类型。

表2-1　液-液相分离的多元难混溶体系[1]

难混溶体系	分类	相分离类型
Ag-Al-Co-Cr-Cu-Fe-Ni	高熵合金	稳定型
Ag-Al-Co-Cr-Cu-Ni	高熵合金	稳定型
Al-Co-Ce-La-Zr	块体金属玻璃	亚稳定型

续表

难混溶体系	分类	相分离类型
$Al_{0.5}$-Co-Cr-Cu-Fe-V	高熵合金	稳定型
Al-Cr-Cu-Fe-Ni	高熵合金	稳定型
Al-Cu-La-Ni-Zr	块体金属玻璃	稳定型
B-Cu-Fe-P-Si	铁铜合金	稳定型
Co-Cr-Cu-Fe	高熵合金	稳定型
Co-Cr-Cu-Fe-Mn	高熵合金	稳定型
Co-Cr-Cu-Fe-Mo-Ni	高熵合金	稳定型
Co-Cr-Cu-Fe-Ni	高熵合金	亚稳定型
Co-Cr-Cu-Fe-Ni-Nb	高熵合金	稳定型
Co-Cr-Cu-Fe-Ti-V	高熵合金	稳定型
Co-Cr-Cu-Fe-V	高熵合金	稳定型
Co-Cr-Cu-Mn	高熵合金	稳定型
Co-Cr-Cu-Mn-V	高熵合金	稳定型
Co-Cr-Cu-Ni-V	高熵合金	稳定型
Co-Cr-Cu-V	高熵合金	稳定型
Cr-Cu-Fe-Mn-V	高熵合金	稳定型
Cr-Cu-Fe-Mo-Ni	高熵合金	稳定型
Cr-Cu-Fe-Ni	铜合金	亚稳定型

注：下标0.5代表Al占比50%。

2.3　“壳-核”结构研究进展

2.3.1　粉体法

本节主要介绍两种主流的粉体法，即雾化法和落管法。雾化法是一种利用强气流将合金熔体直接吹散为直径较小的粉末状熔滴的工艺方法。一般情况下，熔滴直径为30～250 μm。其优点在于过冷度大，冷却速率高且不需要自由下落过程。这种方法常用于研究亚难混溶合金的相关特性，包括Fe-Cu合金和Cu-Co合金等。

Derimow 等人[1]、Shi 等人[2,3]利用雾化粉末技术在 Cu-Fe 基合金粉末中得到了“蛋”型“壳-核”结构。研究发现，最外层始终为富 Cu 相，小体积分数相总是因聚集而形成“核”，有时也能形成最外层“壳”结构。为了解释这种结构的形成过程，对比研究了 Marangoni 对流运动和 Stokes 运动过程，发现前者起主要作用，后者几乎可以忽略。对于三层“壳-核”结构，最外层的富 Cu 相是由其表面能比较低造成的。对于两层“壳-核”结构的形成过程，Marangoni 对流运动将小体积分数相推向液态合金粉末的中心，剩余富 Cu 相作为基体构成最外层。Fe-Cu 基合金粉末中两层与三层“壳-核”结构形成过程如图 2-1 所示。

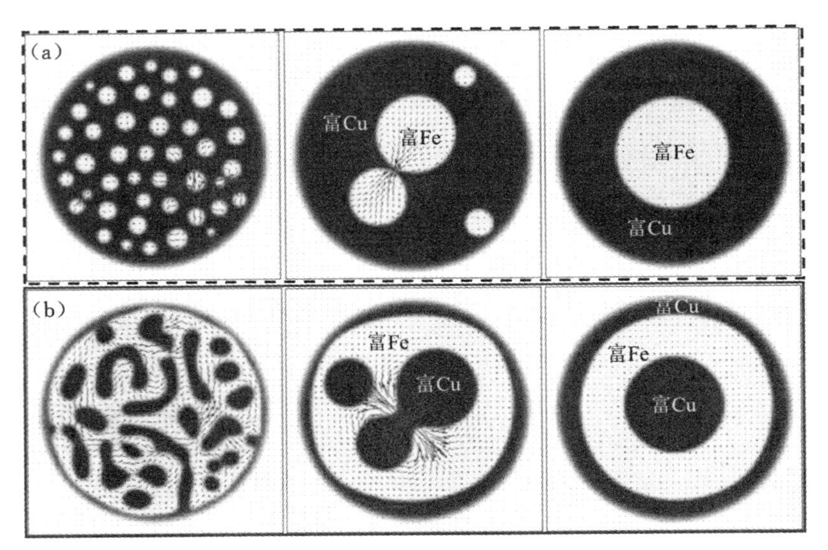

图 2-1　Fe-Cu 基合金粉末中两层与三层“壳-核”结构形成过程

(a)$Fe_{30}Cu_{70}$；(b)$Fe_{56}Cu_{44}$

相似地，He 等人[4,5]也采用气体雾化法探究了 Cu-Co 合金、Al-Pb-Sn 合金和 Fe-Cu 合金的相分离凝固组织演化过程，并利用模型计算了液-液相变过程中第二相液滴的形核率、生长速率等，揭示了液滴之间的碰撞、凝并和对流对终态凝固组织的影响机制。结果表明：尺寸大的粉末颗粒冷却速率慢，凝固时间相对较长，内部液滴平均碰撞函数值较小。同时，研究人员还建立了难混溶合金和基于液-液相分离形成的块体金属玻璃之间的内在联系，为研究难混溶体系中金属玻璃提供了理论依据。

与雾化法相似，落管法也是粉末制备技术之一。所谓落管法，即利用强气流将液态熔融合金吹散成直径为 25～1000 μm 的微小粉末颗粒，打散的微小粉末颗粒在界面张力作用下迅速缩成球状，随后粉末在竖直真空管中做自由落体运动并自然凝固。与雾化法不同的是，落管法制备的粉末颗粒尺寸更大。

Munitz 等人[6-8]利用105 m长的落管研究了过冷Cu-Co合金中的分相行为，并估算了合金微滴的凝固时间，分析了直径为3 mm样品的凝固组织，发现合金微滴在到达管底部之前已经凝固，凝固形貌的差异主要与合金微滴初始温度和样品大小有关。当过冷度达到$0.2T_m$时，在凝固组织中观察到分相行为，且合金微滴凝固时间t_s由式(2-1)控制：

$$t_s=\frac{mH_F}{\varepsilon AK_B T_0^4 T_m^4} \tag{2-1}$$

式中：m——合金微滴质量；

H_F——熔化潜热；

ε——材料发射率；

A——合金微滴表面积；

T_m——合金熔点；

T_0——环境温度。

Seki 等人[9]利用100 m长落管研究了Al-20%Pb合金中相分离过程，并与常规重力条件下的凝固组织进行了对比分析。研究发现，重力条件下富Pb相总是处在整个样品底部，而微重力条件下富Pb颗粒则弥散分布在Al基体中，距样品中心越远，富Pb粒子的直径越大。最终，这种现象归结为是由富Pb粒子与固-液界面相互排斥造成的。

Man 等人[10]利用105 m长落管研究了Ti-Ce难混溶合金的凝固组织。样品首先被电磁悬浮机加热至高于临界温度，之后关闭电磁悬浮机开关使样品自由下落。分析结果表明，相分离后的所有样品外壳均由富Ce相组成；在这种条件下，样品的过冷度较大，凝固组织中的富Ti相粒子总是呈球状，且富Ti的区域存在富Ce二次相。

Wang 等人[11,12]利用3 m长落管研究了Cu-Pb和Fe-Sn难混溶合金在难混溶区域内多种成分下的粉末颗粒组织。结果表明：临界点成分及其附近位置的合金微滴中最容易形成“壳-核”结构，而在临界点成分左侧的合金容易形成三层“壳-核”结构，最外层均为低熔点相，远离临界点成分合金一般形成弥散状结构。最后，Wang 等人认为临界点成分合金具有较长的Marangoni对流运动时间，导致第二相液滴更容易到达样品几何中心，因此，在临界点成分合金中容易形成“壳-核”结构。

Jegede 等人[13]利用6.5 m长落管研究了亚稳难混溶Cu-Co合金粉末中各形貌数量占比与粉末尺寸(冷却速率)之间的关系，结果如图2-2所示。结果显示，相分离特征形貌占比随粉末尺寸减小而升高。此外，实验中得到了两层“壳-核”结构，演化中的“壳-核”结构存在较多枝晶组织，其中，“壳-核”结构中的“核”相始终为高熔点相。分析发现，当粉末粒子直径在 35～850 μm 范围内变化时，冷却速率变化范围为 10^3～10^5 K/s。“壳-核”结构形成能力随冷却速率增加先增强后减弱，在 2×10^4 K/s 时，“壳-核”结构形成能力达到峰值。另外，实验还利用高冷速条件在 $Cu_{50}Co_{50}$ 合金中得到了连续状组织和“壳-核”结构，发现该成分下最容易得到“壳-核”结构。

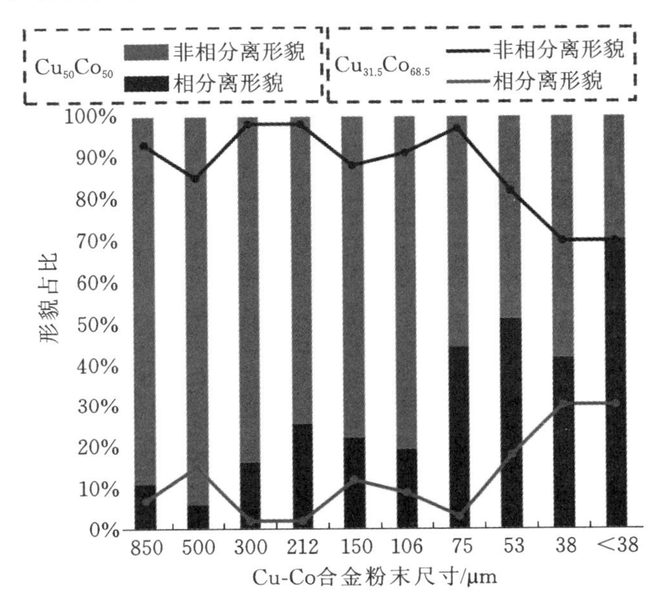

图 2-2　Cu-Co 合金粉末中各形貌数量占比与合金尺寸的关系

Wang 等人[14,15]利用 3 m 长落管研究了 $Fe_{37}Sn_{32}Si_{31}$ 三元合金中“壳-核”结构形成机理。实验得到了直径在 97～978 μm 范围内的合金粉末，其赤道面形貌组织包括两层和三层“壳-核”结构。依据温度场计算，分析了溶质 Marangoni 对流的强弱，发现表面偏析势和 Marangoni 对流是形成“壳-核”结构的主要原因。

Dai 等人[16,17]通过将熔融 $Al_{65.5}Bi_{34.5}$ 合金打散吹入硅油的方法研究了相分离过程及“壳-核”结构形成过程。文中结合 ANSYS 模拟，计算了液滴冷却速率和内部温度梯度，分析了液滴飞行距离和硅油温度对形貌的影响，发现温度梯度和冷却速率随飞行距离减小和硅油温度降低而不断增加。其他条件不变的情况下，随着下落距离的增加，合金颗粒的横截面形貌发生了显著变化，其结果如图 2-3 所示。Marangoni 对流运动和 Stokes 运动是形貌由非规则壳层向规则壳层转变的主要原因。只有当 Marangoni 对流运动和 Stokes 运动恰好达到某种平衡时，终态下的合金形貌才能呈现“壳-核”结构。

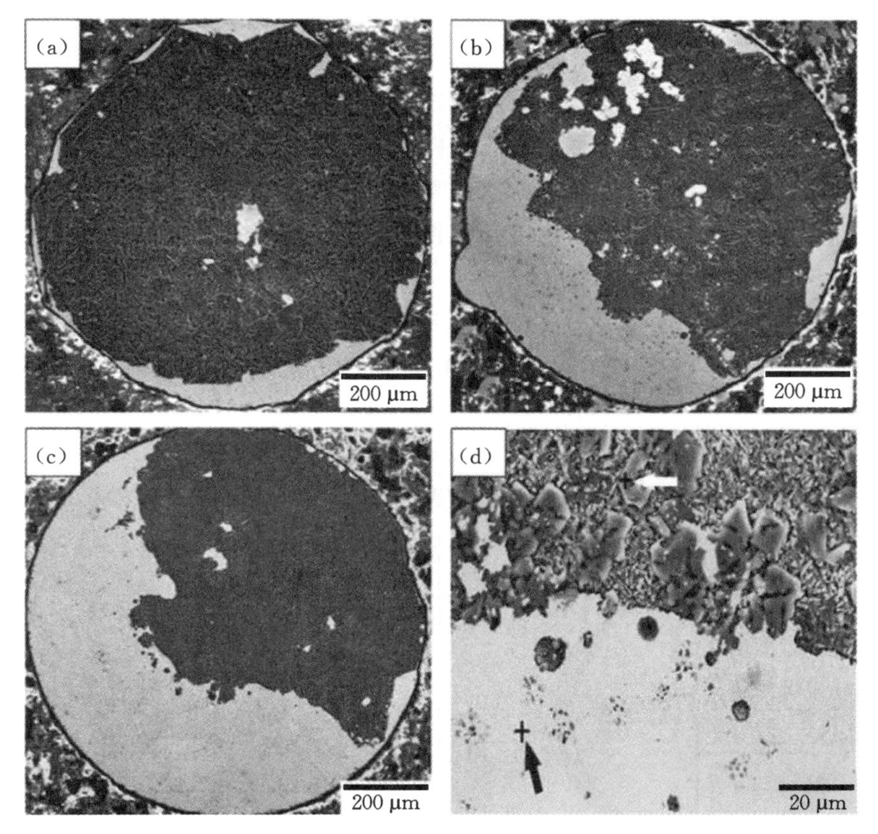

图 2-3　不同下落距离下 $Al_{65.5}Bi_{34.5}$ 合金颗粒的横截面形貌

熔融合金初始温度为 1540 K,硅油温度为 283 K

(a)75 mm;(b)100 mm;(c)145 mm;(d)是(c)的局部放大

2.3.2　直观法

所谓气动悬浮技术,就是利用特定形状的喷嘴喷出气体,使得物体达到无容器悬浮状态。该技术已经广泛地应用到金属热物性参数测量、共晶合金快速凝固过程中的组织转变和“壳-核”结构形成机理研究等方面。

Lu 等人[18,19]利用同步辐射成像法原位观测研究了 Al-10%Bi 难混溶合金中液滴熟化和溶解过程,并探究了二者对形貌演化的影响,理论计算了第二相液滴在 Al-10%Bi 和 Al-90%Bi 合金相分离过程中的迁移速率。研究发现,当第二相液滴的直径较小时,液滴主要受 Marangoni 对流的作用向中心运动;当第二相液滴直径逐渐变大时,Stokes 运动逐渐增强;当液滴超过一定尺寸后,Stokes 运动速率超过

Marangoni 对流运动速率并占优势。通过调控合金熔体的冷却速率，有可能得到“壳-核”结构。

Ma 等人[20]采用气动悬浮法研究了不同成分 Cu-Sn-Bi 亚稳合金的相分离组织结构特征，利用红外测控技术跟踪记录了样品真实条件下的冷却曲线，计算了悬浮条件下合金相分离后第二相液滴的运动规律，从实验上获得了三种典型的组织形貌：粒子弥散型组织、“壳-核”结构以及两相分层的组织结构。实验发现：合金凝固组织的结构形貌和初始成分有关。

翟薇等人[21]原位观测了 SCN-52.6% H_2O(摩尔百分数)难混溶溶液在环形温度场中的相分离现象。图 2-4(a)所示为温度梯度场示意图。该实验在一定程度上还原了难混溶合金中“壳-核”结构的形成过程，结果如图 2-4(b)、(c)所示，并揭示了第二相液滴向样品中心移动→凝并→聚集→组装的内在形成机理。实验发现，相分离过程开始于样品外侧，首先从母相中析出富 H_2O 相液滴，随后液滴在温度梯度

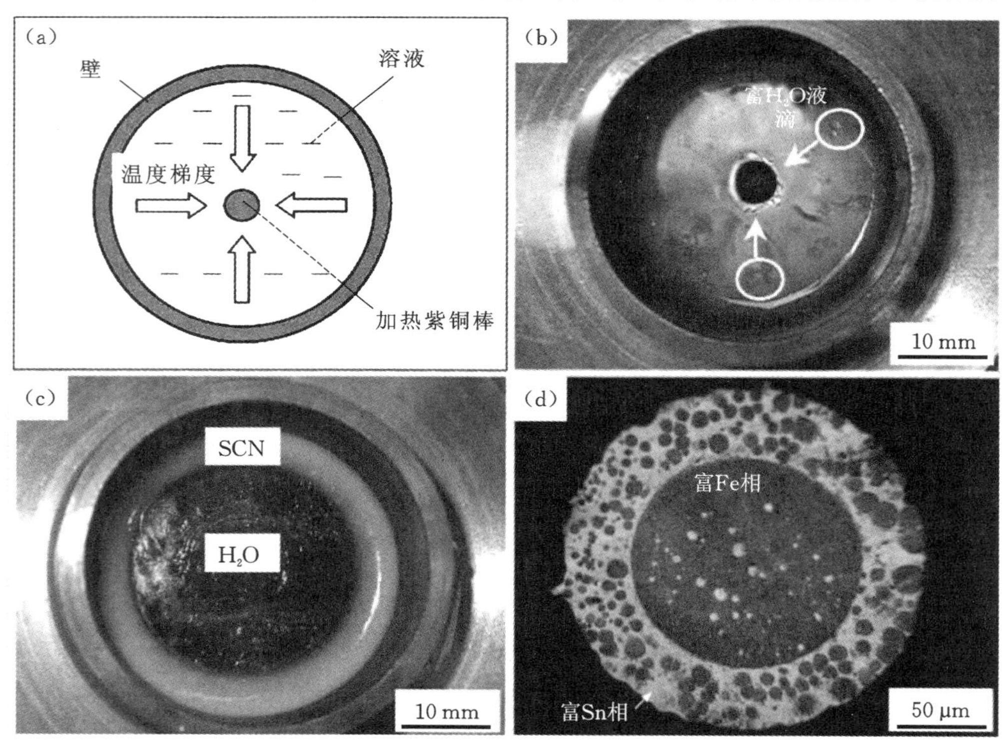

图 2-4 早期开展“壳-核”结构形貌原位观测实验及与 $Fe_{52}Sn_{48}$ 合金粉末对照结果

(a)温度梯度场示意图；(b)SCN-H_2O 溶液相分离过程；(c)SCN-H_2O 溶液在温度梯度场中终态相分离形貌；(d)落管实验中 $Fe_{52}Sn_{48}$ 合金粉末的赤道面形貌

场中不断向样品中心迁移，并不断碰撞、凝并，最终聚集在样品中心，形成以富 H_2O 相为中心的两层“壳-核”结构，与 $Fe_{52}Sn_{48}$ 合金粉末高度一致(图 2-4(d))。与此同时，实验中还直观地测定了富 H_2O 相液滴的移动速率，并与计算结果做了比较，发现两者高度相符。这证实了在相分离过程中，Marangoni 对流是第二相液滴移动的主要驱动力。

Shoji 等人[22]利用中子计算成像技术探究了静电悬浮条件下 Cu-Co 合金熔体中对流对相分离的影响。三维图像重构显示：当外部静磁场相对较弱时，Cu-Co 合金因过冷首先发生相分离，析出大量尺寸较小的富 Co 相圆球粒子，均匀地弥散在基体内。当外部静磁场增强时，这些富 Co 相粒子倾向于凝并，并在静磁场作用下沿着磁场方向被拉长，形成凸起组织。

Wang 等人[12]利用 SCN-H_2O 透明型难混溶体系研究了壳层相选择对“壳-核”结构层数的影响。实验发现，具有相对较低的表面能的相总是形成壳层相。当低表面能相为小体积分数相时，终态形成三层“壳-核”结构。当低表面能相为基体相时，形成两层“壳-核”结构。利用富 SCN/H_2O 相与玻璃/聚四氟乙烯之间的润湿性，通过原位观测实验直观地证实了这一结论。

Shi 等人[3]利用相场法研究了 Fe-Cu 合金中两层和三层“壳-核”结构的自组装过程，结果表明：调幅分解引导的液流，碰撞和碰撞引起的碰撞过程都对以上“壳-核”结构的形成起重要作用。

2.3.3 相场模拟法

采用修正后的 Model H 模型模拟微重力条件下难混溶合金的液相分离过程[23,24]，能够更加直观地认识液相分离过程中浓度场的空间分布特征和组织形貌演化规律。该模型中相场控制方程表示为

$$\frac{\partial \phi}{\partial \tau}+\nabla \cdot (\nu\phi)=\nabla \cdot \left[\phi(1-\phi)\nabla\frac{\delta F}{\delta \phi}\right]+\nabla \cdot \xi \tag{2-2}$$

式中：ϕ——合金中组元的浓度；

∇——梯度算子；

τ——无量纲时间；

ν——流速；

ξ——随机高斯噪声。

F——体系自由能泛函，可表示为

$$F=F_B+F_C+F_S \tag{2-3}$$

其中，F_B 为体系自由能，F_C 为界面浓度梯度引起的自由能，F_S 为表面自由能，各表

达式如下：

$$\begin{cases}F_{B}=F_{B0}+\theta[\phi\ln\phi+(1-\phi)\ln(1-\phi)]+2\phi(1-\phi)\\ F_{C}=\frac{1}{2}\nabla^{2}\phi\\ F_{S}=F_{S0}-H\phi_{S}+\frac{1}{2}g_{S}\phi_{S}^{2}\end{cases}\tag{2-4}$$

式中：F_{B0}——常数；

θ——约化温度；

F_{S0}、H、g_{S}——与熔体表面势函数有关的参数；

ϕ_{S}——表面浓度。

在微小的液滴中，因为雷诺数不及 10^{-3} 量级，所以其内部流场的局域速度可以简单表示为

$$\nu=-C_{f}\cdot\phi\nabla\frac{\delta F}{\delta\phi}\tag{2-5}$$

其中，C_{f} 为合金熔体的流动性参数，可以表示为

$$C_{f}=\frac{\rho R_{g}T_{L}\varepsilon^{2}}{6\pi D_{L}\eta M}\tag{2-6}$$

式中：ρ——熔融合金的密度；

R_{g}——气体常数；

T_{L}——液相熔点；

ε——界面宽度；

η——熔融合金的黏度；

M——摩尔质量；

D_{L}——液相扩散系数。

无量纲的温度场控制方程为

$$\frac{\partial\theta}{\partial\tau}=\frac{\alpha}{D_{L}}\nabla^{2}\theta\tag{2-7}$$

式中：α——热扩散系数。

液滴表面处的边界条件为

$$\begin{cases}\boldsymbol{n}\cdot\nabla\phi\,|_{r0}=0\\ \boldsymbol{n}\cdot\nabla\frac{\delta F}{\delta\phi}\Big|_{r0}=0\\ \boldsymbol{n}\cdot\nabla\theta\,|_{r0}=0\\ \boldsymbol{n}\cdot\nabla v\,|_{r0}=0\end{cases}\tag{2-8}$$

式中：$\boldsymbol{n}$——表面法向单位矢量。

采用差分法在二维直角坐标系中对上式进行离散数值求解，对计算区域进行均匀剖分并划分网格，在时间和空间方向上分别采用差分格式，即可模拟相分离组织演变过程。

基于上述方法，Wu 等人[25,26]模拟了铁基难混溶合金中“壳-核”结构形貌演变过程，结果如图 2-5 所示。研究人员探究了表面偏析效应和 Marangoni 对流运动速率对微观组织形貌的影响。研究发现，偏析促使合金中高熔点相总是趋于熔体最外侧，从而形成“壳-核”结构的最外层。“壳-核”结构的核心部分总是由小体积分数相组成，这是 Marangoni 对流作用在第二相液滴上的作用结果。另外，实验还发现，粉末合金的初始成分能够影响“壳-核”结构的演化路径和终态相分离形貌。

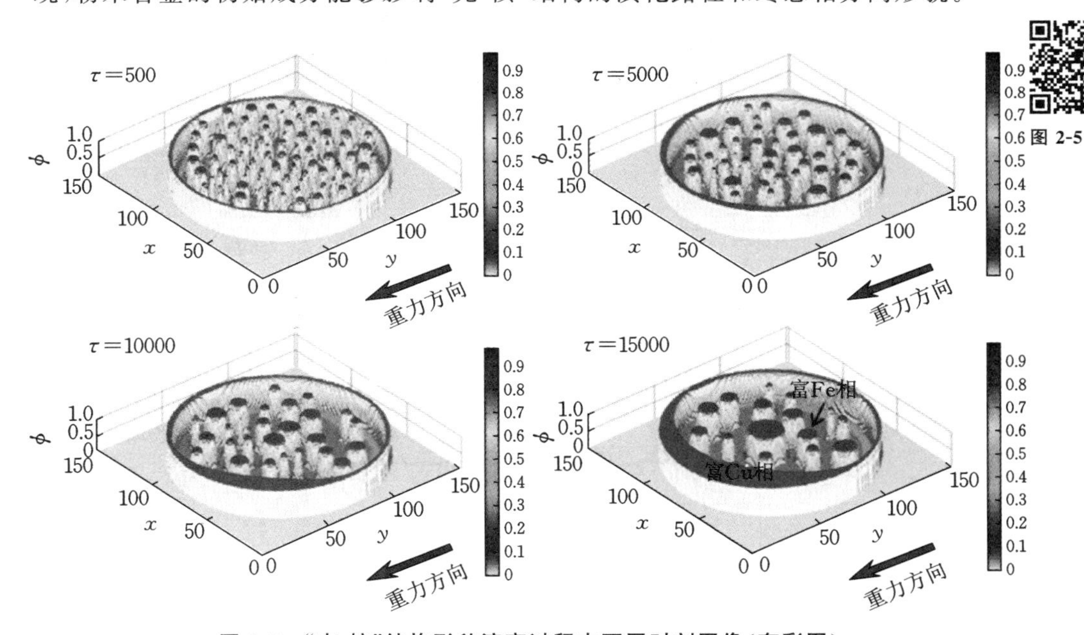

图 2-5　“壳-核”结构形貌演变过程中不同时刻图像（有彩图）

同样地，Luo 等人[27]利用修正的 H 模型研究了 Fe-50%Sn（原子百分比）合金中宏观相分离组织演化过程，模拟得到了两层、三层和五层状“壳-核”结构。分析发现：富 Sn 相总是形成壳层，这与其具有较小的表面张力有关。这一结论与 Wang 等人[11,12]的研究结果完全一致。

此外，秦涛等人[23]还通过修正的 H 模型，较好地再现了“壳-核”结构组织的演化过程。当流体参数 $C_{\mathrm{f}}<1$ 和溶质浓度大于 0 且小于 0.45，或者 $C_{\mathrm{f}}\geqslant 1$ 时，相分离形貌为两层“壳-核”结构；当流体参数 $C_{\mathrm{f}}<1$ 和溶质浓度大于 0.45 且小于 0.5 时，

相分离形貌为多层“壳-核”结构。其中，图 2-6(a)给出了三层“壳-核”结构在不同时刻(τ)的演变形貌。图 2-6(b)为图 2-6(a)中合金微滴直径上溶质原子的浓度随时间的变化曲线。随着时间的推移和相分离的发生，溶质分布变得越来越不均匀。

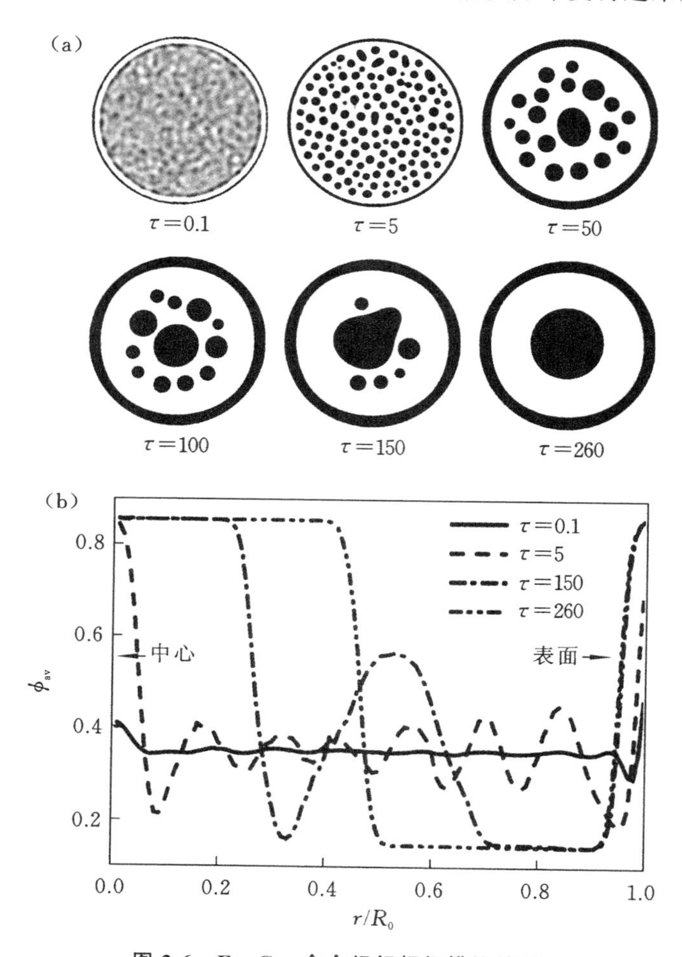

图 2-6 $Fe_{65}Cu_{35}$ 合金组织相场模拟结果

(a)三层“壳-核”结构的形貌演变过程；(b)溶质原子的浓度随时间的变化曲线

2.4 难混溶合金的凝固组织及控制研究

难混溶合金中的液-液相分离及其快速凝固组织长期以来受到学者们的密切关注。目前，已有不少研究致力于挖掘难混溶合金的液-液相分离机制及快速凝固机理，并期望通过必要的手段或途径降低溶质偏析，达到控制难混溶合金组织的目的，从而进一步优化材料的性能，使其更广泛地应用于工程领域。掺杂组元、引入电流和加载磁场的策略，正逐渐进入相关领域人们的视线中。人们逐渐意识到，以上方法可以在一定程度上影响液-液相分离机制及快速凝固过程，从而改变最终的组织结构形态和综合力学性能。

2.4.1　掺杂组元对合金凝固组织的影响

国内外学者一致认为，溶质相与基体相之间的密度差是引起难混溶合金凝固组织分层和溶质偏析的主要原因。向合金熔体中引入第三组元，可以使其与析出相互溶而形成新相，进而减小两相的比重，达到改变析出液相与母液相间密度差的目的。

引入第三组元不仅影响液态合金的表面张力，而且影响第二相的形核机制和生长动力学行为[28]。Kaban 等人[29]采用图 2-7(a)所示的装置，巧妙地研究了 Cu、Si 和 Sn 对液态 Al-Bi 合金界面张力的影响。研究发现，Cu、Si 能显著增大液-液界面张力，而 Sn 使得界面张力减小，结果如图 2-7(b)所示。其中，Cu、Si 对界面张力的影响具有较高的相似性，且各数值随温度升高急剧降低。此外，早在 2000 年，张宏闻等人[30]采用控制铸造技术制备了减摩轴瓦材料 Al-Bi 难混溶合金，并通过添加第三组元，分别研究了 Si、Sn 和 Pb 三种元素对 Al-Bi 合金凝固组织的影响。结果表明：与 Si 相比，第三组元 Pb、Sn 对试样组织中 Bi 粒子的尺寸和形貌有显著影响。刘海荣等人[31]探究了 Ni 对 $Cu_{75}Cr_{25}$ 合金的凝固组织的影响。结果发现，第三组元 Ni 不仅可以有效扩大 Cu、Cr 间的固溶度，而且对分相过程中的富 Cr 液相组织影响较大，使得 Cr 液相在形貌、尺寸、数量方面均发生明显变化，从而使 Cu-Cr 合金熔体在快速凝固过程中的液-液相分离有效被抑制。何杰等人[32]向 Al-Bi 基难混溶合金中添加第三组元 Si 和 Cu，揭示了 Si 和 Cu 组元对 Al-Bi 合金快速定向凝固组织的影响规律。在相同凝固条件下，第三组元 Si 和 Cu 使得富 Bi 粒子尺寸增大，且 Si 对富 Bi 相的粗化作用比 Cu 更显著。廖世龙等人[33]分析了 Cr 和 Ni 对 Cu-Fe 合金凝固过程中液-液相分离的动力学影响。结果表明，添加 Cr 促使富(Fe，Cr)溶质颗粒球化，使得球状组织在基体中更加弥散，而 Ni 使得溶质富(Fe，Ni)相颗粒呈不规则状。

近年来，Moon 等人[34]分别向 $Cu_{60}Fe_{40}$ 和 $Cu_{80}Fe_{20}$ 合金中添加质量分数为 1% 的 Zr，并探究了 Zr 对液-液相分离行为的影响。研究结果表明：在 γFe 成核前，两种无 Zr 合金在亚稳温度下都显示出液-液相分离形貌，如图 2-8(a)和(c)所示。而添加 Zr 后，合金中未出现相分离情况，如图 2-8(b)和(d)所示。这是因为 Zr 的加入降低了 Cu-Fe 的混合焓，促进了 Cu-Fe 的非均相形核。

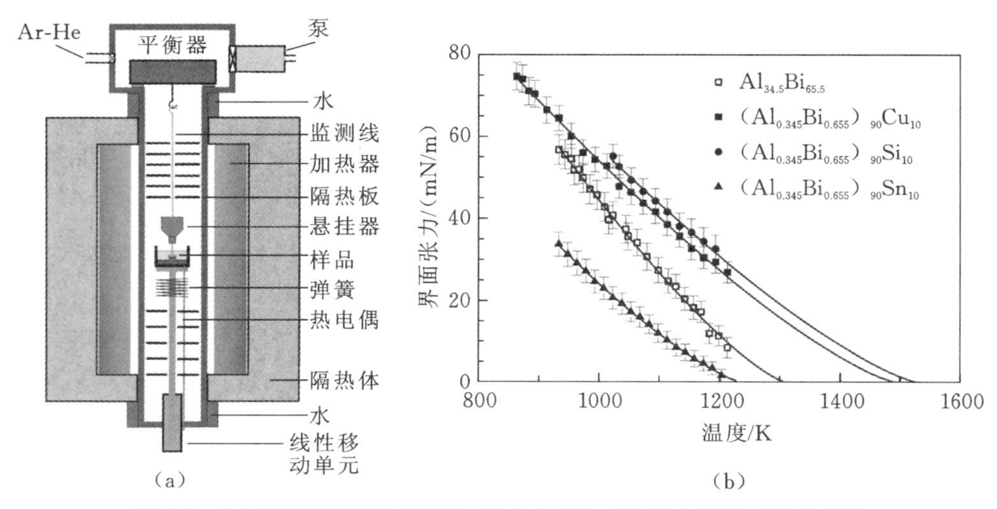

图 2-7 (a)界面张力测量装置及(b)合金熔体界面张力随温度变化曲线

图 2-8 彩图

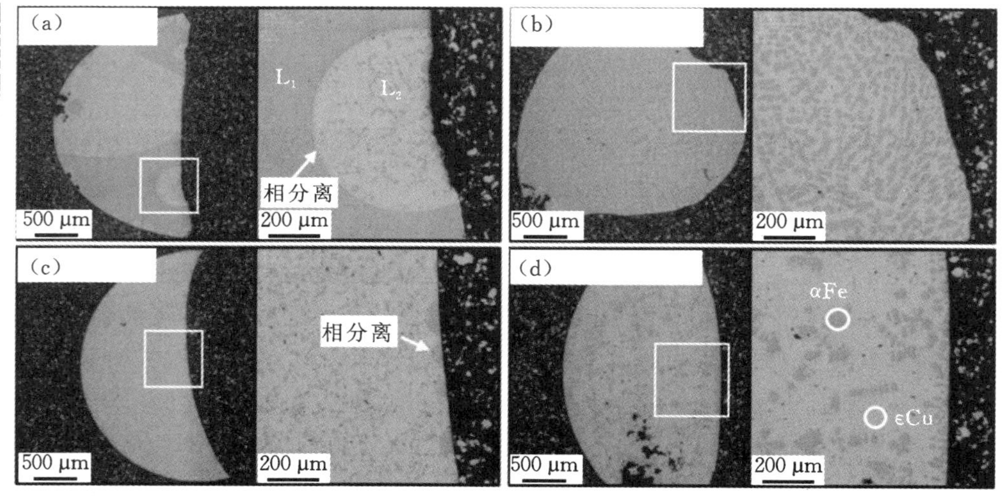

图 2-8 $Cu_{60}Fe_{40}$ 和 $Cu_{80}Fe_{20}$ 合金的凝固形貌 SEM 图像(有彩图)

(a)$Cu_{60}Fe_{40}$;(b)$(Cu_{60}Fe_{40})_{99}Zr_1$;(c)$Cu_{80}Fe_{20}$;(d)$(Cu_{80}Fe_{20})_{99}Zr_1$

此外,岳世鹏等人[35]研究了 Ni 和 Si 对 Cu-Fe 合金的凝固形貌和相组成的影响。结果表明,Ni、Si 不改变原始二元合金系中的相组成,但 αFe 枝晶的形貌却发生变化,由球状转变为立方体形。铸态下合金的形貌组织 SEM 图像及透射电镜下 αFe 枝晶的明场像如图 2-9 所示。当合金中无第三种元素时,组织呈现细小的胞状晶,加入 Ni 和 Si 后,组织呈现发达的枝晶。由此可以推断,富铜析出相的形核与长大要先于降温过程。也就是说,富 Cu 相是从 γFe 枝晶中析出,而非 αFe 枝晶。另外,张林等人[36]向 Cu-Pb 合金中加入适量的 La,显著降低了凝固组织中的宏观偏析,并促进了第二相粒子的均匀分布和晶粒细化。

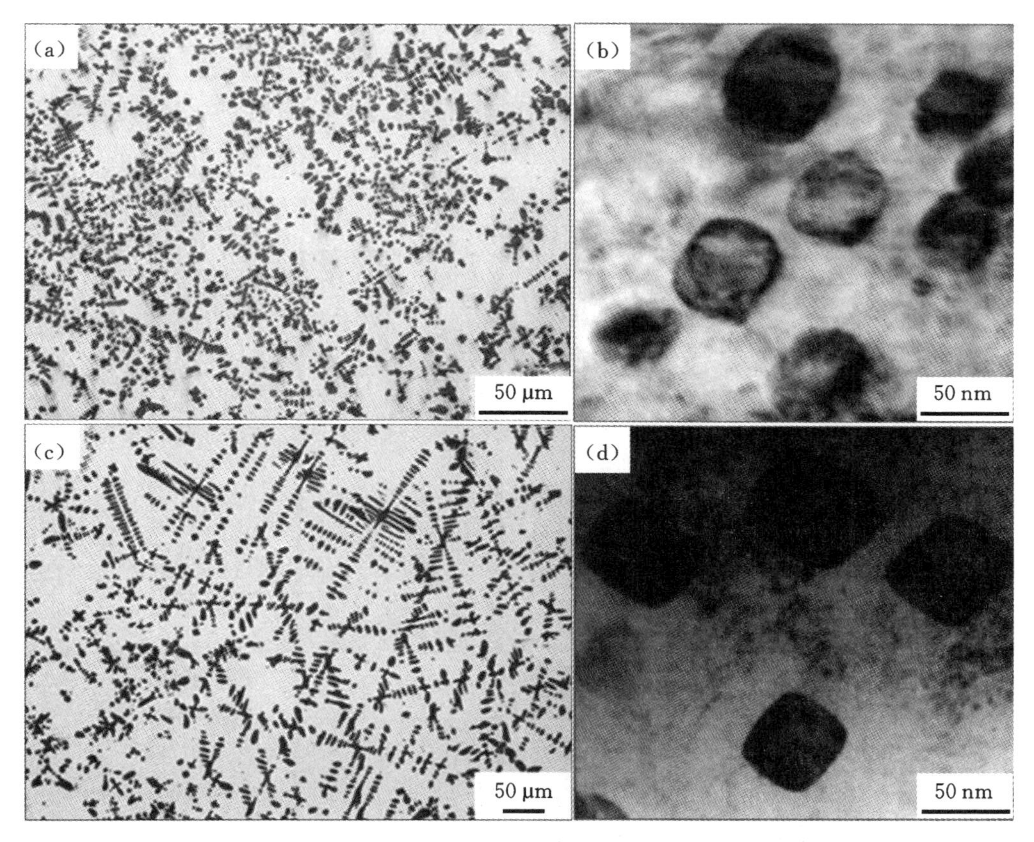

图 2-9　铸态下合金的形貌组织 SEM 图像及透射电镜下 αFe 枝晶的明场像

(a)、(b)铸态 $Fe_{20}Cu_{80}$ 合金;(c)、(d)铸态 $Fe_{20}Cu_{75}Ni_4Si_1$ 合金

综上所述,第三组元的添加能够改变合金体系的不混溶区域和颗粒与基体间的界面能,从而改变析出颗粒的形状。

2.4.2　引入电流对合金凝固组织的影响

研究表明:电流能显著影响难混溶合金的凝固组织及性能。因此,在加载电流的情况下,研究液-液相分离行为一直是材料领域关注的重点。20 世纪 90 年代,Nakada 等人[37]利用电容器放电对 $Sn_{90}Pb_{10}$ 过共晶合金的凝固组织进行了深入研究。发现合金中大部分凝固组织经电流处理后,形貌由原来的柱状向球状晶粒转变,且随着电压的增大,球状凝固组织占比明显升高。Li 等人[38]探究了 $Sn_{60}Pb_{40}$ 合金在不同脉冲电流作用下的凝固行为。研究发现，电流使得初生富 Pb 相由枝晶状转变为球状，而低电流似乎对凝固组织作用不明显。江鸿翔等人[39]研究了直流电流作用下 Al-Bi 合金连续凝固的组织结构，结果如图 2-10 所示。结果表明，在合金中加载电流，将促使难混溶合金在液-液相分离后的第二相发生宏观迁移，移动方向完全取决于第二相液滴和基体相的电导率。当前者大于后者时，第二相向样品中心汇聚；否则，第二相向试样表面迁移。

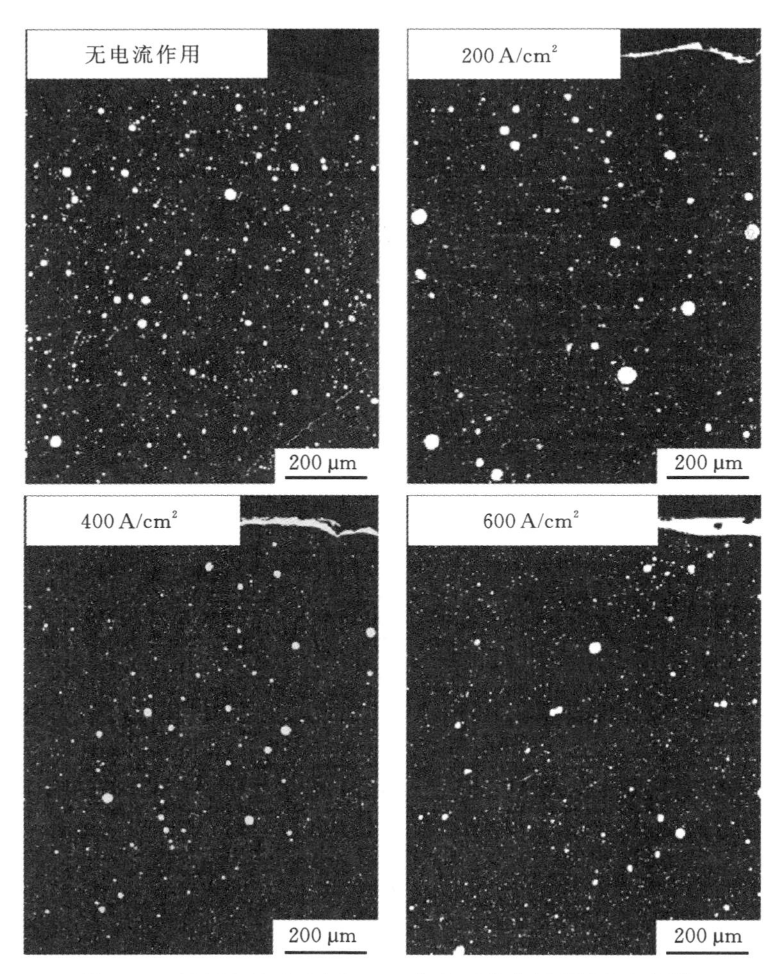

图 2-10　不同电流密度下 Al-Bi 合金试样表层凝固组织图像

向合金加载电流除了影响第二相运动方向外，还影响晶粒尺寸。Conrad 等人[40]对 Pb-Sn 共晶合金的凝固过程施加脉冲电流，发现合金的凝固行为发生显著变化。合金熔体的过冷度随电流密度的增大而增大，且电流对形核的产生具有积极作用，使得凝固组织中的晶粒细化。鄢红春等人[41]研究了 $Sn_{90}Pb_{10}$ 合金凝固组织在脉冲电流作用下的演变规律，结果表明，脉冲电流可以使粗大的枝晶状富 Sn 初生相细化为球状组织。訾炳涛等人[42]研究了脉冲电流作用下的熔点较高的 LY12(650℃)铝合金的凝固行为，并进一步证实了脉冲电流可以细化合金组织的结论。在脉冲电流的作用下，合金熔体内部产生了强烈的收缩运动以及冲击波，使得枝晶难以长大，或粗大枝晶破碎成游离晶，最终导致合金凝固组织被细化。余挺等人[43]探究了强脉冲电流对 $Cu_{80}Pb_{20}$ 亚难混溶合金组织和性能的影响。研究发现，凝固组织由富 Cu 相和富 Pb 相组成。当合金中无加载电流时，合金中晶粒粗大。随着脉冲电流的增大，晶粒呈先减小后增大的趋势。当峰值电流为 1500 A 时，合金的晶粒最小且组织均匀，结果如图 2-11 所示。

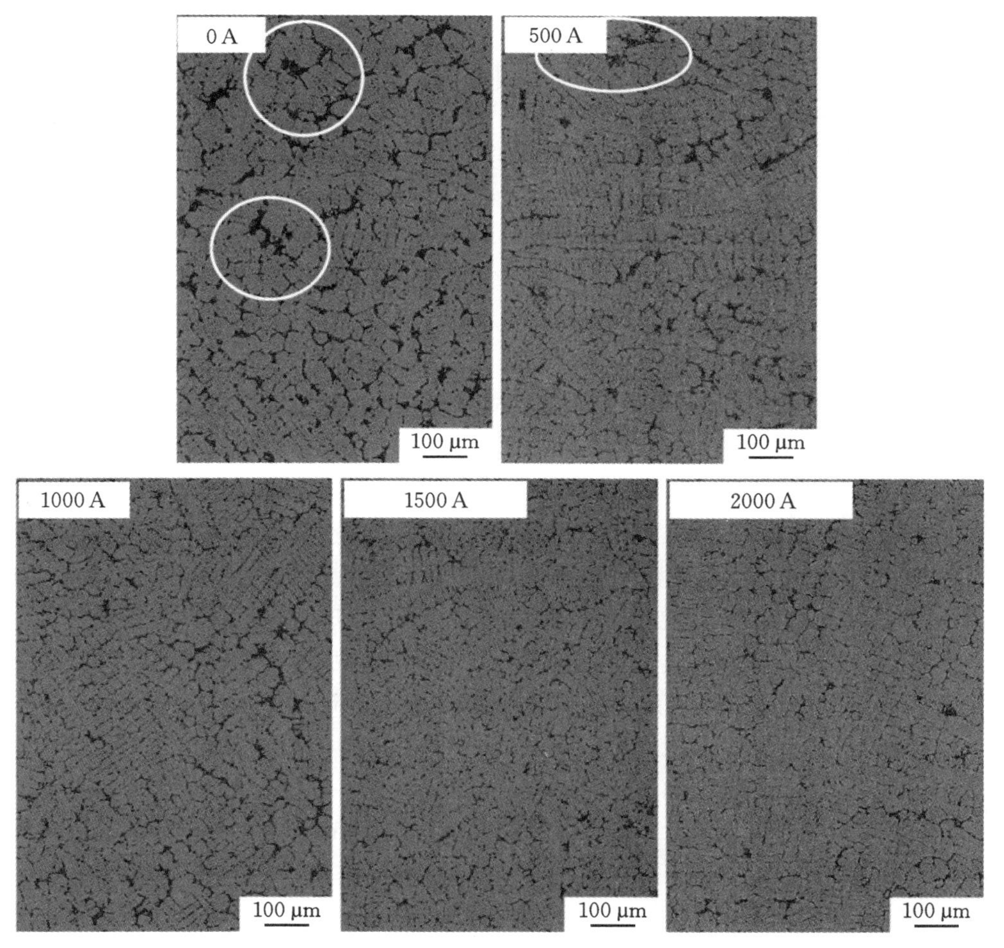

图 2-11　不同脉冲电流下 $Cu_{80}Pb_{20}$ 亚难混溶合金的凝固组织

事实上,脉冲电流不仅直接影响合金的凝固过程,而且还能对熔融金属进行孕育处理,最终改变熔融金属的凝固组织。陈庆福等人[44]研究了熔点以上的 $Al_{95}Cu_5$ 合金、高碳钢、T8 钢等的凝固行为,发现金属熔体经脉冲电流孕育处理后,凝固组织中的柱状晶区明显缩小,等轴晶区明显扩大。为了进一步阐明脉冲电流对金属凝固过程中孕育效果的影响,唐勇等人[45]认为,脉冲电流对静电相吸的原子团簇产生了显著影响,促进了熔体中原子聚集,使得原子团簇的数量增加。也就是说,达到并超过临界晶核半径的团簇的数量增多,即形核率大幅度提升,最终导致合金熔体中的晶粒被细化。陈庆福等人还探究了脉冲电流对 CuAlNi 合金孕育处理的影响,实验发现:脉冲电流对凝固组织起细化晶粒的作用,且作用显著。

2.4.3 加载磁场对合金凝固组织的影响

随着科技的不断进步,材料电磁加工目前仍是一个比较热门的方向和领域,这也使得在强磁场中对材料进行研究成为一种并不罕见的技术手段。对于合金凝固而言,磁场对凝固过程以及最终的凝固组织都将产生较大影响。然而,由于难混溶合金的分相过程和第二相宏观迁移问题比较复杂,因此磁场作用下难混溶合金凝固研究尚未受到全面重视。目前,对磁场下难混溶合金凝固的研究主要集中在以下两个方面:①强磁场对合金定向凝固组织的影响;②强磁场对难混溶合金体凝固组织形貌的影响。

王恩刚等人[36,46]研究了强磁场对 $Fe_{51}Sn_{49}$ 和 $Cu_{60}Pb_{40}$ 难混溶合金凝固组织取向的影响。结果表明,强磁场将影响 $Fe_{51}Sn_{49}$ 和 $Cu_{60}Pb_{40}$ 难混溶合金的凝固组织的取向。当向合金熔体施加 10 T 强磁后,αFe 晶体的磁各向异性和择优取向促使 $Fe_{51}Sn_{49}$ 合金中的新生相沿平行磁场方向排列,如图 2-12(a)所示。此外,αFe 的(110)晶面衍射强度明显增强。12T 强磁抑制富 Pb 相小液滴运动及凝固前沿熔体流动,促使 $Cu_{60}Pb_{40}$ 合金试样中心形成较长的规则排列的富 Pb 相棒状组织,如图 2-12(b)所示。此外,研究人员还在 CuPbLa 合金中开展了磁场对凝固组织的影响研究。通过在 $Cu_{20}Pb_{80}$ 过难混溶合金凝固过程中添加稀土元素 La,研究了合金液-液相分离特性,并探讨了磁场下第二相的迁移和分布规律。结果表明,La 元素可显著降低 $Cu_{20}Pb_{80}$ 合金凝固组织宏观偏析,同时使得第二相颗粒分布更均匀、尺寸更小,实验结果如图 2-12(c)所示。

Wei 等人[47-50]研究了在磁场作用下,$Cu_{50}Co_{50}$ 及 $Cu_{66.67}Co_{33.33}$ 合金在不同过冷时的凝固组织形貌,结果如图 2-13 所示。其中,图 2-13(a)～(c)为 $Cu_{50}Co_{50}$ 合金,图 2-13(d)、(e)为 $Cu_{66.67}Co_{33.33}$ 合金。通过组织三维重构,可以发现第二相在液-液相分离后的形貌与磁场的强度和方向有着密切联系。随着磁场强度和梯度的增加,

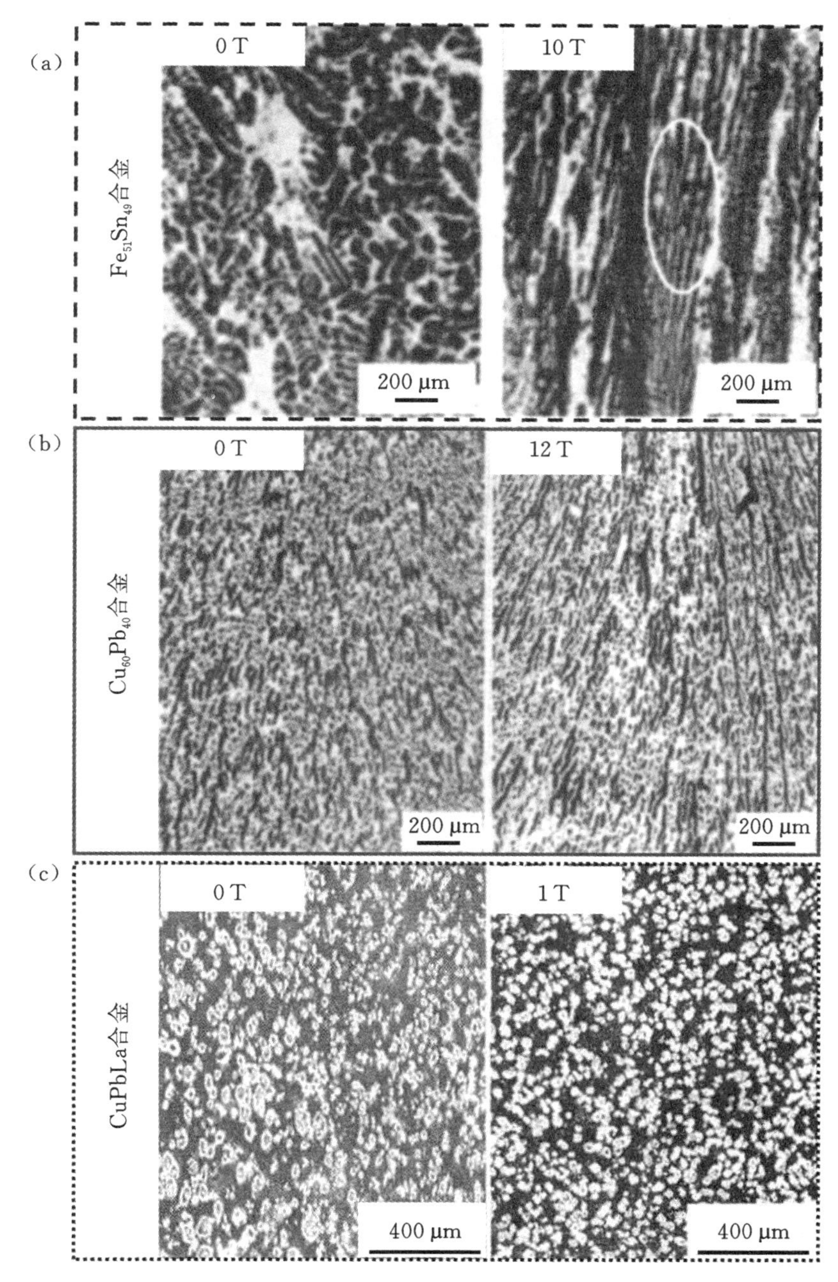

图 2-12　$Fe_{51}Sn_{49}$、$Cu_{60}Pb_{40}$和 CuPbLa 难混溶合金的凝固组织图像

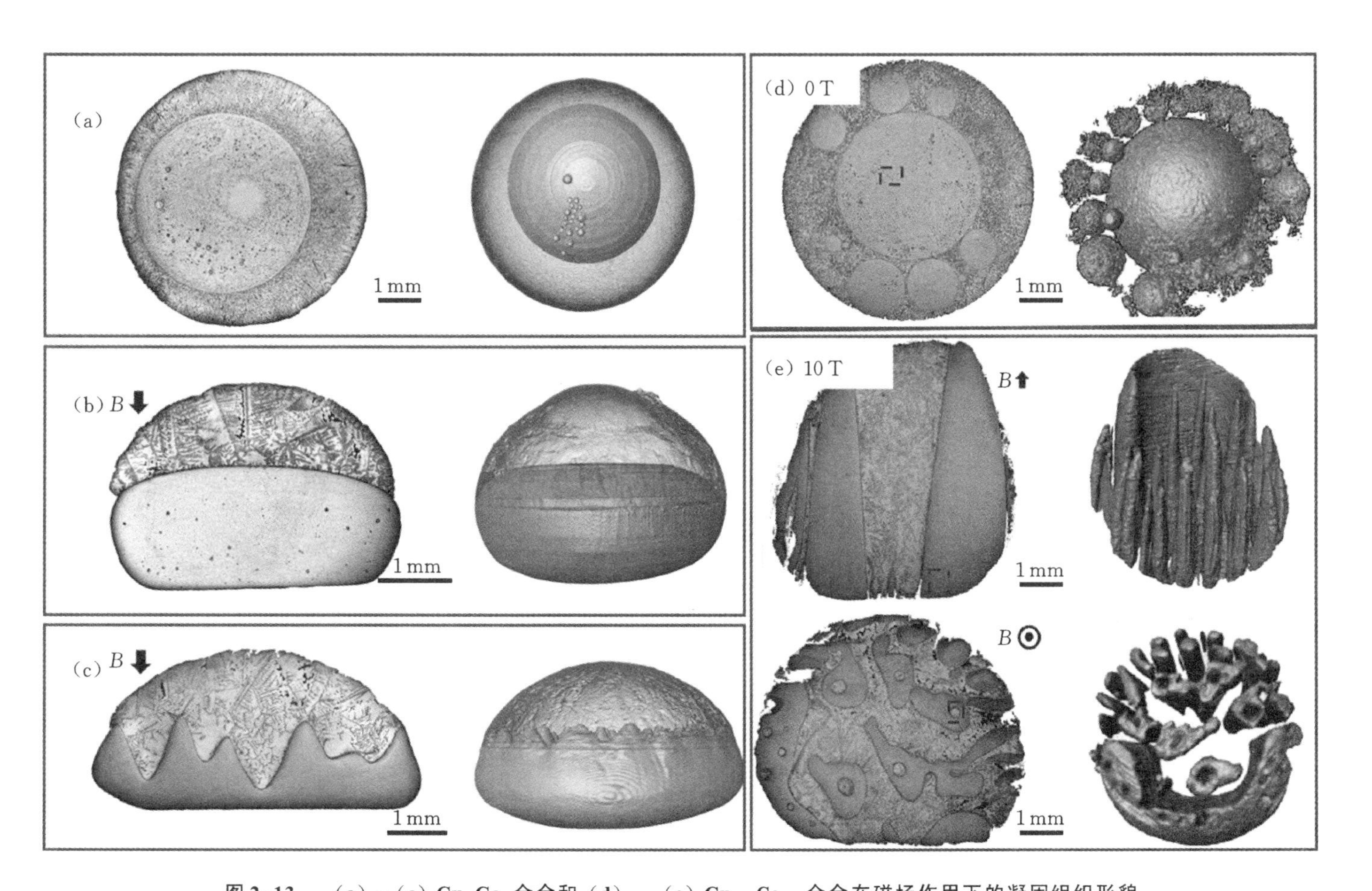

图 2-13　（a）~（c）$Cu_{50}Co_{50}$合金和（d）、（e）$Cu_{66.67}Co_{33.33}$合金在磁场作用下的凝固组织形貌

(a) ΔT=280 K，0 T；(b) ΔT=191 K，1.02 T；(c) ΔT=219 K，4.152 T；(d) ΔT=260 K，0 T；(e) ΔT=260 K，10 T

过冷的 CuCo 难混溶合金在较低的磁场中为“壳-核”结构，并逐步向层状结构转变，而在较高的磁场强度下，凝固组织为典型的法向场不稳定型。这表明，相分离后的第二相在磁场梯度下的磁响应能力不同，因此，其形貌的转变也是极其复杂的。

本章参考文献

[1] DERIMOW N, ABBASCHIAN R. Liquid phase separation in high-entropy alloys—a review[J]. Entropy, 2018, 20(11): 890.

[2] SHI R P, WANG C P, WHEELER D, et al. Formation mechanisms of self-organized core/shell and core/shell/corona microstructures in liquid droplets of immiscible alloys[J]. Acta Materialia, 2013, 61(4): 1229-1243.

[3] SHI R P, WANG Y, WANG C P, et al. Self-organization of core-shell and core-shell-corona structures in small liquid droplets[J]. Applied Physics Letters, 2011, 98(20): 204106.

[4] HE J, ZHAO J Z, RATKE L. Solidification microstructure and dynamics of metastable phase transformation in undercooled liquid Cu-Fe alloys[J]. Acta Materialia, 2006, 54(7): 1749-1757.

[5] HE J, MATTERN N, TAN J, et al. A bridge from monotectic alloys to liquid-phase-separated bulk metallic glasses: design, microstructure and phase evolution[J]. Acta Materialia, 2013, 61(6): 2102-2112.

[6] MUNITZ A, ABBASCHIAN R. Microstructure of Cu-Co alloys solidified at various supercoolings[J]. Metallurgical and Materials Transactions A, 1996 (27): 4049-4059.

[7] MUNITZ A, ABBASCHIAN R. Two-melt separation in supercooled Cu-Co alloys solidifying in a drop-tube[J]. Journal of Materials Science, 1991, 26: 6458-6466.

[8] MUNITZ A, ABBASCHIAN R. Liquid separation in Cu-Co and Cu-Co-Fe alloys solidified at high cooling rates[J]. Journal of Materials Science, 1998, 33: 3639-3649.

[9] SEKI Y, OKABE T, OSHIDA Y, et al. Phase-separation behavior in a binary mixture fluid layer subjected to a vertical temperature gradient[J]. Chemical Engineering Science, 2004, 59(13): 2685-2693.

[10] MAN T N, ZHANG L, XU N K, et al. Effect of rare-earth Ce on macrosegregation in Al-Bi immiscible alloys[J]. Metals, 2016, 6(8): 177.

[11] WANG N, ZHANG L, PENG Y L, et al. Composition-dependence of core-shell microstructure formation in monotectic alloys under reduced gravity conditions[J]. Journal of Alloys and Compounds, 2016, 663: 379-386.

[12] WANG N, ZHANG L, ZHENG Y P, et al. Shell phase selection and layer numbers of core-shell structure in monotectic alloys with stable miscibility gap[J]. Journal of Alloys and Compounds, 2012, 538: 224-229.

[13] JEGEDE O E, COCHRANE R F, MULLIS A M. Metastable monotectic phase separation in Co-Cu alloys[J]. Journal of Materials Science, 2018, 53(16): 11749-11764.

[14] WANG W L, WU Y H, LI L H, et al. Homogeneous granular microstructures developed by phase separation and rapid solidification of liquid Fe-Sn immiscible alloy[J]. Journal of Alloys and Compounds, 2017, 693: 650-657.

[15] WANG W L, LI Z Q, WEI B. Macrosegregation pattern and microstructure feature of ternary Fe-Sn-Si immiscible alloy solidified under free fall condition[J]. Acta Materialia, 2011, 59(14): 5482-5493.

[16] DAI R, ZHANG J F, ZHANG S G, et al. Liquid immiscibility and core-shell morphology formation in ternary Al-Bi-Sn alloys[J]. Materials Characterization, 2013, 81: 49-55.

[17] DAI R, ZHANG S, GUO X, et al. Formation of core-type microstructure in Al-Bi monotectic alloys[J]. Materials Letters, 2011, 65(2): 322-325.

[18] LU W Q, ZHANG S G, LI J G. Observation of Bi coarsening and dissolution behaviors in melting Al-Bi immiscible alloy[J]. Acta Metallurgica Sinica (English Letters), 2016, 29(9): 800-803.

[19] LU W Q, ZHANG S, ZHANG W, et al. A full view of the segregation evolution in Al-Bi immiscible alloy[J]. Metallurgical and Materials Transactions A, 2017, 48(6): 2701-2705.

[20] MA B Q, LI J Q, PENG Z J, et al. Structural morphologies of Cu-Sn-Bi immiscible alloys with varied compositions[J]. Journal of Alloys and Compounds, 2012, 535: 95-101.

[21] 翟薇,王楠,魏炳波.偏晶溶液相分离过程的实时观测研究[J].物理学报,2007,56(4):2353-2358.

[22] SHOJI E, ISOGAI S, SUZUKI R, et al. Neutron computed tomography of phase separation structures in solidified Cu-Co alloys and investigation of

relationship between the structures and melt convection during solidification [J].Scripta Materialia,2020,175:29-32.

[23] 秦涛,王海鹏,魏炳波.壳核组织形成过程的数值模拟研究[J].中国科学(G辑:物理学 力学 天文学),2007(3):409-416.

[24] LUO B C,LIU X R,WEI B Y.Macroscopic liquid phase separation of Fe-Sn immiscible alloy investigated by both experiment and simulation[J].Journal of Applied Physics,2009,106(5):053523.

[25] WU Y H,WANG W L,XIA Z C,et al.Phase separation and microstructure evolution of ternary Fe-Sn-Ge immiscible alloy under microgravity condition [J].Computational Materials Science,2015,103:179-188.

[26] WU Y H,WANG W L,CHANG J,et al.Evolution kinetics of microgravity facilitated spherical macrosegregation within immiscible alloys[J].Journal of Alloys and Compounds,2018,763:808-814.

[27] LUO S B,WANG W L,XIA Z C,et al.Solute redistribution during phase separation of ternary Fe-Cu-Si alloy[J].Applied Physics A,2015,119(3):1003-1011.

[28] KABAN I G,HOYER W.Characteristics of liquid-liquid immiscibility in Al-Bi-Cu, Al-Bi-Si, and Al-Bi-Sn monotectic alloys: differential scanning calorimetry, interfacial tension, and density difference measurements [J].Physical Review B,2008,77:125426.

[29] KABAN I,CURIOTTO S,CHATAIN D,et al.Surfaces,interfaces and phase transitions in Al-In monotectic alloys[J].Acta Materialia,2010,58(9):3406-3414.

[30] 张宏闻,冼爱平.第三组元对 Al-Bi 偏晶合金凝固组织的影响[J].金属学报,2000,36(4):347-350.

[31] 刘海荣,孙占波,顾林喻.Ni 对快速凝固 $Cu_{75}Cr_{25}$ 合金相变及其凝固组织的影响[J].铸造技术,2005(3):224-226.

[32] 何杰,赵九洲,王晓峰,等.Al 基难混溶合金快速定向凝固研究Ⅲ.第三组元的影响[J].金属学报,2007(6):573-577.

[33] 廖世龙,胡木林,林月粗.快速凝固 Cu-Fe 系三元合金液态相分离的模拟研究[J].铸造技术,2014,35(9):2087-2090.

[34] MOON H J,YEO T,LEE S H,et al.Effect of Zr addition on metastable liquid-liquid phase separation of Cu-Fe alloys[J].Scripta Materialia,2021,

205:114218.
[35] 岳世鹏,接金川,曲建平,等.Ni、Si 元素对 Cu-Fe 合金显微组织和力学性能的影响[J].中国有色金属学报,2021,31(6):1485-1493.
[36] 张林,王恩刚,左小伟,等.磁场对 Cu-Pb-La 过偏晶合金液-液分离的作用[J].稀有金属材料与工程,2015,44(2):344-348.
[37] NAKADA M, SHIOHARA Y, FLEMINGS M C. Modification of solidification structures by pulse electric discharging[J].ISIJ International,1990,30(1):27-33.
[38] LI J,MA J H,GAO Y L,et al.Research on solidification structure refinement of pure aluminum by electric current pulse with parallel electrodes[J]. Materials Science and Engineering:A,2008,490(1-2):452-456.
[39] 江鸿翔,孙小钧,李世欣,等.直流电流作用下 Al-Bi 偏晶合金连续凝固研究[J].特种铸造及有色合金,2020,40(10):1045-1049.
[40] CONRAD H. Influence of an electric or magnetic field on the liquid-solid transformation in materials and on the microstructure of the solid[J]. Materials Science and Engineering:A,2000,287(2):205-212.
[41] 鄢红春,何冠虎,周本濂,等.脉冲电流对 Sn-Pb 合金凝固组织的影响[J].金属学报,1997(4):352-358.
[42] 訾炳涛,崔建忠,巴启先.脉冲电流和脉冲磁场作用下 LY12 铝合金凝固组织的比较[J].热加工工艺,2000(4):3-5.
[43] 余挺,张磊,王东新,等.强脉冲电流对 Cu-20Pb 亚偏晶合金组织和性能的影响[J].特种铸造及有色合金,2018,38(12):1389-1392.
[44] 陈庆福,王建中,蔡伟,等.电脉冲孕育细化 CuAlNi 合金的宏观组织与铸态形状记忆效应[J].材料科学与工艺,2001(3):240-242.
[45] 唐勇,王建中,苍大强.电脉冲对高碳钢凝固组织的影响[J].钢铁研究学报,1999(4):48-51.
[46] 王恩刚,左小伟,张林,等.强磁场作用下偏晶合金取向凝固组织的形成[J].特种铸造及有色合金,2008(S1):478-481.
[47] WEI C, WANG J, HE Y X, et al. Magnetic field induced instability pattern evolution in an immiscible alloy[J]. Applied Physics Letters, 2023, 123(25):0185103.
[48] WEI C, WANG J, HE Y X, et al. Influence of high magnetic field on the liquid-liquid phase separation behavior of an undercooled Cu-Co immiscible alloy[J].Journal of Alloys and Compounds,2020,842:155502.

[49] WEI C,WANG J,DONG B W,et al.Properties and microstructural evolution of a ternary Cu-Co-Fe immiscible alloy solidified under high magnetic fields [J].Journal of Materials Research and Technology,2023,24:3564-3574.
[50] WEI C,LI J S,DONG B W,et al.Tailoring the microstructure and properties of a Cu-Co immiscible alloy by high magnetic field assisted heat treatment [J].Materials Chemistry and Physics,2023,302:127706.

第3章 不同相分离方式下第二相液滴长大及形貌组织

3.1 引言

当难混溶体系在外部条件下由单一液相区进入难混溶区时，体系将发生相分离过程，即由一相分解为两相甚至多个共存相[1,2]。这种分相行为涉及相变热力学过程。已有研究表明，相分离方式有两种[3-6]：形核-长大和调幅分解。前者属于一级相变，即发生相变时，体积变化的同时还伴随热量的吸收或释放，属于非自发过程。若这种相变发生，体系首先需要克服一定的能量势垒，然后才能形成尺寸不小于临界半径的小液滴。而后者属于二级相变，即相变发生时没有热效应和熵变。该过程能够自发地进行，即使是微弱的成分扰动也能使体系发生相分离，整个过程不需要克服任何能量势垒。由此可见，形核-长大和调幅分解是两种热力学过程完全不同的相分离方式。

鉴于形核-长大和调幅分解的热力学过程不同[7-9]，相分离方式必然与第二相液滴析出存在紧密联系，从而影响液滴析出后的初始状态，例如液滴之间的距离、液滴尺寸等。然而，液滴的初始状态与第二相液滴的长大过程有关，进而决定了第二相液滴在基体相中的存在状态及相分离后的组织形貌，因此，深入开展相分离方式对第二相液滴生长动力学过程的影响研究对调控相分离组织形貌具有至关重要的作用。

为了了解相分离方式对液滴生长行为的具体影响，直观地研究液滴在基体中的动态变化过程是一种比较理想的办法。然而，通常情况下，在金属类难混溶体系中利用高能X射线开展原位观测实验相对比较困难，且实验条件苛刻，成本较高。早期研究发现，某些透明类难混溶体系与金属类难混溶体系具有较高的相似性，因此，利用透明材料作为研究对象能够为探究金属中某种特性提供一种有利的研究方法。鉴于此，本章将选用SCN-H_2O体系作为研究对象，通过两种相分离方式，直观地测量了相分离过程中液滴半径的生长速率，建立了液滴长大与相分离方式的内在联系，从而探究了不同相分离方式对相分离组织形貌及液滴半径的作用机理。

3.2 实验材料及过程

3.2.1 实验材料

本实验选用难混溶透明体系(SCN-H_2O)为研究对象,旨在直观地获得宏观相分离过程及微观液滴之间的相互作用行为。SCN(丁二腈)和 H_2O 的混合物是一个典型的难混溶体系,其相图[10,11]如图 3-1 所示。目前,这类体系已经广泛地应用在难混溶合金的可视化研究中[12,13],是一种温度适中、难混溶区较宽的难混溶体系。实验所使用的 H_2O 是去离子水,由优普系列超纯水机(型号 UPT-I-40L)过滤制得。

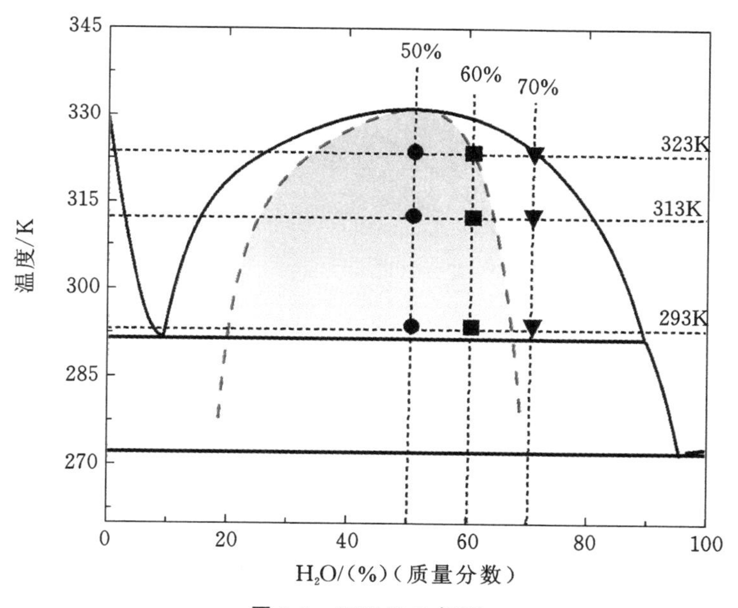

图 3-1 SCN-H_2O 相图

为了探究相分离方式及温度梯度对"壳-核"结构宏观组织形貌的影响规律,实现不同的相分离方式是研究问题的关键。根据 SCN-H_2O 相图特点,实验选择了三种不同成分的溶液,分别为 SCN-50%H_2O、SCN-60%H_2O 和 SCN-70%H_2O。三种溶液在不同温度下的相分离方式在表 3-1 中列出。

根据相图中难混溶区内亚稳区和不稳区的分布特点,实验分别选取了 SCN-50%H_2O 和 SCN-70%H_2O 两种溶液[10,14],所选成分的位置和相分离过程中的初末温度在图 3-2 中用箭线标出。由图 3-2 可以看出，两种溶液体系将分别单一实现调幅分解和形核-长大过程，从而可以通过控制变量来研究相分离方式对形貌和第二相液滴的尺寸影响。

表 3-1　三种溶液在不同温度下的相分离方式

成分	T_b/K	T_s/K	T_a/K		
			293	313	323
SCN-50%H_2O	331.1	331.1	调幅分解	调幅分解	调幅分解
SCN-60%H_2O	329.5	322.9	调幅分解	调幅分解	形核-长大
SCN-70%H_2O	323.7	—	形核-长大	形核-长大	形核-长大

注：T_b表示液相线温度；T_s表示调幅分解线温度；T_a表示激冷温度，即实验热台温度。

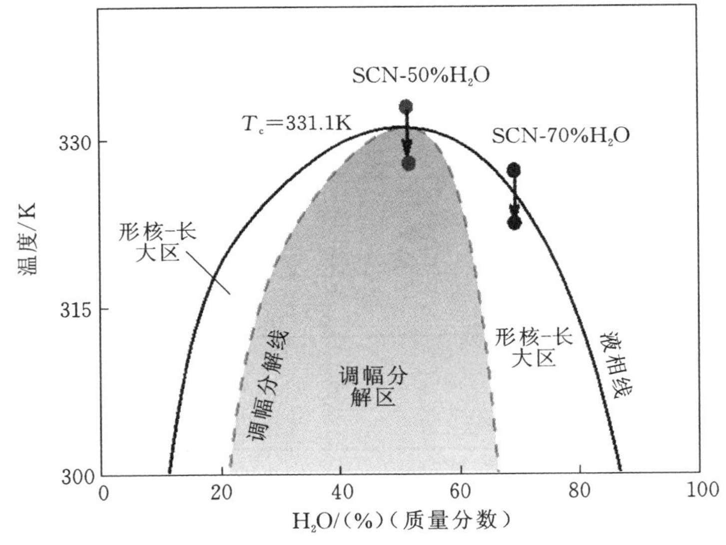

图 3-2　实验成分及初末温度设置

注：T_c 表示临界点温度。

3.2.2　样品制备与封装

在实验开始前，需首先制作样品腔，制作流程如图 3-3(a)所示。样品腔由玻璃片和聚四氟乙烯夹层构成，即采用两片 10 mm×10 mm(长×宽)的玻璃夹住一厚度为 0.1 mm 的夹层，然后对样品四周进行胶体封装，之后即可得到样品腔。

图 3-3(b)为向样品腔中注入 SCN-H_2O 溶液的流程图。首先，按照选定的原材

料质量比，分别称取一定质量的 SCN 和 H_2O。然后，将两者置于同一个塑料小容器内，在 353 K 的水浴中加热待混合物，并不断摇晃，直至混合物变为透明的单一液相。随后，用针孔注射器吸取少量液体，并快速注入样品空腔内。最后，将溶液入口密封，并静置 8 h。至此，便得到一个完整的实验样品。其他成分的样品制备流程与此类似，此后不再赘述。

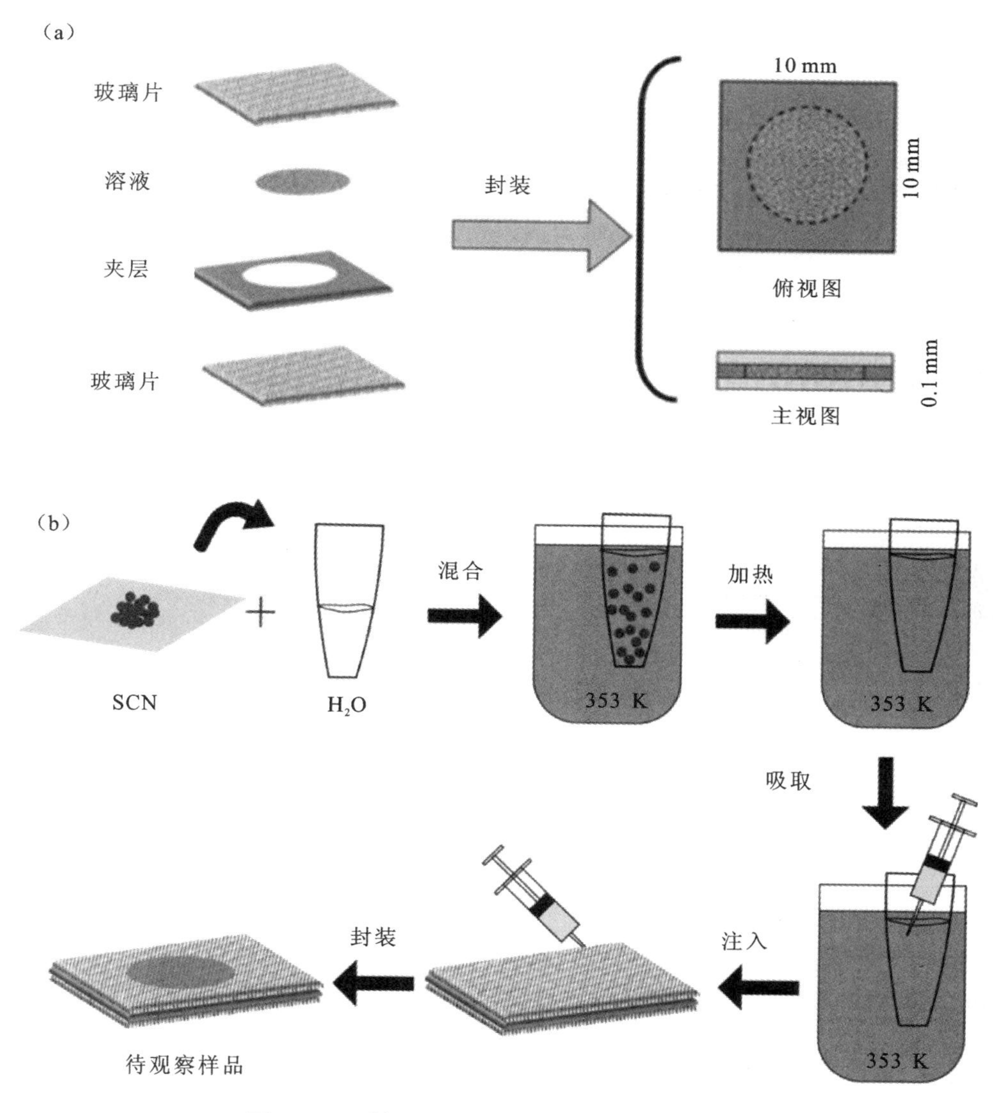

图 3-3　(a)样品腔制作流程和(b)样品制备流程

3.2.3 恒温场装置

图 3-4 为热台装置(型号:Linkam,THMS-600)实物图及热台工作原理示意图。热台可控温度范围为 80～873 K,精度为±0.1 K,降温速率和加热速率在 0.1～150 K/min范围内精准可调。鉴于热台装置能够在短时间内实现升温和降温过程,因此,当样品与热台内发热/制冷模块接触良好时,模块很容易激发诱导溶液体系发生相分离过程。整个过程可通过显微镜(型号:麦克奥迪 BA310Met)观测,并记录微观相分离过程。

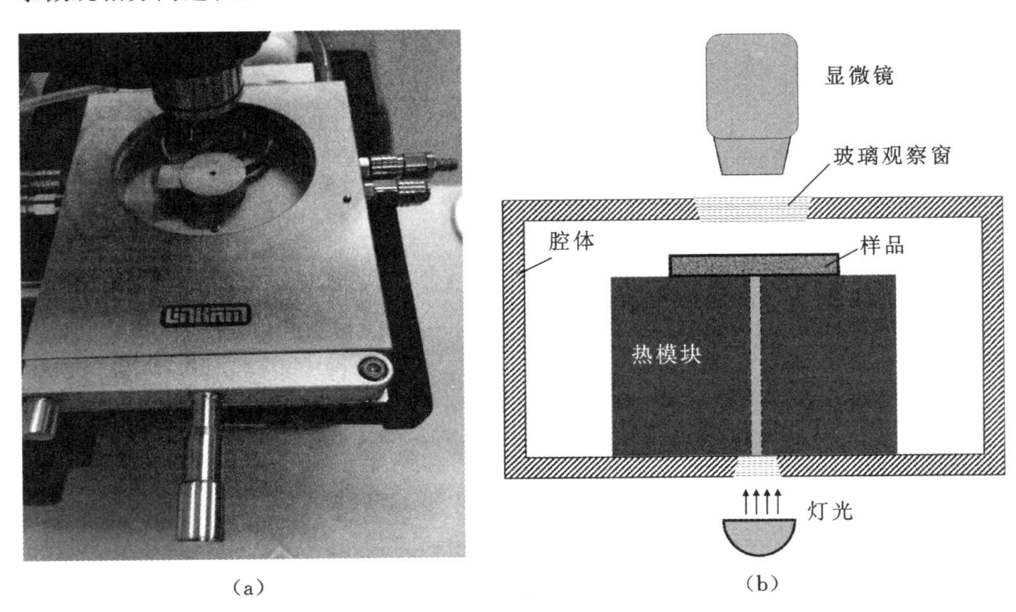

(a) (b)

图 3-4 (a)热台装置实物图及(b)热台工作原理示意图

3.2.4 实验流程

首先将封装好的实验样品置于恒温箱内,温度设定为 333 K,将样品及内部溶液加热至其液相线温度 2 K 以上并保温 15 min,待样品中溶液完全为透明单一液相时,再将样品快速地转移至热台观察区,用显微镜来记录相分离过程。需要强调的是,实验中为了清晰可靠地记录相分离过程和准确获得液滴半径的变化规律,尽可能地减缓相分离反应速率是本实验的关键所在。为了达到这个目的,我们将热台温度设定在液相线温度以下 1～2 K,从而有效地避免因相分离过程过快而无法记录的问题。

3.3　恒温场中的相分离过程

3.3.1　调幅分解

由相图可知，SCN-50%H_2O 溶液在降温过程中直接进入调幅分解区。实验过程中将热台温度设定为 330 K，低于临界点温度 1.1 K。待热台温度稳定 20 min 后，将一份装有 SCN-50%H_2O 溶液的样品快速从恒温箱转移至热台内，观察并记录相分离过程。

图 3-5 为 SCN-50%H_2O 溶液发生调幅分解时的相分离过程演变图像。0 s 时，溶液由于处于单一相区内，为透明单一的液体，如图 3-5(a)所示。2 s 后，溶液已经发生相分离，此时处于相分离初期阶段，溶液中出现了“蠕虫状”(worm-like)或“网络状”(net-like)组织，这是调幅分解过程最典型的特征之一。随着时间的推移，“蠕虫状”或“网络状”组织不断粗化，界面变得清晰，最终在界面张力的作用下缩成球状小液滴，直径为 10～20 μm。由于液滴间距较近，液滴之间极易发生碰撞，在经历一系列碰撞和凝并过程后，液滴尺寸进一步增大。30 s 后调幅分解过程基本接近后期阶段，此时液滴完全呈球状。

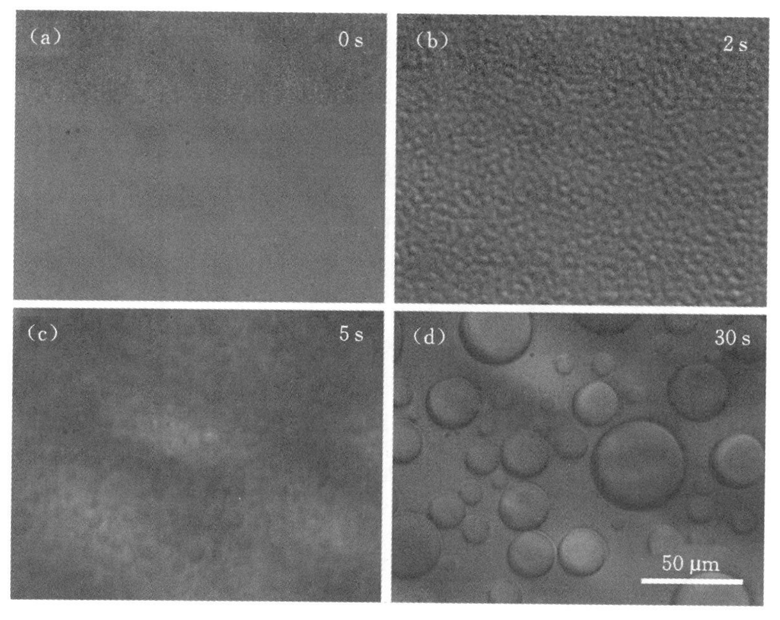

图 3-5　SCN-50%H_2O 溶液相分离过程演变图像

值得注意的是，调幅分解在相分离初期阶段没有界面产生(如图3-5中2 s时图像所示)，而是出现“网络状”组织。随后，体系通过自发的成分涨落和上坡扩散(即溶质由低浓度处向高浓度处扩散)，扰动不断增强，振幅不断增加，当振幅达到一定阈值后，迅速粗化并出现界面。之后在界面张力的作用下，“网络状”组织球化为小液滴，如图3-5(c)所示。液滴经历一系列碰撞过程后尺寸变大，界面也随之越来越清晰。在调幅分解后期阶段，我们清晰地观察到液滴数目明显减少，半径和间距不断增大。研究发现，在液滴长大的整个过程中，由界面能主导的流体动力学效应对液滴长大和熟化过程至关重要。

3.3.2 形核-长大

由相图可知，SCN-70% H_2O 溶液在降温过程中直接进入亚稳区内，相分离方式为形核-长大。为了方便观察形核过程，实验中将热台温度设定为323 K，待热台内部温度场稳定后，将一份装有SCN-70% H_2O 溶液的样品快速从恒温箱转移至热台中，观察并记录形核过程。

图3-6为SCN-70% H_2O 溶液相分离过程演变图像。0 s时，溶液因温度高于调幅分解温度而呈单一透明液相。随温度降低，少量液核出现，零散地分布于基体相中，且液滴间距较大，如图3-6(b)所示。对比图3-6(b)～(d)发现小液滴随着时间

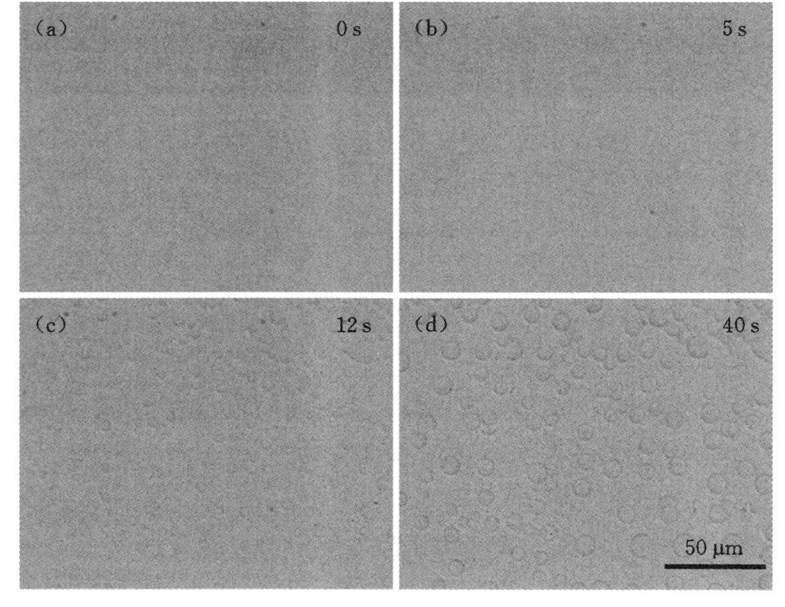

图3-6 SCN-70% H_2O 溶液相分离过程演变图像

推移而不断长大。但是，在第二相小液滴长大过程中，可以观察到相邻两个液滴之间存在相互作用，例如碰撞和凝并。由此可以确定，此成分溶液中形核方式产生的第二相液滴，其生长过程中存在少量凝并现象，长大方式主要依靠溶质扩散。

与图 3-5 中的调幅分解相分离过程相比，图 3-6 中的形核-长大过程反应相对迟缓，第二相液滴长大速率缓慢。形核-长大是一个非自发过程，调幅分解属于自发过程，这也证实了相分离动力学在自发过程中强于非自发过程。对比两种溶液在最后阶段的相分离形貌组织可以看出，调幅分解析出的第二相液滴数目在初始阶段和最后阶段都远远多于形核-长大产生的液滴。尽管两种情况中第二相液滴的尺寸在溶质达到相平衡阶段后几乎相同，但相分离时间存在明显差异。调幅分解耗时较短，而形核-长大过程则耗时相对较长，后者耗时几乎是前者的 4 倍。

3.4　液滴长大规律

为了表征不同相分离方式对第二相液滴长大规律的影响，实验中测量了两种情况下第二相液滴半径 R 随时间 t 的变化关系，如图 3-7 所示。其中，R_{SD} 和 R_{NG} 分别表示调幅分解和形核-长大过程中液滴的半径。结果表明，调幅分解方式下液滴半径随时间呈一次指数增长关系，即 $R_{SD} \sim t$，而形核-长大方式下液滴半径与时间的关系满足 $R_{NG} \sim t^{1/2}$。由此可知，小液滴通过调幅分解方式增长速率较快。也就是说，相同时间内，R_{SD} 大于 R_{NG}。

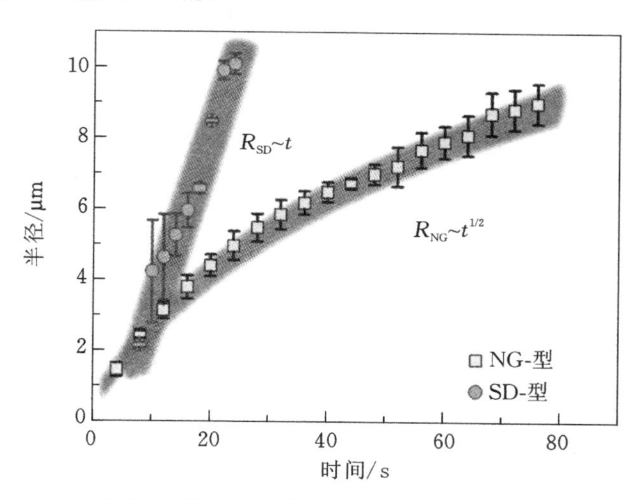

图 3-7　第二相液滴半径随时间的变化关系

需要说明的是，在图 3-7 中 5～10 s 范围内，即液滴出现的初始阶段，形核-长大产生的小液滴出现的时间早于调幅分解过程。由前面我们知道，调幅分解过程能够自发进行，比形核-长大过程快。然而，这一点与图 3-6 中的事实不符。其原因是：形核-长大是一个相对缓慢的过程，准确的零时刻应该在形核孕育阶段，即临界晶核产生之前。然而临界晶核往往尺寸很小，导致这个阶段不能直观地从光学显微镜中获得，唯独能作为计时起点依据的是在视场中观察到的小液滴，因此实验中计时起点晚于准确的零时刻，从而使得 5～10 s 范围内形核-长大产生的小液滴出现的时间早于调幅分解过程。另外，形核-长大方式下小液滴在 10s 范围内能够测量到半径数值，而此时调幅分解中的体系仍然呈“网络状”组织，尚未粗化为小液滴。这也说明了形核过程中液滴测量起点比理论形核-长大点晚。

针对以上两种生长规律，我们将从成分变化和能量的角度分别解释二者的差异。

(1) 调幅分解。由前面可知，当溶液的吉布斯自由能变化量与成分满足$\frac{\partial^2 \Delta G_m}{\partial X_{H_2O}^2}<0$时，成分涨落失去稳定，随后即发生调幅分解。此后主要经历两个阶段，成分涨落导致的振幅增强和液滴之间的熟化。

① 振幅增强。由于$\frac{\partial^2 \Delta G_m}{\partial X_{H_2O}^2}<0$，分解过程中自由能自发降低。图 3-8 给出了调幅分解成分变化示意图。C_0为体系的初始成分，C_α和C_β分别为基体相和液滴相在给定温度下的平衡溶质浓度。在t_0时刻体系成分均一，见图 3-8(a)。当体系进入不稳区后，失稳导致整个范围内溶质依靠上坡扩散出现成分起伏，且这种起伏具有周期性，L 为特征波长，在图 3-8(b)中标出。已有计算表明，SCN-H_2O 体系在发生调幅分解时特征波长 L 长度为 15～120 nm。这个数值远远超出了光学显微镜的分辨范围，因此，在图 3-5 中并未观察到具有特征波长的相分离组织，但特征波长确实存在。鉴于波长较短，研究者利用弹性光散方法表征了其随时间变化关系满足 $L \sim t^{1/3}$。在t_2时刻，成分振幅进一步增强，接近平衡溶质浓度，如图 3-8(c)所示。当成分达到C_α和C_β时(图 3-8(d))，体系中析出小液滴。

② 熟化。在液滴形成后，由于液滴初始时刻尺寸较小，单位体积内相界面总量较大，即界面能大。体系为了降低自身自由能，液滴之间将发生碰撞和凝并过程，即熟化现象。研究表明，熟化过程处于调幅分解后期阶段，受界面张力主导的液流控制。在熟化过程中，液滴半径随时间变化关系为：$R_{SD} \sim \frac{\sigma}{\eta} t$。该结果与我们所测得的曲线完全相符。由于液流流动速率远远大于溶质原子在基体中的扩散速率，因此在调幅分解方式下的相分离过程中，流体动力学效应主导液滴半径变化。R_{SD}曲线在 0～10 s 内数据缺失(图 3-7)的原因如下：一方面，液滴尺寸太小，且分布过于

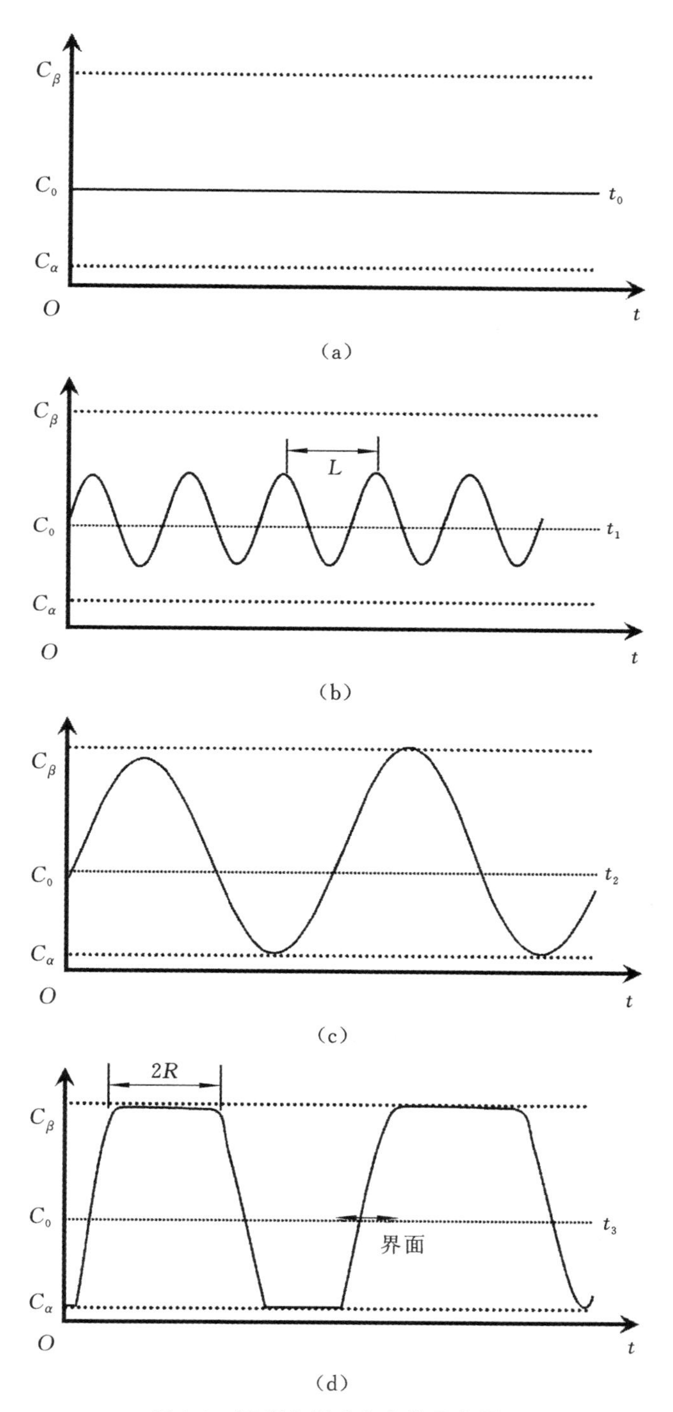

图 3-8　调幅分解成分变化示意图

密集，测量难度大；另一方面，在这个时间段内液滴尚未完全粗化为液滴，而是部分以成分涨落的性质存在。

（2）形核-长大。液滴形核-长大是一个体系自由能降低的过程，主要包括长大和熟化两个阶段，其过程分别作如下阐述。

① 长大。如果液滴相的溶质浓度高于周围基体相，那么液滴生长包含两个方面：其一，溶质原子从近界面处基体相中穿越两相界面进入液滴相内部；其二，当周围基体相中出现贫溶质区时，溶质原子需要从距液滴较远处的位置通过长程扩散到达相界面。比较而言，液滴的生长速率始终受进行慢的那个过程控制。图 3-9 所示为形核-长大成分变化示意图，C_0 为体系的初始成分，C_α 和 C_β 分别为基体相和液滴相在给定温度下的平衡溶质浓度。t'_0 时，体系为单一相，如图 3-9(a)所示。当温度降低时，形核驱动力使得体系内产生液核。临界晶核大小为 $2R_0$，周围的基体相仍处于过饱和状态，如图 3-9(b)所示。由于此时溶质原子进入液核内需要扩散的距离很短，在开始阶段小液滴生长速率较快。然而，当液滴长大到一定尺寸后，其周围基体出现贫溶质区，生长速率则受长程扩散控制。溶质原子需要从距形核点较远的溶质高浓度区域向形核点位置扩散输运，进而进入液滴周围已存在的扩散场中。与界面反应相比，长程扩散是一个缓慢的过程，因此，随着液滴不断长大，液滴生长速率逐渐降低。与此同时，液滴周围的扩散场范围随时间的延长而不断变大。

② 熟化。界面能降低是液滴粗化的驱动力。在液滴形成后，体系为了进一步降低自身的自由能，液滴将出现熟化现象。在相分离后期，溶质浓度因形核-长大过程几乎接近平衡溶解度，或者说，液滴的总体积满足杠杆定律。如前所述，长程扩散使得液滴周围的扩散场范围不断变大，这将导致不同液滴的扩散场相互重叠，随后出现熟化现象。除此之外，另一种产生熟化过程的原因是液滴存在无规则布朗运动。布朗运动导致部分液滴间距缩小，从而碰撞熟化。图 3-9(c)、(d)的过程即为熟化。早期已有研究报道了这两种熟化机制，前者属于蒸发消失机制，后者称为热布朗熟化机制。这两种机制都导致液滴熟化规律满足：$R_{NG} \sim t^{1/3}$。因此，在形核生长曲线之后，液滴的生长速率并非逐渐趋于零，而是以 $R_{NG} \sim t^{1/3}$ 的速率进一步长大。

然而，测量结果（图 3-7）仅给出了 $R_{NG} \sim t^{1/2}$，而未得到熟化阶段的生长规律 $R_{NG} \sim t^{1/3}$。这表明图 3-6 中的液滴仍处于短程扩散生长阶段。另外，液滴间距较大，有可能超出扩散场的直径，即扩散场尚未重叠。因此，我们在实验中未观察到熟化阶段的液滴变化。如果在很长一段时间内继续跟踪测量液滴，那么必然能够观察到液滴熟化现象。由此可见，当液滴数目较少时，短程扩散长大将持续很长一段时间，且长大和熟化过程之间没有明显的分界线。

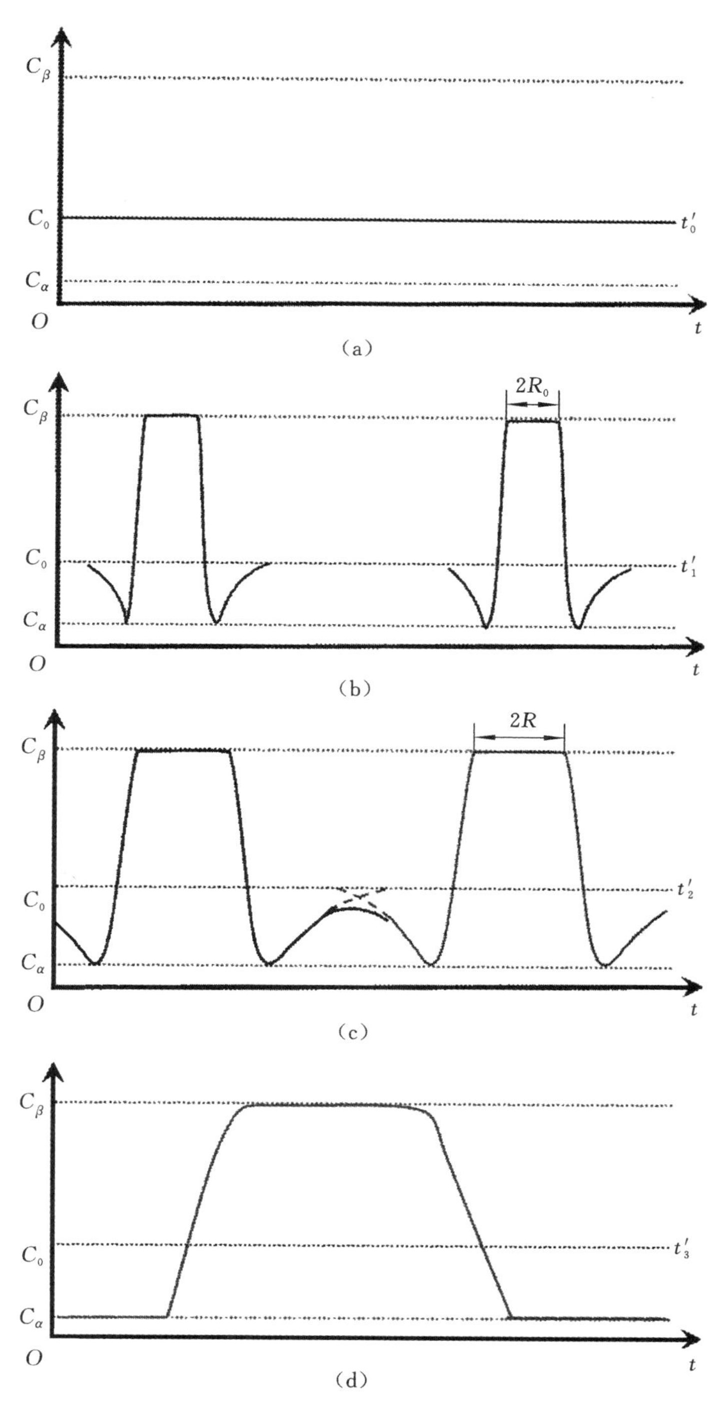

图 3-9　形核-长大成分变化示意图

3.5 同一溶液中的两种相分离方式

除在不同的溶液中单一地实现两种相分离方式外，我们还在同一种溶液中分别实现这两种相分离方式，旨在探究相同相分离方式下同一种溶液与两种溶液之间的相同点和不同点，从而阐明初始成分与相分离方式的关系。根据相图中亚稳区和不稳区的分布特点，实验选取了近临界点成分 SCN-60%H_2O 溶液作为研究对象，通过将溶液激冷至不同温度从而实现两种相分离过程。

3.5.1 计算调幅分解线

由上述讨论可知，形核-长大发生在亚稳区内，调幅分解发生在不稳区。因此，确定 SCN-60%H_2O 溶液的亚稳区和不稳区的范围是实现两种相分离方式的前提。然后根据两个区域在相图中的范围选取适当的激冷温度，从而分别实现两种相分离方式。由相分离热力学公式可知，调幅分解线是由不同温度条件下体系自由能变化对成分的二阶导数为零的曲线确定的，即$\frac{\partial^2 \Delta G_{\mathrm{m}}}{\partial X_B^2}=0$。对于 SCN-$H_2O$ 混合物，其总的吉布斯自由能 G_{Total} 可表示为[15,16]

$$G_{\mathrm{Total}}=X_{\mathrm{SCN}}G_{\mathrm{SCN}}+X_{\mathrm{H_2O}}G_{\mathrm{H_2O}}+RT\left(X_{\mathrm{SCN}}\ln X_{\mathrm{SCN}}+X_{\mathrm{H_2O}}\ln X_{\mathrm{H_2O}}\right)+G_{\mathrm{ex}} \tag{3-1}$$

式中：X_{SCN}、$X_{\mathrm{H_2O}}$——SCN 和 H_2O 分子数目百分比，$X_{\mathrm{SCN}}+X_{\mathrm{H_2O}}=1$；

G_{SCN}、$G_{\mathrm{H_2O}}$——纯组元 SCN 和 H_2O 的吉布斯自由能；

G_{ex}——过剩自由能；

T——开尔文温度；

R——气体常数。

则体系的自由能变化量

$$\Delta G_{\mathrm{m}}=RT\left(X_{\mathrm{SCN}}\ln X_{\mathrm{SCN}}+X_{\mathrm{H_2O}}\ln X_{\mathrm{H_2O}}\right)+G_{\mathrm{ex}} \tag{3-2}$$

其中，过剩自由能

$$G_{\mathrm{ex}}=X_{\mathrm{SCN}}X_{\mathrm{H_2O}}I \tag{3-3}$$

式中：I——两组元相互作用参量。

表 3-2 给出了相应的热力学数据。联立式(3-1)～式(3-3)，求解方程：

$$\frac{\partial^2 \Delta G_{\mathrm{m}}}{\partial X_{\mathrm{H_2O}}^2}=0 \tag{3-4}$$

计算结果如图 3-1 中虚线所示。虚线内部为不稳区，用灰色阴影表示，难混溶区内其他区域为亚稳区。

表 3-2　计算调幅分解线用到的热力学数据[10,17,18]

项目	多项式
G_{SCN}	$119630.41-53.134383T+7.07832T\times \lg T-0.451575T^2-3.15\times 10^4\times T^3+5.97465\times 10^{-6}\times T^4-2.19683\times 10^{-8}\times T^5+3.4871\times 10^{-11}\times T^6-2.06836\times 10^{-14}\times T^7$
G_{H_2O}	$-332319.67+1078.6T-186.87T\times \lg T+0.2320948T^2-9.143\times 10^5\times T^3+978019/T$
I	$19240-44.85T+(X_{H_2O}-X_{SCN})(-9871+25.32T)+(X_{H_2O}-X_{SCN})^2(9412-25.52T)+(X_{H_2O}-X_{SCN})^3(19181-60.85T)$

基于以上计算，本实验分别选取 328 K 和 303 K 作为形核-长大和调幅分解的发生温度，相应位置已在图 3-10 中标出。从图 3-10 中可以看出，328 K 位于亚稳区内，溶液分解方式为形核-长大；303 K 位于不稳区内，溶液将发生调幅分解。

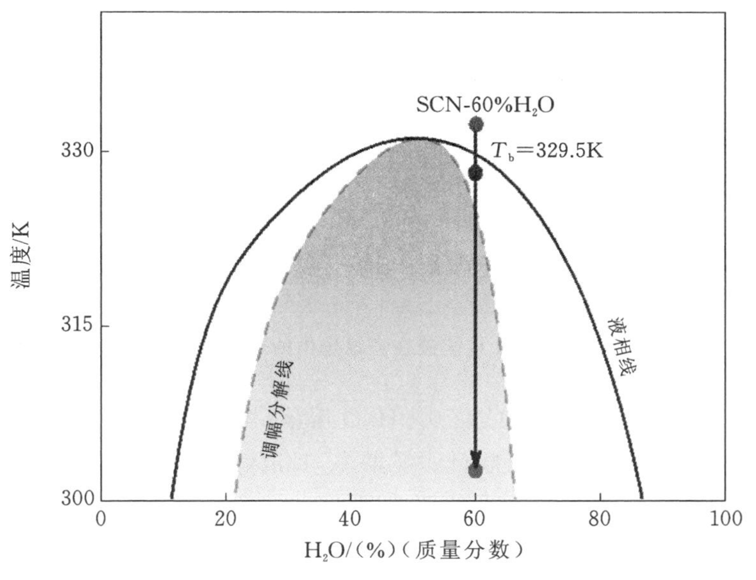

图 3-10　温度设定及相应的相分离方式

3.5.2　SCN-60%H_2O 溶液形核-长大过程

图 3-11 为 SCN-60%H_2O 溶液在恒温场(328 K)中的形核-长大相分离图像。0 s 时，溶液为单一透明相。3 s 后，溶液中析出直径小于 10 μm 的富 SCN 相小球，

且小球数目和半径随时间不断增多、增大。11 s和21 s时液滴分布比较密集，液滴最大直径约为10 μm。对比图3-11(c)和(d)，可以发现液滴半径明显增大，但数目减少，这意味着液滴在形核阶段结束后进入长大阶段。由于液滴和基体相之间尚未达到该温度下的相平衡，液滴半径随时间仍然不断增大，直至两相满足杠杆定律。两相在趋于平衡的过程中，液滴已经进入熟化阶段，即数目因碰撞或熟化将不断减少，如图3-11(c)和(d)中多边形框所示。与此同时，液滴半径逐渐增大，降低了体系自身自由能。

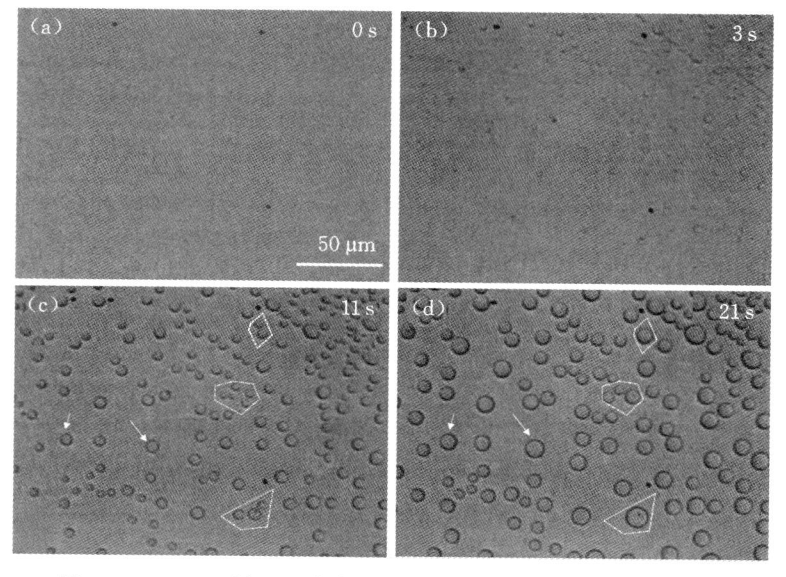

图3-11　SCN-60%H_2O溶液在恒温场中的形核-长大相分离图像

与同为形核-长大过程的SCN-70%H_2O溶液(图3-6)相比，SCN-60%H_2O溶液(图3-11)中单位面积内液滴数目明显增多，且液滴间距减小。这使得相分离过程中碰撞和熟化现象变得相对明显；而在图3-6中，液滴间距是液滴半径的数倍，液滴之间发生碰撞凝并过程比较困难，因此液滴数目基本保持不变。对比图3-11(c)和(d)可以发现，当液滴长大时，液滴间距进一步缩小，少量液滴因“拥挤”而出现相互碰撞。另外，图3-11(c)和(d)中大部分液滴因与周围液滴相距甚远，液滴始终未发生碰撞，如图中箭线所示。这部分液滴完全依靠溶质扩散进入液滴相，从而增大液滴半径。由此说明，液滴熟化阶段和扩散长大阶段之间没有明显的时间节点，且液滴只有长大到一定程度后才能开始熟化。

3.5.3　SCN-60%H_2O 溶液调幅分解过程

在 303 K 恒温条件下，SCN-60%H_2O 溶液的相分离方式为调幅分解。其相分离过程如图 3-12 所示。初始时，溶液呈单一透明相，如图 3-12(a)所示。因快速激冷至 303 K，溶液在较短时间内就析出小球状液滴，如图 3-12(b)所示。图 3-12(b)中的插图为图 3-12(b)经傅里叶变换后的图像，呈典型的调幅环(spinodal ring)，该环是溶液中发生调幅分解的典型特征。这也进一步证明了 SCN-60%H_2O 溶液在 303 K 时相分离方式为调幅分解，与实验中选取的位置完全相符。相分离开始 5 s 后，如图 3-12(c)所示，可以清晰地观察到直径约为 30 μm 的大液滴，而在视场范围内仍存在许多直径小于 10 μm 的液滴。对比图 3-12(c)和(d)不难看出，尺寸更大的液滴来自相互靠近的液滴碰撞和凝并，液滴直径为 50～90 μm。

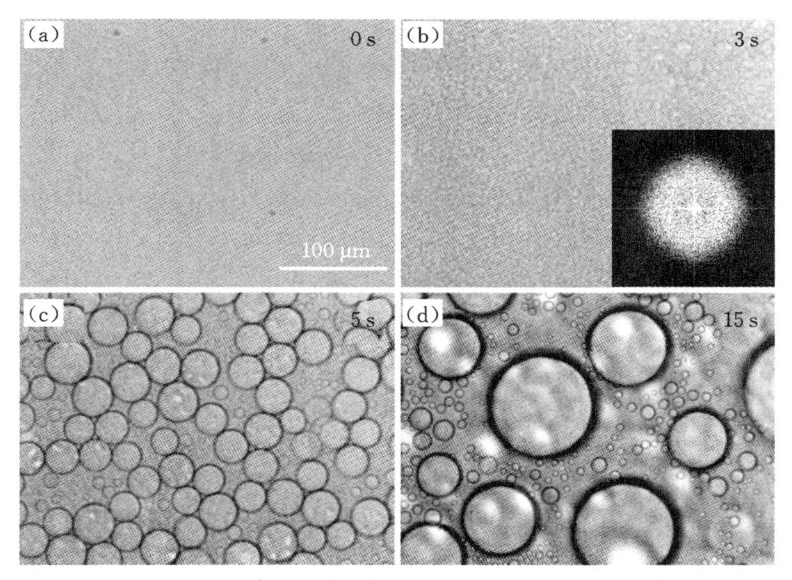

图 3-12　SCN-60%H_2O 溶液在不同时刻的调幅分解相分离图像

尽管图 3-12 和图 3-5 中的相分离方式都为调幅分解，但在形貌和熟化过程上都存在异同。就形貌而言，两者在相分离后期都有大量密集分布的小液滴，且液滴间距大。不同点在于，临界点成分下的调幅分解过程出现连续的“网络状”组织，而非临界点成分(图 3-12)下的调幅分解组织表现为液滴状形貌。这一点与文献[19]一致。对比图 3-5(c)和图 3-12(c)还可以发现，前者液滴密度更大，而后者液滴尺寸比前者大。这说明温度越低，相分离所需时间越短，熟化过程越快。

3.6 本章小结

本章系统地研究了 SCN-50%H_2O、SCN-60%H_2O 和 SCN-70%H_2O 溶液在恒温场中的相分离过程，探究了不同溶液中形核-长大和调幅分解方式下相分离形貌和第二相液滴长大、熟化规律，得出如下结论。

(1) 临界成分 SCN-50%H_2O 溶液的相分离方式为调幅分解，液滴长大规律满足 $R \sim t$。由于调幅分解属于自发过程，相分离反应速率相对较快。溶液先由“网络状”组织粗化为密集分布的小液滴，然后依靠小液滴之间剧烈的碰撞和凝并长大，最后，液滴尺寸较大。

(2) 远临界成分 SCN-70%H_2O 溶液的相分离方式为形核-长大，小液滴生长规律满足 $R \sim t^{1/2}$。形核-长大属于非自发过程，因此相分离反应速率相对较慢。在相分离过程中，溶液直接析出小液滴，由于液滴数目稀少且间距较大，此后仅依靠溶质扩散进入小液滴中，整个过程液滴数目保持不变。

(3) 近临界成分 SCN-60%H_2O 溶液的相分离方式既可以是形核-长大，也可以是调幅分解。与 SCN-70%H_2O 溶液相比，SCN-60%H_2O 溶液中形核密度更大，且在液滴长大过程中能够观察到液滴碰撞行为。与 SCN-50%H_2O 溶液相比，SCN-60%H_2O 溶液中相分离方式为液滴式调幅分解，即相分离不经历“网络状”组织而直接析出液滴。

本章参考文献

[1] SHI B Q, HARRISON C, CUMMING A. Fast-mode kinetics in surface-mediated phase-separating fluids[J]. Physical Review Letters, 1993, 70(2): 206-209.

[2] CHOU Y C, GOLDBURG W I. Phase separation and coalescence in critically quenched isobutyric-acid-water and 2,6-lutidine-water mixtures[J]. Physical Review A, 1979, 20(5): 2105-2113.

[3] YANG J, GOULD H, KLEIN W. Molecular-dynamics investigation of deeply quenched liquids[J]. Physical Review Letters, 1988, 60(25): 2665-2668.

[4] SHARMA A S, YADAV S, BISWAS K, et al. High-entropy alloys and metallic nanocomposites: processing challenges, microstructure development and property enhancement[J]. Materials Science and Engineering: R: Reports, 2018, 131: 1-42.

[5] CHOU Y C,GOLDBURG W I.Angular distribution of light scattered from critically quenched liquid mixtures[J]. Physical Review A, 1981, 23(2): 858-864.

[6] PURI S,FRISCH H L.Surface-directed spinodal decomposition:modelling and numerical simulations[J]. Journal of Physics: Condensed Matter, 1997, 9: 2109-2133.

[7] ARAKI T, TANAKA H. Wetting-induced depletion interaction between particles in a phase-separating liquid mixture[J].Physical Review E,2006,73(6):56-61.

[8] CHEN K,MA Y Q.Self-assembling morphology induced by nanoscale rods in a phase-separating mixture[J].Physical Review E,2002,65(4):41-51.

[9] TANAKA H.Pattern formation caused by double quenches in binary polymer mixtures:Response of phase-separated structure to a second quench within a two-phase region[J].Physical Review E,1993,47(4):2946-2949.

[10] ZHANG S, LIU Z K, HAN Q. Thermodynamic modeling of the succinonitrile-water system[J].Journal of Phase Equilibria and Diffusion,2008,29(3):247-251.

[11] WONG N C, KNOBLER C M. Light scattering studies of phase separation in isobutyric acid+water mixtures[J].Journal of Chemical Physics,1978,69(2):725-735.

[12] IZUMITANI T, HASHIMOTO T. Slow spinodal decomposition in binary liquid mixtures of polymers[J].Journal of Chemical Physics,1985,83(7):3694-3701.

[13] TANAKA H.Dynamic interplay between phase separation and wetting in a binary mixture confined in a one-dimensional capillary[J].Physical Review Letters,1993,70(1):53-56.

[14] TANAKA H. Double phase separation in a confined, symmetric binary mixture:Interface quench effect unique to bicontinuous phase separation[J]. Physical Review Letters,1994,72(23):3690-3693.

[15] CAHN J W.Phase separation by spinodal decomposition in isotropic systems[J].Journal of Chemical Physics,1965,42(1):93-99.

[16] BINDER K,STAUFFER D.Statistical theory of nucleation,condensation and coagulation[J].Advances in Physics,2006,25(4):343-396.

[17] PENG Y L,WANG N.Effect of phase-separated patterns on the formation of core-shell structure[J].Journal of Materials Science & Technology,2020,38:64-72.

[18] PENG Y L,ZHANG L,WANG L,et al.A new route for core-shell structure formation in criticality against conventional wisdom[J].Materials Letters,2018,216:70-72.

[19] SHIMIZU R,TANAKA H.A novel coarsening mechanism of droplets in immiscible fluid mixtures[J].Nature Communications,2015,6:7407.

第4章　温度梯度场中形核-长大和调幅分解的相分离组织

4.1　引　言

第3章系统地研究了形核-长大和调幅分解两种动力学特征完全不同的相分离方式，揭示了两种相分离方式下第二相液滴的生长规律。研究表明，形核-长大属于非自发过程[1,2]，在析出球状第二相液滴之前必须首先克服一定的能量势垒，然后依靠溶质扩散、熟化和凝并等一系列过程长大；而调幅分解过程发生在不稳区内，属于自发过程[3-5]。整个过程中，反应时间较短且液滴粗化速率较快。与此同时，实验中比较了两种情况下第二相液滴的半径和形貌，还发现相同时间内通过调幅分解方式析出的第二相液滴半径较大，而形核-长大产生的液滴相对较小。

然而，在难混溶合金凝固过程中，样品具有一定尺寸和凝固速率不均一等因素往往会导致难混溶合金内部不同区域存在温度差异，即温度梯度。早期研究[6-9]发现，第二相液滴在温度梯度场中因界面张力差异而产生 Marangoni 对流。这种作用将推动液滴由低温区迁移至高温区，从而减小体系的总自由能。因此，第二相液滴很有可能富集在高温区而形成多样的组织形态，或者在迁移过程中因被固-液界面“捕捉”而形成特殊的组织结构。由此看来，液滴在温度梯度场中因迁移行为而最终形貌组织十分复杂，因此跟踪研究液滴的迁移和碰撞过程，揭示液滴在温度梯度场中相互作用机理对于调控和制造出理想的组织具有重要研究意义。

此外，已有研究表明[7,10]：相同温度梯度场中，大尺寸第二相液滴迁移较快；相反，小尺寸第二相液滴迁移较慢。同等条件下，大尺寸第二相液滴更容易迁移至高温端，即大尺寸第二相液滴能在更短时间内富集在高温端，从而形成某些特殊结构。当样品初始形状为圆形或者球形时，液滴受 Marangoni 对流作用可能迁移到达样品中心，经过汇聚和凝并过程，从而获得“壳-核”结构的相分离组织。结合第3章中相分离方式对液滴尺寸的影响可知，形核-长大和调幅分解有可能对相分离组织形貌的影响完全不同。然而，截至目前，针对相分离方式对环形温度梯度场下相分离组织形貌的影响研究，却鲜有文献报道。为了阐明这种影响规律，本章首先探究了两种相分离方式下第二相液滴在单向温度梯度场中的运动规律，然后分别原位观测了两种相分离方式产生的液滴在圆形温度梯度场中的组织演变过程，进而揭示相分离方式对宏观组织形貌的作用规律及圆形温度梯度场中“壳-核”结构形成的内禀机制。

4.2 实验过程

实验包括单向温度梯度场和圆形温度梯度场两部分，旨在对比研究第二相液滴之间的相互作用及其对相分离后形貌的影响。

1）建立温度梯度场

图 4-1(a)为单向温度梯度场实验装置示意图。冷热模块固定在水平工作台上，水平间距可调。在冷热模块中间位置挖出一条水平通道，用于转移样品。冷端与酒精浴连通，并由循环的酒精控制模块温度。热端与油浴连通，并由循环的硅油控制模块温度。当样品搭接在冷热模块之间时，其内部即可建立单向温度梯度场。其中，冷端(低温端)控温范围为 273～313 K，热端(高温端)控温范围为 293～363 K，精度都为±0.1 K。

图 4-1(b)为圆形温度梯度场实验装置示意图。实验装置主要由油浴和温控模块组成，其中，油浴的控温范围为 293～363 K，精度为±0.1 K。在温控模块中心竖直挖出一个沙漏状孔洞，水平方向凿出一条通道，尺寸为 100 mm×30 mm×4 mm。水平通道与竖直通道垂直相交所形成的圆形空间即为样品观察区。相分离过程由低倍数码相机记录。

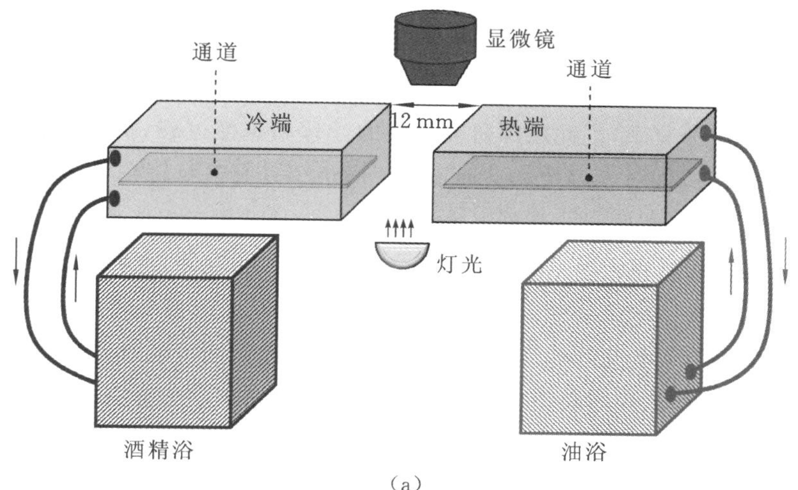

(a)

图 4-1　实验装置示意图

(a)单向温度梯度场；(b)圆形温度梯度场

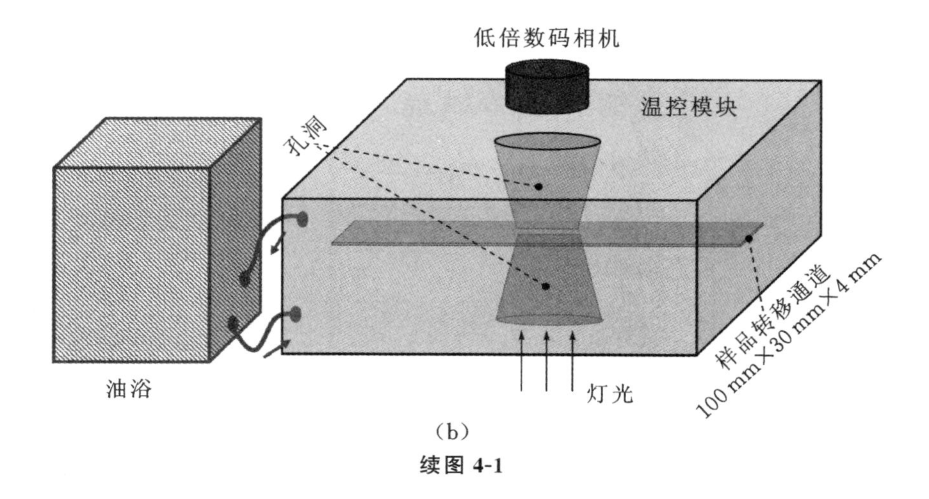

(b)

续图 4-1

2）制备样品

在实验开始前，需首先制作样品腔，其流程如图 4-2 所示。其中，图 4-2(a)所示为单向温度梯度场的样品腔制作流程，图 4-2(b)所示为圆形温度梯度场的样品腔制作流程。样品腔均由玻璃片和聚四氟乙烯夹层构成，用两片玻璃片夹住夹层，然后对样品四周进行胶体封装，即可得到样品腔。两种样品腔的尺寸及夹层厚度已在图 4-2 中标出。向样品腔中注入 SCN-H_2O 溶液的方法与第 3 章相同。

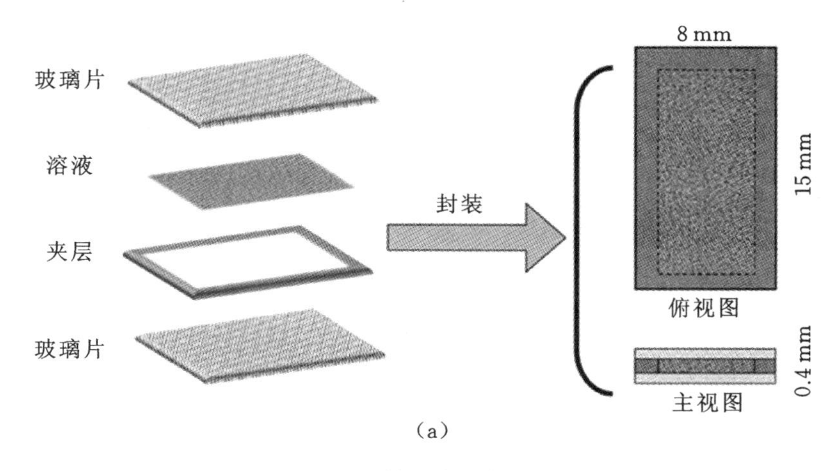

(a)

图 4-2　样品腔制作流程

(a)单向温度梯度场的样品腔制作流程；(b)圆形温度梯度场的样品腔制作流程

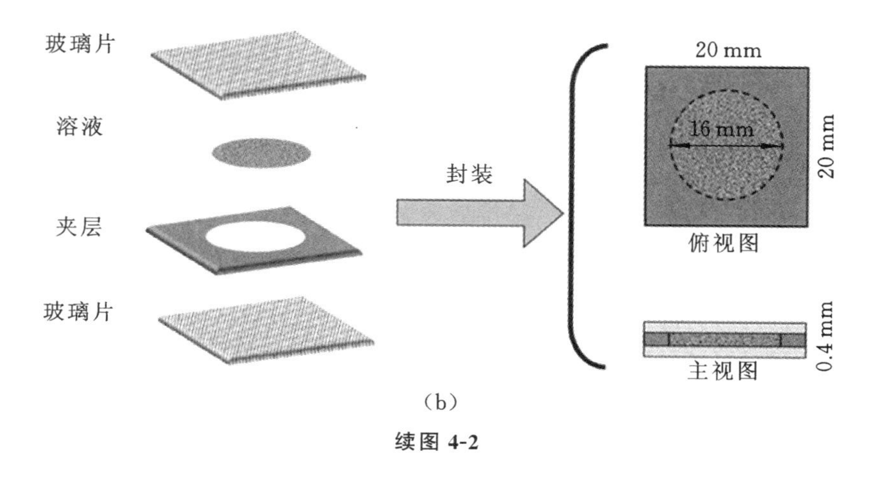

(b)

续图 4-2

3）实验流程

单向温度梯度场的高温端和低温端的温度分别设定为 323 K 和 293 K，由此在两端之间建立了一个由低温端指向高温端的温度梯度场。为了分别观察形核-长大和调幅分解方式下的相分离过程，实验选择了 SCN-70%H_2O 和 SCN-50%H_2O 溶液作为研究对象。由相图可知，两种溶液在难混溶区温度范围内都只存在一种相分离方式，即 SCN-70%H_2O 溶液的相分离过程由形核-长大控制，SCN-50%H_2O 溶液的相分离方式为调幅分解。为了直观地反映出两种相分离方式下第二相液滴间的相互作用差异，这里将两种溶液体系并列放置在图 4-1(a)所示的单向温度梯度场中。

在图 4-1(b)所示的圆形温度梯度场实验装置中，由于通道为中空设计，当样品放置在观察区时，上下表面因暴露在空气中而缓慢散热，而样品四周因与低温模块接触，热流由样品快速地流向温控模块。也就是说，样品四周降温速率快，中心区域降温速率慢，因此实验中能够获得一个由样品四周指向其中心的圆形温度梯度场，从而高度还原难混溶合金液滴的凝固过程。

4.3　单向温度梯度场中的相分离组织

图 4-3 给出了 SCN-70%H_2O 和 SCN-50%H_2O 溶液在同一个单向温度梯度场中的宏观相分离图像。样品初始温度为 333 K，高于临界点温度，因此溶液呈单一透明液相。由于传热，与低温端接触的样品率先达到液相线温度，即相分离温度，此时两种溶液将首先在低温端出现分相行为。6 s 时，SCN-50%H_2O 溶液已经部分发生相分离。由前文可知，其相分离方式为调幅分解。从图中可以清晰地看到，

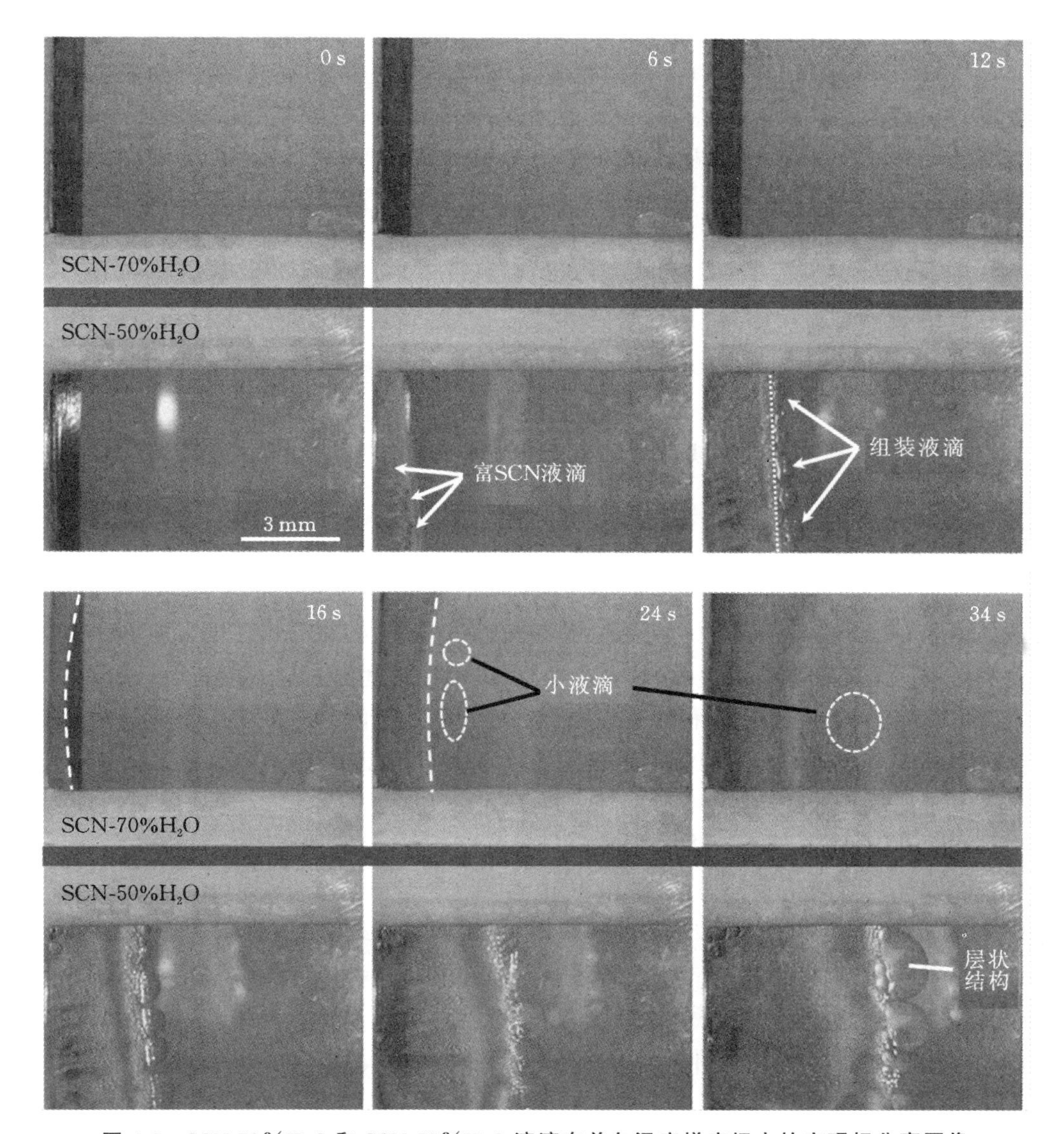

图 4-3　SCN-70%H_2O 和 SCN-50%H_2O 溶液在单向温度梯度场中的宏观相分离图像

靠近低温端位置析出了大量液滴，且界面清晰。已有计算表明这些液滴为富 SCN 相。而此时 SCN-70%H_2O 溶液中仍然未出现相分离。6 s 后，SCN-50%H_2O 溶液中富 SCN 液滴迁移至两相区最前沿，并富集在一条狭长的区域内。随后，这些液滴相互碰撞和凝并，液滴尺寸进一步变大，这些经过组装后的液滴（assembled droplet）界面更加清晰，如图 4-3 中 12 s 时箭线所示。同时，组装后的液滴逐渐连接成层状结构(layer structure),铺展在两相区最前沿的位置。

与调幅分解相比,SCN-70%H_2O溶液中形核-长大过程相对迟缓。在SCN-50%H_2O溶液发生相分离12 s后,才逐步在SCN-70%H_2O中观察到形核现象。初始时液滴尺寸较小,但析出小液滴的数目众多,均弥散在两相区内。图4-3中的虚线为两相区和单一相区的分界线,表示液相线温度所处位置。在24 s和34 s时,发现部分液滴已经越过虚线进入单一相区内,如图4-3中虚线框所示。与此同时,液滴半径明显增大,界面也更加清晰,移动速率相对加快。

上述结果清晰地表明:在单向温度梯度场中,两种相分离方式对相分离后组织形貌的影响不同。即调幅分解方式使得液滴容易聚集为层状,而形核-长大方式下液滴倾向于单独存在。然而,形成这种差异的微观机理尚不清晰。为了进一步阐明两种溶液中组织演化过程的差异性,还需要对其微观组织形成过程进行原位跟踪。

4.3.1 SCN-70%H_2O溶液微观相分离过程

图4-4为SCN-70%H_2O溶液在温度梯度场中的微观相分离图像。图4-4中左侧黑色部分为低温端样品边界,如实箭线所示,温度梯度的方向如虚箭线所示。0 s时,溶液的初始温度高于液相线温度,溶液处于单相区内,为透明状态。5 s时,靠近低温端的溶液由于降温至难混溶区间内而析出第二相,呈两相共存状态。Young等人[7]研究发现,液滴在温度梯度场中因界面张力差异而移动。其方向与温度梯度相同。此时,第二相液滴将由低温端向高温端迁移,从而降低自身的自由能。第二相液滴大量富集在某一狭长区域,如图4-4(b)中虚线所示,使得光线穿透能力减弱,因此颜色相对较深。第二相液滴移动相对较慢,且形核发生区域位于两相区和单一相之间的过渡区域,加之新液滴的形成,这导致液滴富集区在图4-4(c)中更加明显。随后,液滴不断迁移超过液-液分界线,进入单一相区内。另外,笔者还发现位于密集区前端的部分液滴比分解区域内的液滴略大。这表明,第二相液滴经历了碰撞过程。液滴由于半径增大,移动速率将加快。大小液滴之间移动速率的差异变大,这导致液滴将逐渐分布在更宽泛的区域,如图4-4(d)所示。同时,液滴间距也随着时间延长而不断变大,碰撞程度也有所减弱。

实际上,图4-3中SCN-70%H_2O溶液在前12 s内已经开始了相分离过程,微观图像证实了这一点。宏观图像中未观察到形核现象的主要原因有:①溶液中出现形核的范围较小,且几乎分布在距低温端200 μm以内,这可以从图4-4中得知;②第二相液滴直径仅有几微米,远超出低倍数码相机的可分辨范围;③宏观图像分辨率低。因此,在图4-3中前12 s内未观察到形核现象,直至24 s时才明显观察到

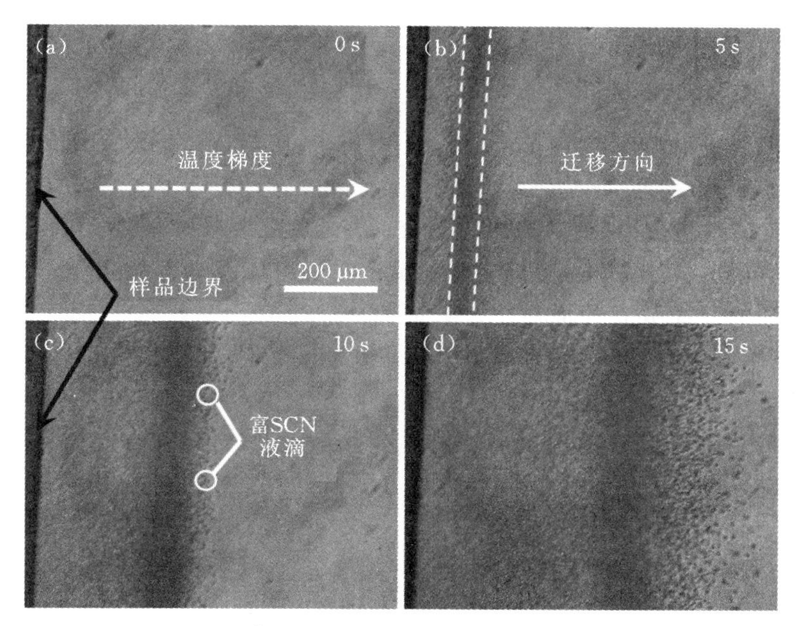

图 4-4　SCN-70%H_2O 溶液在温度梯度场中的微观相分离图像

液滴，但实验中确实发生了形核过程。

从液滴相互作用的角度来看，微观图像揭示了 SCN-70%H_2O 溶液中未出现层状条带组织的内在机理。尽管在微观图像中能观察到液滴之间的相互作用，如碰撞和凝并等，但是这种相互作用的激烈程度似乎并不明显，主要原因是，与液滴半径相比，液滴间距较大，使得碰撞过程相对困难。液滴的碰撞过程主要反映在图 4-4(c)和(d)中，即分界线右侧液滴的尺寸稍大于左侧液滴的尺寸。另外，无论是在宏观图像还是在微观图像中，我们还注意到，整个过程中第二相液滴始终未能连接成层状结构。微观图像演化过程清晰地表明，液滴之间的弱相互作用是未形成层状组织的直接原因。换言之，碰撞不够激烈导致没有出现层状组织。一方面，在液滴移动过程中，液滴间距增大使得碰撞过程逐渐减弱。另一方面，当液滴进入母液相中时，部分液滴出现溶解现象，导致液滴尺寸减小，进而使碰撞过程更加困难。

除了上述微观图像解释，还从计算的角度分析了液滴之间的碰撞强度。当第二相液滴存在于温度梯度场中时，液滴将发生 Marangoni 对流运动，对流运动速率由式(1-25)决定。由公式可知，在相同外部条件下，液滴半径极大地影响对流运动速率。因此，不同的液滴尺寸必然导致速率差，由此将引起碰撞。半径为 R_1 和 R_2 的两个液滴在 Marangoni 对流作用下朝着相同方向运动，由于半径存在差异，导致两者的运动速率相差 $\Delta V_M = V_M(R_1) - V_M(R_2)$。在随后的某个时刻，大液滴将追上小液滴，从而发生碰撞，成为一个半径更大的液滴。这里，我们引入碰撞体积这一概念，用 W_M 来表示，具体计算见式(1-31)。W_M 越大，第二相液滴体积变化越快，即碰撞越激烈。

由碰撞体积计算公式(式(1-31))可以看出，当两个液滴半径之和为定值时，液滴半径之差越大，碰撞体积越大。然而，在 SCN-70% H_2O 溶液相分离过程中，还发现平行于低温端的直线上分布的液滴半径基本相同，即这些液滴运动速率几乎相同，导致 $\Delta V_M \approx 0$。对于图 4-3 中液滴碰撞情况，这些液滴在等温线上尺寸相近，而沿着温度梯度方向分布的液滴半径差异较小，即 $|V_M(R_1)-V_M(R_2)|$ 近似为 0。因此，碰撞体积几乎为零。也就是说，液滴间相互作用较弱。在微观图像中，我们也的确观察到液滴在运动过程中半径变化并不明显。因此，液滴之间少量的碰撞最终导致第二相液滴不能连成体积较大的连接体或者层状组织。

4.3.2 SCN-50% H_2O 溶液微观相分离过程

图 4-5 给出了 SCN-50% H_2O 溶液在单向温度梯度场中的微观相分离过程。由前文可知，SCN-50% H_2O 溶液的相分离模式为自发式调幅分解，反应较快，因此，在相分离开始 1 s 后，靠近低温端的样品已经析出较多第二相液滴，直径小于 50 μm。图 4-5 中用虚线标出了相分离分界线，该虚线位置的温度为液相线温度。分界线的左侧为液滴相与基体相的共存区，右侧为单一液相区。温度梯度的方向为自左向右。在两相区内部，观察到液滴正向单一液相区移动。由于液滴尺寸相对较大，相应地，其运动速率较快。在第 2 s 时，液滴已经接近分界线位置，而在第 5 s 时，液滴已经超过了分界线，并聚集在分界线前沿位置。在液滴之间的碰撞作用下，液滴凝并后形成尺寸更大的第二相聚集体或液滴，如图 4-5(c)所示。随着两相区内液滴不断迁移至分界线并碰撞至较大聚集体或大液滴内，这些聚集体或大液滴进一步变大而连成条带状组织，如图 4-5(d)所示。条带状组织的宽度约为 500 μm，位于两相区与单一相区交界位置。随着时间的延长，条带状组织的体积越来越大，而两相区内液滴数目则不断减少。与此同时，两相区内仍然有大量液滴向条带状组织迁移，然后并入条带状组织。

通过与 SCN-70% H_2O 溶液中组织演化过程比较，不难发现，SCN-50% H_2O 溶液相分离过程更快，且能够在较短的时间内形成尺寸更大的液滴。除此之外，另一个特别明显的差异是，SCN-50% H_2O 溶液能够依靠激烈碰撞形成条带状组织，而 SCN-70% H_2O 溶液中第二相液滴几乎相互独立，很少发生碰撞和凝并。两种溶液出现这种差异的主要原因是相分离方式不同。SCN-70% H_2O 溶液相分离方式为形核-长大，SCN-50% H_2O 溶液相分离方式为调幅分解。前者形成的液滴生长速

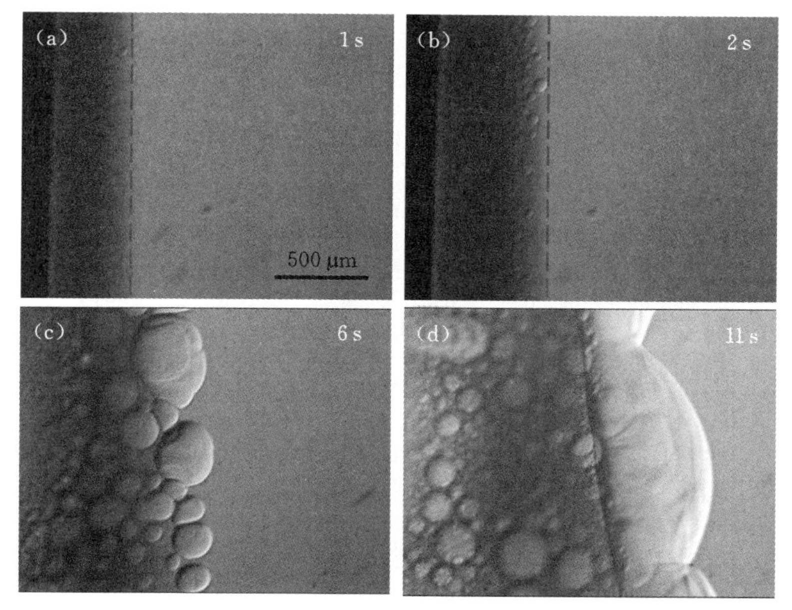

图 4-5　SCN-50% H_2O 溶液在单向温度梯度场中的微观相分离过程

率慢，尺寸小，在单向温度梯度场迁移过程中，少量的碰撞和凝并不能使第二相液滴大量汇聚，因此，即使在最后阶段，液滴仍然保持相互独立；而对于后者，自发式调幅分解相分离过程能够在短时间内析出液滴，而且经历激烈碰撞后尺寸更大，移动速率更快，碰撞过程更激烈。因此，在最后阶段，大部分液滴凝并为层状条带，处在两相区与单一相区交界处。

4.4　圆形温度梯度场中的相分离组织

为了进一步厘清相分离方式对“壳-核”结构形成过程的影响机制，分别探究了 SCN-50% H_2O 溶液和 SCN-70% H_2O 溶液在圆形温度梯度场中的相分离组织演化过程。首先，将分别封装有以上两种溶液的样品置于圆形温度梯度场中，实验装置如图 4-1(b)所示[11,12]，然后利用原位观测的方法对比研究两种溶液的相分离组织演化过程及核形成路径，从而阐明调幅分解和形核-长大两种相分离方式对“壳-核”组织形成机制的影响。

图 4-6(a)和(b)分别为 SCN-50% H_2O 和 SCN-70% H_2O 两种溶液在圆形温度梯度场(温控模块的温度为 313 K)中的相分离过程。实验时，与样品四周接触的温控模块的温度低于样品初始温度，因而在样品内部将建立一个方向由四周指

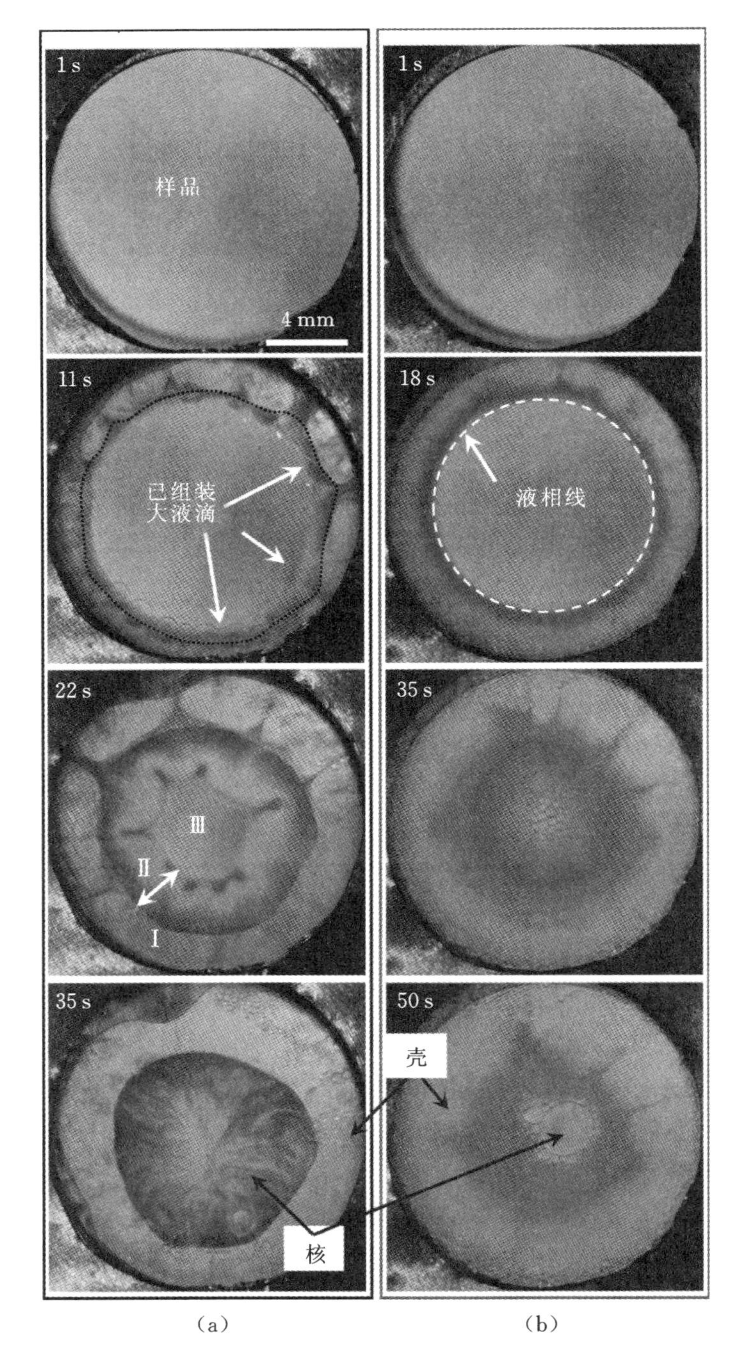

图 4-6　两种溶液在圆形温度梯度场中的相分离过程

(a)SCN-50%H_2O 溶液;(b)SCN-70%H_2O 溶液

向圆心部位的温度梯度。由于 SCN-50% H_2O 溶液的初始温度高于液相线温度，因此溶液呈单一透明状态。随时间的推移，样品四周温度降低至难混溶区内，SCN-50% H_2O 溶液析出第二相液滴，如图 4-6(a)中 11 s 的分图所示。由前文可知，该溶液的相分离方式为调幅分解，能够在较短的时间内依靠碰撞产生尺寸较大的液滴。同时，由于存在温度梯度，这些液滴在 Marangoni 对流作用下向样品中心迁移。该过程与前面单向温度梯度场中的相分离过程(图 4-5)基本相同。随后，液滴经组装连接成条带状组织。22 s 时，条带状组织进一步演化形成环状结构，此时将样品分为以下三个单独区域：

(1) 两相区。大部分为基体，包含少量第二相液滴。

(2) 环状区。由第二相液滴碰撞凝并而成，呈闭合的环状。

(3) 单一液相区。为母液相成分，尚未发生相分离。

当样品内部温度随时间进一步降低时，环状结构不断向内部推进，单一液相逐步分解为两相结构。在此过程中，单一液相区面积不断缩小，而两相区和环状区面积不断增大。最终，单一液相区被环状结构内表面吞并，形成“核”结构。其中，“核”结构是由第二相液滴经历一系列碰撞演变而来，其路径为：液滴→碰撞/凝并→大液滴→碰撞/凝并→环状结构，而外侧“壳”层则为剩余基体。

图 4-6(b)为 SCN-70% H_2O 溶液在圆形温度梯度场中的相分离过程，其相分离方式为形核-长大。1 s 时，溶液为单一透明相。随后温度降低，样品四周开始出现两相组织，但第二相液滴尺寸较小，使得相分离细节在该放大倍数下并不明显。图中虚线圆为液相线，此时液滴并未迁移超过分界线。35 s 时，液滴移动至样品中心并汇聚。随后，彼此靠近的液滴团依靠不断碰撞和凝并过程使液滴半径增大，而液滴数目急剧减少。最终，这些液滴凝并为一个大的聚集体/液滴，处在样品中心位置。这样，样品整体呈现为“壳-核”状组织结构。

4.5　温度梯度场形状对相分离组织的影响

由前述调幅分解和形核-长大方式对相分离组织的影响可以发现，第二相液滴在微观上相互作用存在明显差异，最终导致两种相分离方式对组织形貌影响不同。然而，对于同一种相分离方式，温度梯度场对形貌的影响机理尚不明晰，因此，下面将对比单一相分离方式条件下温度梯度场形状对形貌组织的影响过程。

图 4-7 给出了 SCN-50% H_2O 溶液在单向温度梯度场和圆形温度梯度场中的第二相液滴演化过程示意图。如图 4-7(a)所示，在单向温度梯度场中，液滴经历碰撞形成尺寸较大的第二相液滴，聚集在两相区前沿，之后，两相区内的液滴继续向

高温端迁移,更多的液滴不断并入第二相聚集体中,使第二相聚集体的体积不断增大而逐渐相互连接,最终第二相液滴连接为条带状组织。与单向温度梯度场不同的是,图 4-7(b)中圆形温度梯度场中第二相液滴依靠凝并形成环状结构,之后再演变为具备封闭区间的"核",形成"壳-核"结构形貌。

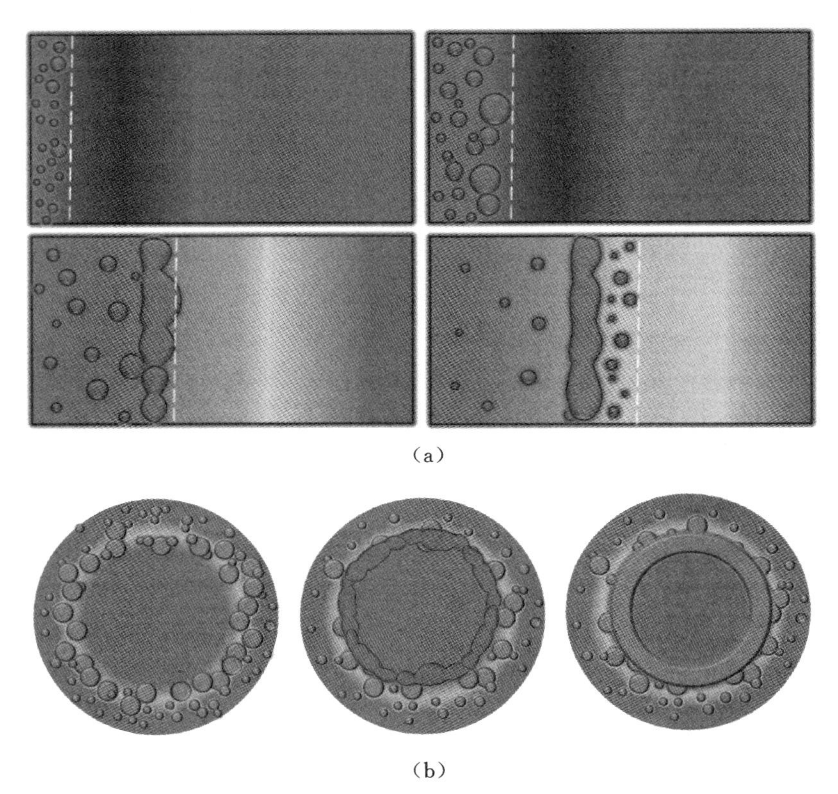

(a)

(b)

图 4-7 SCN-50% H_2O 溶液在单向温度梯度场和圆形温度梯度场中的第二相液滴演化过程示意图

(a)单向温度梯度场;(b)圆形温度梯度场

由此可见,温度梯度场的类型决定了相分离后的组织形貌。相比较而言,圆形温度梯度场中第二相更容易形成条带状组织。这是因为,当液滴向样品中心移动时,液滴轨迹之间存在一定的夹角。因受空间限制和交通堵塞,圆形温度梯度场中的液滴容易碰撞,从而容易连接成条带状或者环状结构。当温度梯度场为单向时,形成条带状组织;当温度梯度场为圆形时,第二相液滴先形成闭合的环状结构,之后演化为实心圆形"核"。两种情况的相同点在于,相分离反应速率较快,液滴半径大且都能够聚集成粗大的第二相聚集体。

图 4-8 给出了 SCN-70% H_2O 溶液在单向温度梯度场和圆形温度梯度场中第

二相液滴演化过程示意图。如图 4-8(a)所示，在单向温度梯度场中，形核-长大产生的细小液滴因间距大而未能经历一系列连续碰撞，实验中观察到液滴向高温端移动，几乎无相互作用，因此，移动过程中未发现大尺寸的液滴，也没有连接成条带状。初始时，液滴移动较慢，处于两相区内。随后，液滴超过液相线进入单一液相区内，液滴半径减小，使得其移动变慢，但液滴始终位于液相分解区前沿，直至整个过程结束。而在圆形温度梯度场中，如图 4-8(b)所示，第二相液滴在 Marangoni 对流作用下移动并汇聚在样品中心，依靠碰撞和凝并形成“核”，与单向温度梯度场不同的是，圆形温度梯度场中的汇聚作用来自空间限制，即样品中心温度高，液滴在 Marangoni 对流作用下不得不在样品中心汇聚并碰撞成“核”。

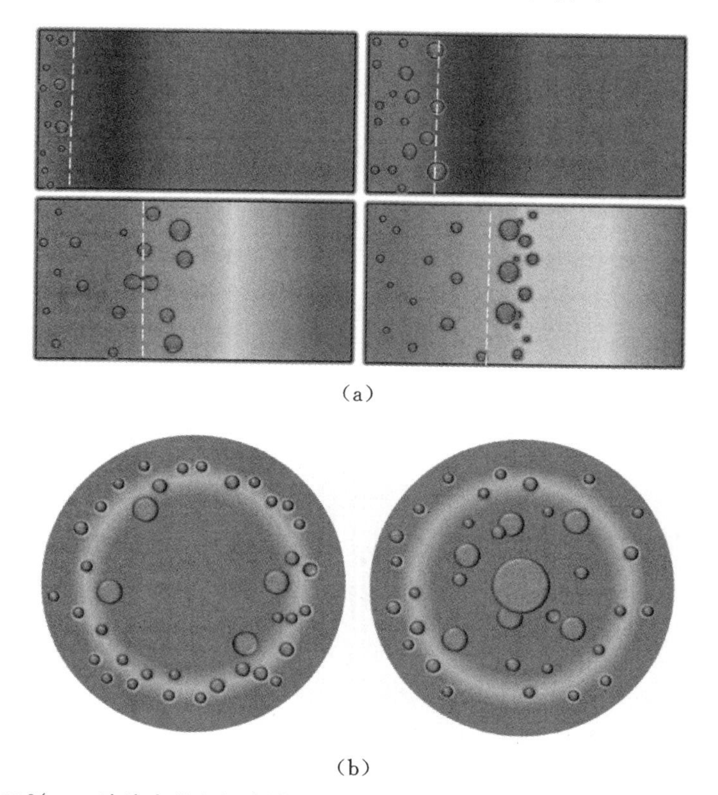

(a)

(b)

图 4-8　SCN-70%H_2O 溶液在单向温度梯度场和圆形温度梯度场中第二相液滴演化过程示意图

(a)单向温度梯度场；(b)圆形温度梯度场

综合上述内容发现，SCN-70%H_2O 溶液在相分离过程中，液滴之间相互作用较弱，不能使液滴连接成条带状。然而，受空间限制，这些液滴能够在圆形温度梯度场中聚集和碰撞，最终形成第二相液滴聚集体，呈“壳-核”结构。对于 SCN-50%H_2O 溶液,液滴间因具有强相互作用,能在短时间内形成第二相聚集体,随其体积增大,连接成条带状组织;在圆形温度梯度场中,就形成环状结构,呈"壳-核"结构。因此,就"壳-核"结构形成能力而言,SCN-50% H_2O 溶液更有优势。

4.6 两种"核"形成路径

在圆形温度梯度场中,尽管 SCN-50% H_2O 溶液和 SCN-70% H_2O 溶液终态下都得到了"壳-核"结构,但"核"形成路径存在明显差异。图 4-9 为两种溶液中"核"形成路径示意图。在 SCN-70% H_2O 溶液中,出于动力学原因,形核-长大方式析出的液滴初始尺寸小,液滴在 Marangoni 对流作用下向样品中心迁移,经历碰撞过程形成大液滴,之后在样品中心汇聚、凝并成为"核";而 SCN-50% H_2O 溶液相分离方式为调幅分解,产生的液滴在短时间内碰撞成为大的第二相液滴聚集体,之后在向样品中心移动过程中连接成环状结构,最后由环状结构进一步演化为"核"。显然,两种情况中的"核"形成方式完全不同,可以简述如下。

(1) SCN-70% H_2O 溶液:单一相 $\xrightarrow{\text{形核-长大}}$ 小液滴 $\xrightarrow{\text{碰撞}}$ "核";

(2) SCN-50% H_2O 溶液:单一相 $\xrightarrow{\text{调幅分解}}$ 小液滴 $\xrightarrow{\text{碰撞}}$ 大液滴/聚集体 $\xrightarrow{\text{连接}}$ 环状结构 $\xrightarrow{\text{进一步演化}}$ "核"。

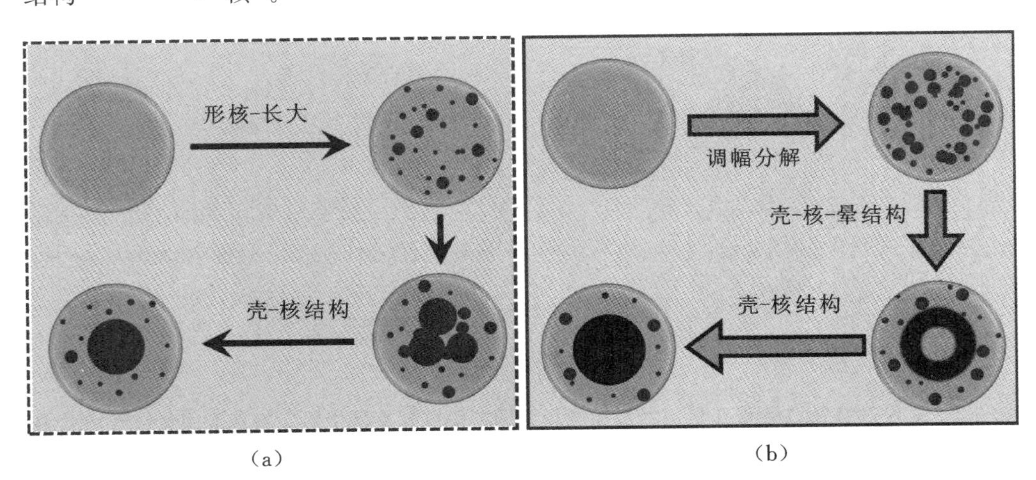

图 4-9 两种溶液中"核"形成路径示意图

(a)SCN-70% H_2O 溶液;(b)SCN-50% H_2O 溶液

进一步研究发现,相分离初始阶段液滴尺寸的差异是"核"形成方式不同的直接原因。图 4-10 比较了两种溶液中第二相液滴的尺寸。图 4-10(a)和(b)分别为 4 s 时 SCN-50%H_2O 溶液和 9 s 时 SCN-70%H_2O 溶液的微观图像。从图 4-10(a)可以看出，最大液滴半径大约为 500 μm，而图 4-10(b)中最大液滴半径约为 60 μm。尽管后者的相分离时间长，但其中第二相液滴的尺寸却远远小于前者。这些液滴在向样品中心迁移过程中的半径随相分离时间的变化关系如图 4-10(c)所示。很明显，两种溶液中液滴尺寸都在增加，但 SCN-70%H_2O 溶液中的液滴尺寸变化缓慢，而 SCN-50%H_2O 溶液中的液滴尺寸变大趋势更加明显。因此，在这种情况下，图 4-10(a)中的液滴将很快碰撞形成第二相液滴聚合体，然后连接成条带状组织，而图 4-10(b)中的液滴由于半径变化缓慢且间距大，很难碰撞凝并形成条带状组织。也就是说，液滴尺寸差异及不同的液滴间行为共同作用导致两种“核”演化路径。

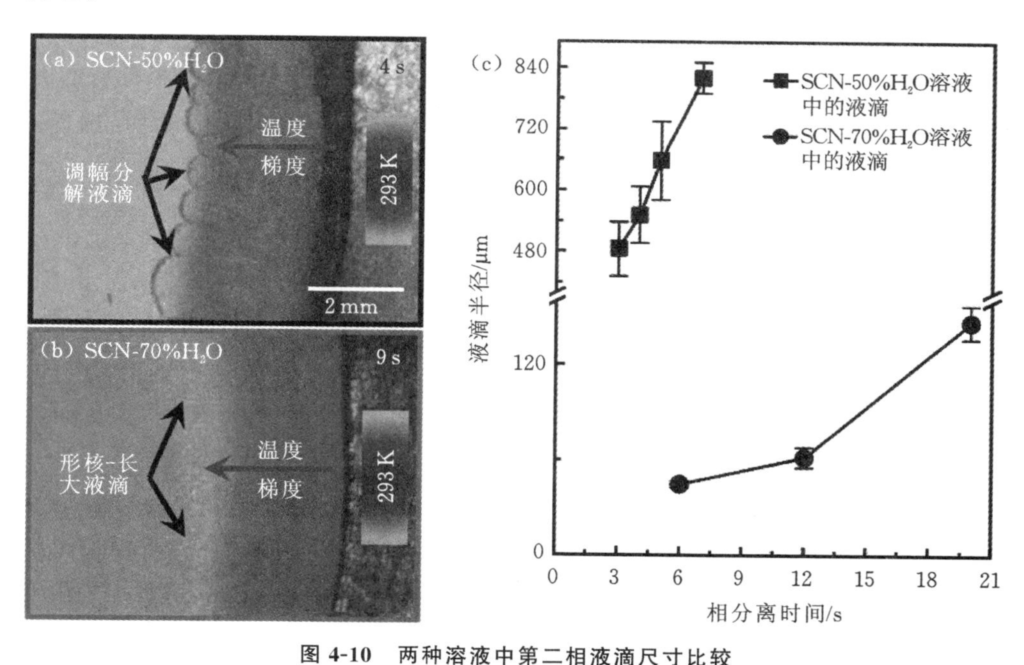

图 4-10　两种溶液中第二相液滴尺寸比较

(a)4 s 时 SCN-50%H_2O 溶液的微观图像；(b) 9 s 时 SCN-70%H_2O 溶液的微观图像；(c) 液滴半径随时间变化关系

究其根本原因，相分离方式是以上两种不同“核”形成路径的根本原因。前文已经探究了相分离方式的热力学差异及其对第二相液滴尺寸的影响，并揭示了两种情况下液滴的生长规律。实验表明，调幅分解过程中析出的液滴长大速率较快，

满足 $R\sim t$；而依靠形核-长大的液滴半径变化较慢，满足 $R\sim t^{1/2}$。这里，R 为液滴半径，t 为生长时间。在相同时间内，依靠调幅分解得到的液滴尺寸更大。随后的液滴间相互作用更明显，因此，无论是在单向温度梯度场还是在圆形温度梯度场中，SCN-50%H_2O 溶液都容易出现条带状组织，而且组织的形貌取决于温度梯度场的形状。

需要指出的是，“核”形成路径是“壳-核”结构形成的中间过程，而从终态“壳-核”结构中无法分辨两种“核”形成路径。为了检验这两种形成路径存在的真实性，快速凝固是一种有效的实验手段，其优点在于，能够有效“捕捉”凝固过程中中间演化途径。落管法属于快速凝固范畴，即在短时间内将液态金属雾化为细小的球状微滴，是一种能够用于研究“壳-核”结构中间过程的有效方法。

相分离方式影响第二相液滴的尺寸，继而影响液滴间相互作用及其移动距离，这决定了凝固后的组织形貌。针对这一现象，我们将进一步分析球状粉末中可能存在的结构形貌。若球状难混溶合金微滴的相分离方式为形核-长大，根据凝固时间长短，凝固后可能存在以下两种形貌(图 4-11(a))：①弥散结构；②“壳-核”结构。

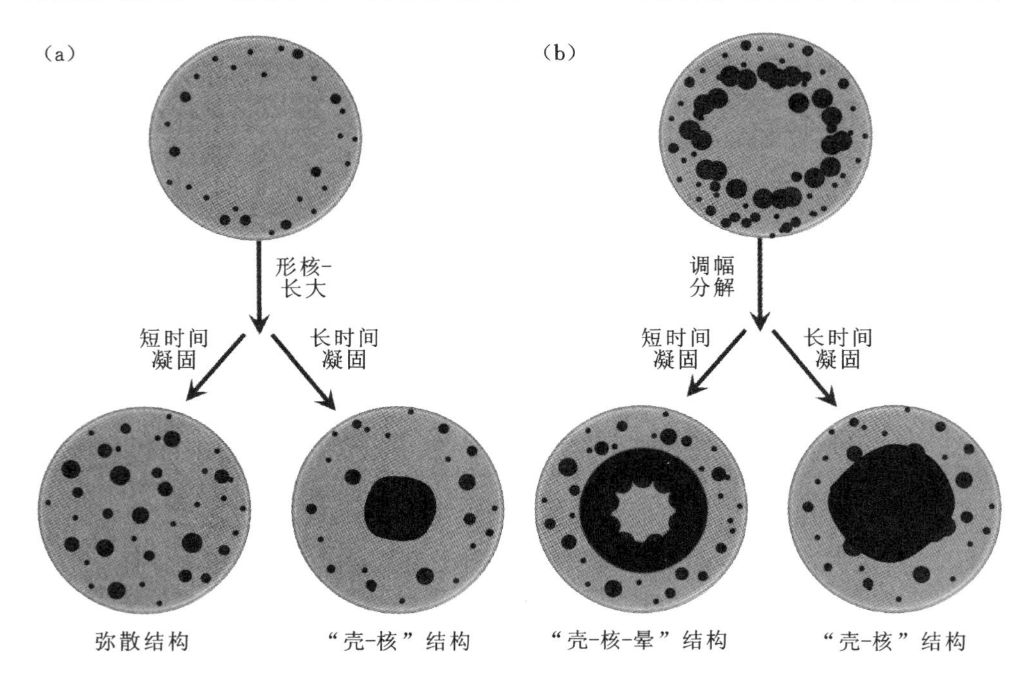

图 4-11 不同凝固时间下球状粉末中可能存在的结构形貌

(a)形核-长大；(b)调幅分解

当冷却速率较快时，第二相液滴没有充分的时间迁移至球状粉末中心，而被固-液界面"捕捉"，那么凝固后组织为弥散结构。当冷却速率较慢时，内部液滴有足够的时间迁移并汇聚在球状粉末中心位置，凝固后组织为"壳-核"结构。

当某种合金的相分离方式为调幅分解时，例如临界点成分和近临界点成分，其凝固形貌也可能存在两种(图4-11(b))：①"壳-核-晕"结构；②"壳-核"结构。由前面的讨论可知，在圆形温度梯度场中，调幅分解相分离过程始终伴随着环状结构。由此可以推测：当冷却速率较高时，由第二相液滴碰撞而形成的环状结构可能被固-液界面"捕捉"，则凝固后组织呈"壳-核-晕"结构；而当冷却速率较低时，液-固相变过程可能发生在环状结构到达球状粉末中心之后，此时环状结构已经演变为实心核，那么凝固后球状粉末内部则呈现"壳-核"型。

另外，多层"壳-核"结构的形成机制在制备功能材料领域已经引起了研究者的兴趣[13]。Wu等人[14,15]利用相场法模拟了Fe-Cu基合金在相分离过程中的冷却速率对"壳-核"结构层数的影响，研究表明，随着冷却速率的提升，"壳-核"结构层数增加；当冷却速率达到3.64×10^5 K/s时，凝固组织为弥散结构；当冷却速率进一步提升时，非平衡包晶凝固介入。然而，仅有少量实验与模拟结果相符，且对于超过4层的"壳-核"结构形貌，目前尚未在金属粉末中得到充分证实。

4.7 本章小结

本章利用原位观测法分别研究了SCN-70%H_2O溶液和SCN-50%H_2O溶液在单向温度梯度场和圆形温度梯度场中的相分离组织演化过程，揭示了形核-长大和调幅分解两种相分离方式对形貌的调控机制。主要结论如下。

(1) SCN-70%H_2O溶液的相分离方式为形核-长大，SCN-50%H_2O溶液为调幅分解。前者析出的第二相液滴半径较小，相较而言，后者产生的液滴在经历碰撞凝并后尺寸较大。

(2) 单向温度梯度场中，形核-长大和调幅分解方式下的相分离现象差异明显。SCN-50%H_2O溶液因液滴间强相互作用而可能形成条带状组织；相反，SCN-70%H_2O溶液中第二相液滴几乎相互独立，使得液滴在迁移过程中半径变化不明显。

(3) "核"结构在圆形温度梯度场中存在两种形成方式。在SCN-70%H_2O溶液中，液滴首先迁移至样品中心，然后依靠碰撞形成"核"；而在SCN-50%H_2O溶液中，"壳-核"结构是由一个环状结构逐步缩小演化而来的。

(4) 两种"核"形成路径为研究"壳-核"结构提供了一个新的视角。对于同种方式的相分离过程，球状粉末因条件不同可能得到不同的结构形貌。

本章参考文献

[1] VOORHEES P W.The theory of Ostwald ripening[J].Journal of Statistical Physics,1985,38(1):231-252.

[2] CUMMING A,WILTZIUS P,BATES F S.Nucleation and growth of monodisperse droplets in a binary-fluid system[J].Physical Review Letters,1990,65(7):863-866.

[3] CUMMING A,WILTZIUS P,BATES F S,et al.Light-scattering experiments on phase-separation dynamics in binary fluid mixtures[J].Physical Review A,1992,45(2):885-897.

[4] CAHN J W.On spinodal decomposition[J].Acta Metallurgica,1961,9(9):795-801.

[5] CAHN J W.Phase separation by spinodal decomposition in isotropic systems [J].Journal of Chemical Physics,1965,42(1):93-99.

[6] HU S Y,HENAGER JR C H.Phase-field simulation of void migration in a temperature gradient[J].Acta Materialia,2010,58(9):3230-3237.

[7] YOUNG N O,GOLDSTEIN J S,BLOCK M J.The motion of bubbles in a vertical temperature gradient[J].Journal of Fluid Mechanics,1959,6(3):350-356.

[8] ZHANG X G,WANG H,DAVIS R H.Collective effects of temperature gradients and gravity on droplet coalescence[J].Physics of Fluids A:Fluid Dynamics,1993,5(7):1602-1613.

[9] PENG Y L,ZHANG L,WANG L,et al.A new route for core-shell structure formation in criticality against conventional wisdom[J]. Materials Letters,2018,216:70-72.

[10] 彭银利,白威武,李梅,等.难混溶合金微滴中 L_2 相迁移动力学行为[J].有色金属工程,2023,13(2):1-6.

[11] PENG Y L, TIAN L L, WANG Q, et al. An opposite trend for collision intensity of minor-phase globules within an immiscible alloy droplet[J]. Journal of Alloys and Compounds,2019,801:130-135.

[12] PENG Y L,HAN S X,TIAN L L,et al.In situ investigation of minor-phase globule collision and the structure in a droplet-shaped immiscible alloy[J]. Materials Letters,2019,254:222-225.

[13] DAI R,ZHANG S G,LI J G.One-step fabrication of Al/Sn-Bi core-shell

spheres via phase separation[J]. Journal of Electronic Materials, 2011, 40(12):2458-2464.

[14] WU Y H, WANG W L, WEI B B. Predicting and confirming the solidification kinetics for liquid peritectic alloys with large positive mixing enthalpy[J]. Materials Letters, 2016, 180:77-80.

[15] WU Y H, WANG W L, XIA Z C, et al. Phase separation and microstructure evolution of ternary Fe-Sn-Ge immiscible alloy under microgravity condition[J]. Computational Materials Science, 2015, 103:179-188.

第5章　温度梯度对相分离组织形貌的影响研究

5.1 引　　言

球状难混溶合金微滴凝固组织中第二相粒子在基体内的分布形态往往决定了合金的性能和用途。例如，具备“壳-核”结构的Cu-Pb合金是一种良好的电触头材料[1-3]；Cu-Fe基包覆颗粒具有良好的催化性能[4-6]；弥散的Al-Bi合金因具备优异的耐磨性能而常用作耐磨材料[7,8]。然而，第二相粒子能否在球状合金中偏聚，一定程度上取决于粒子在基体中的移动速率。当第二相粒子/液滴移动速率较快时，凝固后的第二相粒子容易汇聚在球状合金中心区域；当液滴析出后的移动距离较短或移动较慢时，凝固组织可能呈弥散状。这表明：第二相粒子移动速率对凝固组织和终态形貌的影响十分显著，进而决定了球状难混溶合金的应用前景。因此，探究第二相粒子在基体中的移动规律及其对组织形貌的影响对提升难混溶合金粉末材料的制造技术水平具有重要的指导意义。

已有研究[9-11]表明，第二相粒子/液滴在温度梯度场中移动速率正比于温度梯度。即温度梯度越大，液滴移动速率越快，液滴越容易聚集；反之，移动速率越慢，凝固组织越容易弥散。另外，在微重力环境下，温度梯度是第二相粒子移动和偏聚的重要因素之一。在球状难混溶合金微滴冷却过程中，温度梯度由球面指向球心，然后，第二相液滴将在Marangoni对流作用下向样品中心迁移，经历汇聚、碰撞和凝并，最终形成“核”型组织[12-15]。由于温度梯度影响第二相液滴的Marangoni对流运动速率，温度梯度必然在整个组织形态演变过程中发挥重要作用。也就是说，温度梯度与形成“壳-核”结构的动力学过程密切相关。因此，研究温度梯度对球状难混溶合金微滴凝固形貌的影响对理解和控制组织演化过程至关重要。

由于球状难混溶合金微滴的凝固顺序是由外及内的，第二相液滴在合金内部的运动、碰撞等细节及温度梯度对形貌的影响尚不清晰。因此，研发一种新的方法用于研究温度梯度对球状难混溶合金微滴凝固形貌的影响迫在眉睫。为了实现这个目标，本章将难混溶体系SCN-H_2O作为实验材料，选取合金中最大横截面作为研究对象，构建了圆形温度梯度场，通过调节样品四周的温度值来实现多种温度梯度。采用原位观测法，直观地研究了不同温度梯度对第二相液滴的作用过程，旨在阐明温度梯度对“壳-核”结构的影响规律并实现温度梯度对组织形貌的调控。

5.2　实验过程

图 5-1 为自主设计的圆形温度梯度场装置示意图。样品位于上下通孔的中间位置，直接与周围模块接触。由于模块中存在循环流动的硅油，而硅油与油浴连接，因此可以认为模块与硅油温度相同，其温度受油浴控制。也就是说，调节循环油的温度即可改变圆形样品的温度，从而实现调控温度梯度。

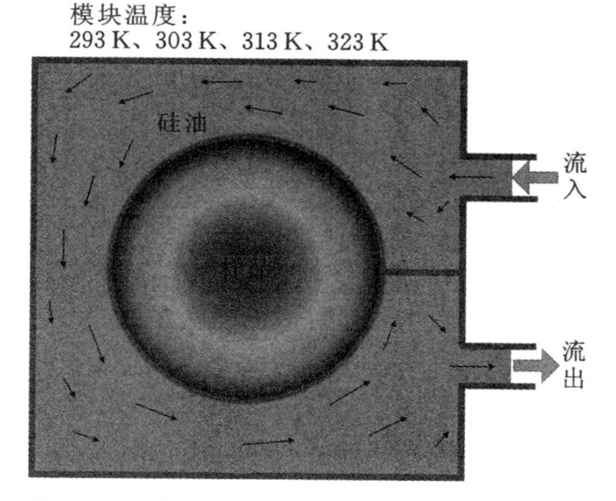

图 5-1　自主设计的圆形温度梯度场装置示意图

实验中分别选取了 SCN-50%H_2O 和 SCN-70%H_2O 两种溶液作为研究对象，分析相图可知，两种溶液的相分离方式分别为调幅分解和形核-长大。即当同种溶液处在不同温度梯度场中时，相分离方式完全相同，第二相液滴长大规律也相同。因此，能够单一地研究不同温度梯度对第二相液滴移动速率及宏观组织形貌的作用规律。

实验中将模块温度分别设定为 293 K、303 K、313 K 和 323 K。实验前，将样品置于温度为 333 K 的恒温箱中，保温 20 min，其目的在于，使溶液为单一透明相。设定模块初始温度，待控温系统稳定 1 h 后，将样品快速转移至观察区内。打开数码相机，记录整个相分离过程，然后分析实验结果。

样品初始温度为 333 K，高于模块设定温度(293 K、303 K、313 K、323 K)，因此当样品位于观察区内时，热流将由样品流向模块，使得样品四周温度降低，而此时中心区域温度高于四周的温度，即在样品内部产生一个由四周指向圆心的温度梯度场。在降温过程中，样品内部温度变化示意图如图 5-2 所示。t_0时刻，样品内部温度均一且高于液相线温度 T_b。随后，样品的整体温度随时间逐渐降低，最终冷却至模块设定温度 $T_{模块}$。由降温特点可知，相分离过程将从样品四周开始不断向中心推进，直至整个相分离过程结束。

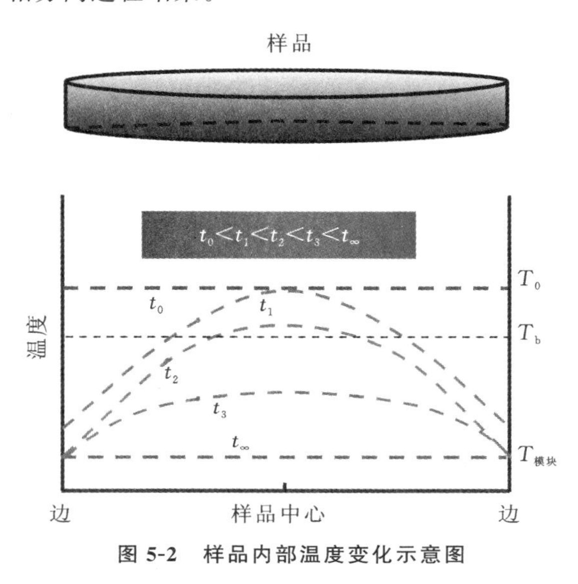

图 5-2　样品内部温度变化示意图

5.3　温度梯度对“壳-核”结构的影响

对于同一种成分的体系而言，基体相和小体积分数相的热导率和黏度差别不大。由第二相液滴的 Marangoni 对流运动速率公式可知，当液滴半径(r_g)相同时，温度梯度越大，液滴运动速率(V_M)就越快。对于相同尺寸的样品，液滴运动速率越大，液滴越容易在短时间内到达样品中心，之后汇聚、凝并成“核”，形成“壳-核”结构；而当运动速率较小时，液滴运动至样品中心区域耗时较长，这种情况下容易形成弥散型组织形貌。因此，温度梯度通过影响第二相液滴运动至圆形样品中心所需时间，进而影响“壳-核”结构形成能力。

5.3.1　SCN-50%H_2O 溶液相分离过程

图 5-3 为 SCN-50%H_2O 溶液在不同温度梯度场中的相分离图像。从左至右，模块温度分别设定为 293 K、303 K、313 K 和 323 K，产生的温度梯度依次减小。对

比终态下形貌可以看出，四种情况下最后阶段一致出现“壳-核”结构。如第 4 章所述，SCN-50% H_2O 溶液的相分离方式为调幅分解，在短时间内由较小液滴演化为较大的液滴，经碰撞连接成环状结构，再进一步演化为“核”，从而形成“壳-核”结构。环状结构将整个样品分为三个区域，如图 5-3(c)所示：①两相区；②环状区；③单一液相区。不同的是，“壳-核”结构的形成时间随温度梯度增大而不断减少。这表明，温度梯度影响“壳-核”结构的形成动力学过程。由于最终形貌都具有“壳-核”结构，温度梯度对“壳-核”结构的形成能力没有影响。

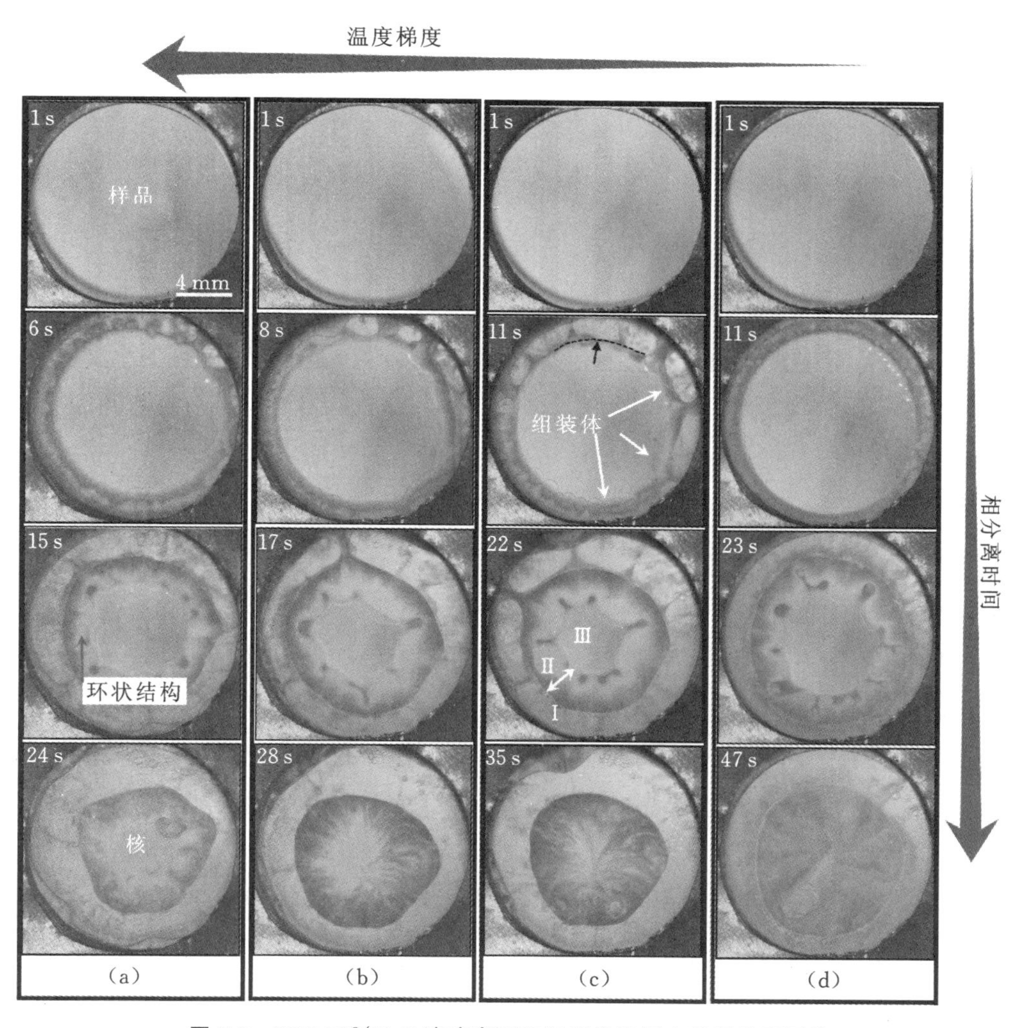

图 5-3　SCN-50% H_2O 溶液在不同温度梯度场中的相分离图像

(a)293 K；(b)303 K；(c)313 K；(d)323 K

在图 5-3 中,“壳-核”结构的形成过程都经历了环状结构。尽管环状结构的体积随时间延长而不断增大,但在不同温度梯度下增大幅度稍有区别,导致样品中其余两个区域的体积也各不相同。为了表征这个动态过程,图 5-4 给出了三个区域的体积所占比例随时间的变化关系。其中,虚线为两相区所占体积的拟合曲线。对于同一条曲线而言,斜率随时间逐渐减小,说明环状结构的体积随时间的延长而增长,且增长幅度变小。对比四条曲线发现,倾斜程度随温度梯度减小而变得平缓,这表明温度梯度影响环状区的增长速率。在相分离最后阶段,单一液相区消失,两相区和环状区体积所占比例各自约为 50%。

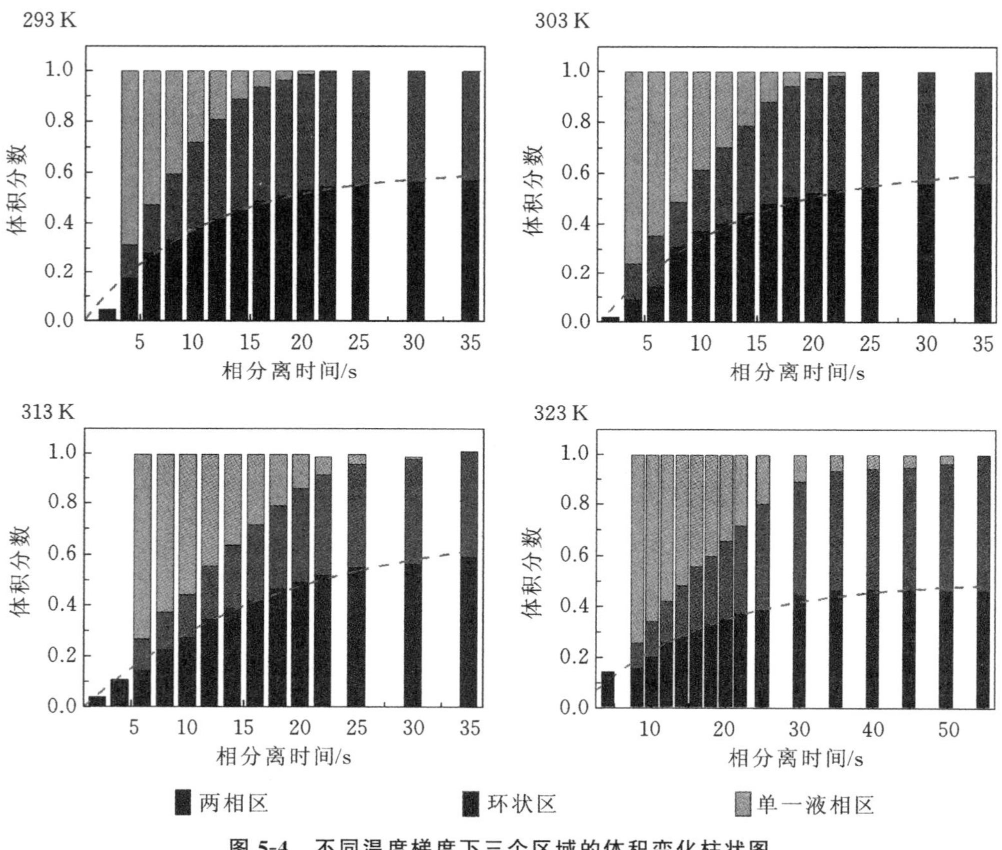

图 5-4　不同温度梯度下三个区域的体积变化柱状图

由图 5-3 中相分离过程不难发现,“核”结构都是由环状结构演化而来,因此,研究环状结构的变化过程是阐明温度梯度对“壳-核”结构形成影响的关键。为了更清楚地说明温度梯度对环状结构的影响,这里给出了环状结构的体积分数与相对时间的关系，如图 5-5 所示，t 和 t_0 分别为相分离演变时间和环状结构消失时间。结果表明，环状结构的体积分数与相对时间呈正比例关系。也就是说，温度梯度仅仅影响“壳-核”结构形成速率，而对环状结构大小和形成能力几乎没有影响。因此，在 SCN-50%H_2O 溶液的相分离过程中，“壳-核”结构的形成能力不依赖温度梯度。

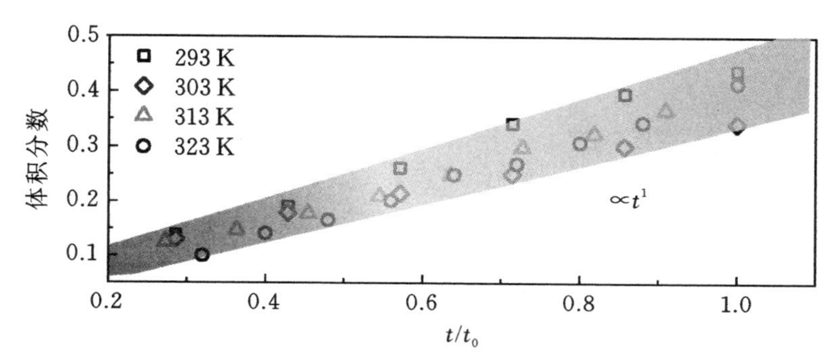

图 5-5　环状结构的体积分数与相对时间的关系

5.3.2　SCN-70%H_2O 溶液相分离过程

图 5-6 给出了 SCN-70%H_2O 溶液在不同温度梯度场中的相分离图像。从左至右，模块温度分别设定为 293 K、303 K、313 K 和 323 K，相应产生的温度梯度依次减小。在最大温度梯度情况下，SCN-70%H_2O 溶液中形成“壳-核”结构，“核”形成路径可以描述为：形核析出小液滴→液滴移动至中心→凝并成一个大液滴或液滴聚集体。然而在最小温度梯度情况下，相分离后呈弥散结构，如图 5-6(d)所示。横向对比不同温度梯度场中的相分离图像发现，当温度梯度相对较大时，相分离后形貌呈“壳-核”结构，如图 5-6(a)～(c)所示；而当温度梯度相对较小时，相分离后形貌呈弥散状，如图 5-6(d)中 52 s 时的图像。由此表明，温度梯度对 SCN-70%H_2O 溶液中“壳-核”结构形成能力影响较大。温度梯度越大，“壳-核”结构形成能力越强；反之，“壳-核”结构形成能力越弱。

温度梯度对“壳-核”结构的具体作用机理可以描述为：温度梯度越大，液滴移动越明显，能够在更短时间内超过液相线到达单一液相区内；而对于温度梯度较小的情况，由于 Marangoni 对流作用较弱，大部分液滴很难移动并汇聚在样品中心，最终形成弥散结构。这一点与图 5-6 中的实验现象完全相符，即在图 5-6(a)～(c)中可以明显观察到液滴移动，而在图 5-6(d)中未观察到液滴移动。因此，温度梯度能

够影响 SCN-70% H_2O 溶液中的“壳-核”结构。

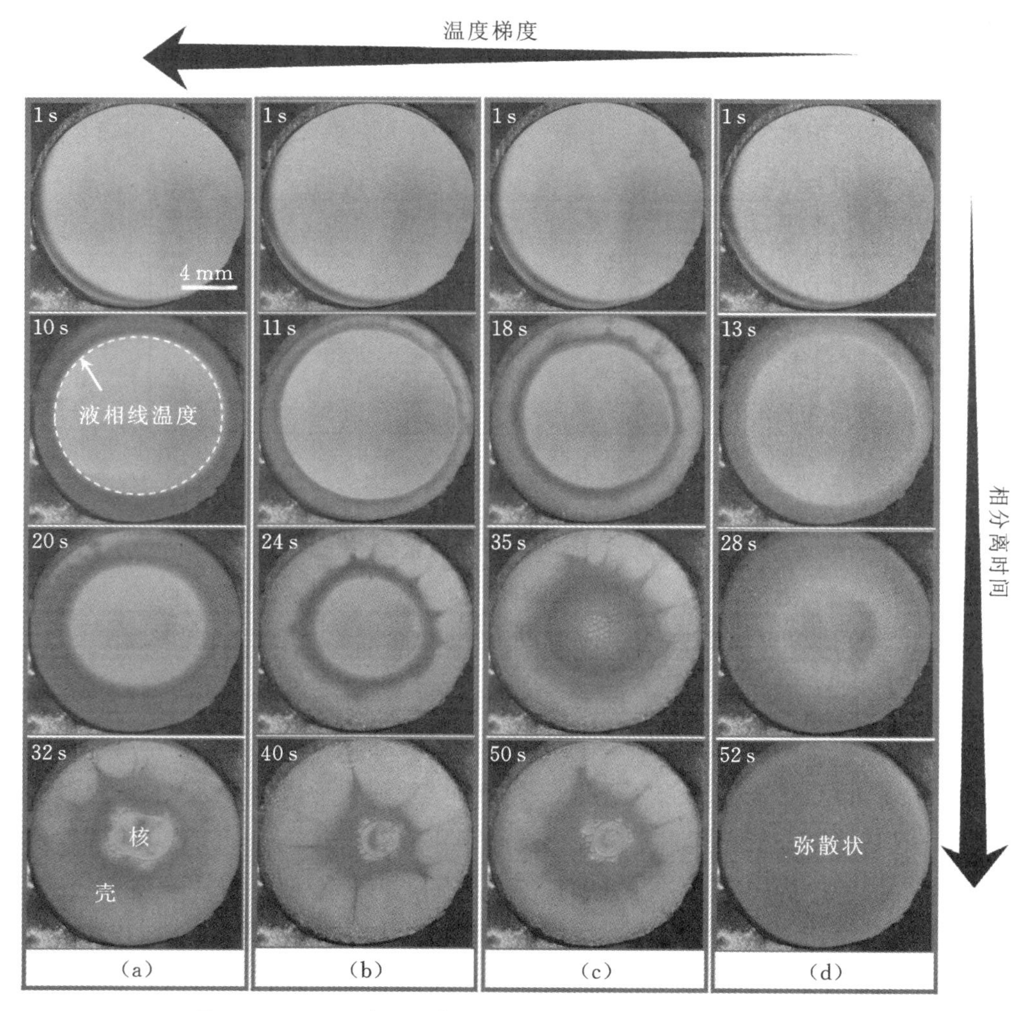

图 5-6　SCN-70% H_2O 溶液在不同温度梯度场中的相分离图像

(a)293 K;(b)303 K;(c)313 K;(d)323 K

5.4　“壳-核”结构对温度梯度的依赖性分析

通过上述两组对比实验可以发现,SCN-50% H_2O 溶液中“壳-核”结构形成过程不依赖温度梯度,而 SCN-70% H_2O 溶液中“壳-核”结构的形成过程则依赖温度梯度。具体说来，不管温度梯度是大还是小，SCN-50% H_2O 溶液都能够形成“壳-核”结构，而 SCN-70% H_2O 溶液中“壳-核”结构仅仅出现在温度梯度相对较大的温度场中，小温度梯度中不出现“壳-核”结构。实验发现，两种溶液在温度梯度场中的相分离演化过程差异明显，主要表现在以下两个方面。

一方面，“壳-核”结构形成路径不同。SCN-50% H_2O 溶液在四种情况下都出现了环状结构，而 SCN-70% H_2O 溶液中始终未出现类似结构。两种溶液中“壳-核”结构形成路径不同。分析发现，形成路径不同的原因有两个。其一，相分离方式存在差异。SCN-50% H_2O 溶液相分离方式为调幅分解，属于自发过程。在这种情况下，相同时间内液滴尺寸更大，更容易发生凝并现象，出现连接状组织。其二，第二相体积分数差异。图 5-7 为两种溶液中第二相液滴的体积分数随温度的变化关系。由图 5-7 可以发现，SCN-50% H_2O 溶液中第二相液滴的体积分数基本不变，约为 0.5；对于 SCN-70% H_2O 溶液，第二相液滴的体积分数随温度降低而不断增大。因此，体积分数较大使得第二相液滴更容易发生凝并现象。

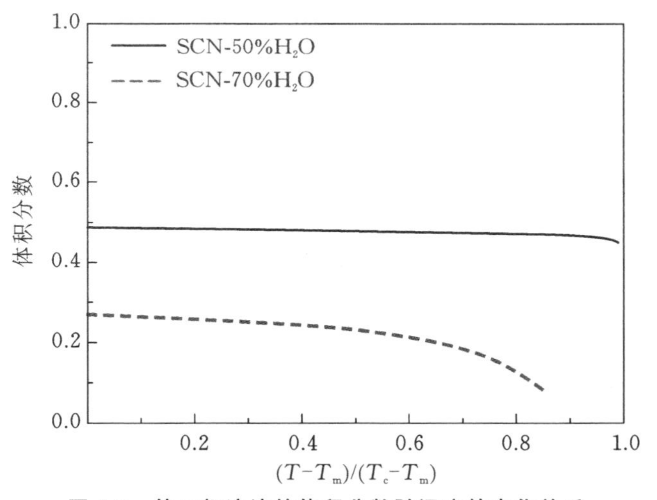

图 5-7　第二相液滴的体积分数随温度的变化关系

另一方面，第二相液滴在温度梯度场中移动特点不同。在最小温度梯度下，SCN-50% H_2O 溶液能够形成“壳-核”结构，而 SCN-70% H_2O 溶液则不能形成“壳-核”结构。产生这种差异的根本原因是 Marangoni 对流对第二相液滴的作用不同。由于 SCN-50% H_2O 溶液中第二相液滴的尺寸大于 SCN-70% H_2O 溶液中第二相液滴的尺寸，当温度梯度相同时，前者中的第二相液滴移动速率比后者大，即相同时间内，前者中的第二相液滴更容易到达样品中心，从而形成“壳-核”结构。SCN-50% H_2O 溶液中第二相液滴形成环状结构后，温度梯度失去了对液滴的推动作用，而环状结构的移动不再依靠 Marangoni 对流作用。而 SCN-70% H_2O 溶液中第二相液滴尺寸较小，同时外部温度梯度也较小，两者共同导致第二相液滴移动速率较小。因此，SCN-70% H_2O 溶液在温度梯度较小的温度场中未形成“壳-核”结构。同时，这也进一步说明了温度梯度能够影响 SCN-70% H_2O 溶液中“壳-核”结构的形成能力。

5.5 本章小结

本章利用原位观测法分别研究了 SCN-50% H_2O 溶液和 SCN-70% H_2O 溶液在不同温度梯度场中“壳-核”结构的形成过程，探究了“壳-核”结构形成能力与温度梯度的内在联系，得出以下结论：

(1) “壳-核”结构形成过程中存在两种不同的“核”形成路径。在 SCN-50% H_2O 溶液中“壳-核”结构由第二相液滴、环状结构、“核”演变而成；而 SCN-70% H_2O 溶液中“壳-核”结构直接由第二相液滴在样品中心位置碰撞凝并得到。

(2) SCN-50% H_2O 溶液中“壳-核”结构的形成能力与温度梯度无关，但其演变时间随温度梯度增加而不断缩短。

(3) SCN-70% H_2O 溶液中“壳-核”结构的形成能力与温度梯度有关。温度梯度越大，其形成能力越强。

本章参考文献

[1] DONG B W, WANG S H, DONG Z Z, et al. Novel insight into dry sliding behavior of Cu-Pb-Sn in-situ composite with secondary phase in different morphology[J]. Journal of Materials Science & Technology, 2020, 40: 158-167.

[2] 彭银利，李梅，师晟祺，等. 基于相图计算——相场方法的 Cu-Pb-Sn 合金中第二相形核与生长[J]. 材料热处理学报，2023，44(2)：53-59.

[3] YANG P J, HE J, YOU B D, et al. Liquid-solid phase separation and recycling of permalloys in liquid Mg[J]. Journal of Materials Science & Technology, 2024, 188: 27-36.

[4] DAI F P, WANG W L, RUAN Y, et al. Liquid phase separation and rapid dendritic growth of undercooled ternary $Fe_{60}Co_{20}Cu_{20}$ alloy[J]. Applied Physics A, 2018, 124: 20.

[5] HUANG H F, CHENG Z Z, LEI C L, et al. A novel synthetic strategy of Fe@Cu core-shell microsphere particles by integration of solid-state immiscible

metal system and low wettability[J].Journal of Alloys and Compounds,2018,747:50-54.

[6] PENG Y L, TIAN L L, WANG Q, et al. An opposite trend for collision intensity of minor-phase globules within an immiscible alloy droplet [J]. Journal of Alloys and Compounds,2019,801:130-135.

[7] SUN Q,JIANG H X,ZHAO J Z,et al.Microstructure evolution during the liquid-liquid phase transformation of Al-Bi alloys under the effect of TiC particles[J].Acta Materialia,2017,129:321-330.

[8] KABAN I,HOYER W.Effect of Cu and Sn on liquid-liquid interfacial energy in ternary and quaternary Al-Bi-based monotectic alloys[J].Materials Science and Engineering:A,2008,495(1-2):3-7.

[9] YOUNG N O,GOLDSTEIN J S,BLOCK M J.The motion of bubbles in a vertical temperature gradient[J].Journal of Fluid Mechanics,1959,6(3):350-356.

[10] ZHAO D G, LIU R X, WU D, et al. Liquid-liquid phase separation and solidification behavior of Al-Bi-Sb immiscible alloys[J].Results in Physics,2017,7:3216-3221.

[11] HU S Y,HENAGER JR C H.Phase-field simulation of void migration in a temperature gradient[J].Acta Materialia,2010,58(9):3230-3237.

[12] HE J,ZHAO J J.Behavior of Fe-rich phase during rapid solidification of Cu-Fe hypoperitectic alloy[J].Materials Science and Engineering:A,2005,404(1-2):85-90.

[13] SHI R P, WANG Y, WANG C P, et al. Self-organization of core-shell and core-shell-corona structures in small liquid droplets [J]. Applied Physics Letters,2011,98(20):204106.

[14] 李梅,师晟祺,秦丽霞,等.难混溶合金粉末中核/壳结构形成过程的可视化模拟与观测研究[J].粉末冶金工业,2023,33(5):69-73,112.

[15] WU C,LI M Y,JIA P,et al.Solidification of immiscible $Al_{75}Bi_9Sn_{16}$ alloy with different coolingrates[J].Journal of Alloys and Compounds,2016,688(A):18-22.

第6章　不同粒径 Fe-Sn 合金粉末中形貌多样性机理研究

6.1　引　　言

球状难混溶合金材料因具备“壳-核”结构或弥散结构等多样结构而具有广阔的工业应用前景和极其重要的研究价值[1-3]。然而，如何控制球状难混溶合金的内部结构并揭示其中的内在影响因素对形貌的作用规律一直以来都是难混溶合金材料领域关注的热点。为了获得理想的组织结构，目前最常用的方法是，根据实验结果统计得出相应规律，而后利用规律进行预测和材料设计。然而，这种方法存在一定的局限性，因为不同体系的材料参数往往差别很大，某一种体系中得出的规律不适用于其他体系。另外，这种方法还有研究周期长和成本高等缺点。因此，寻求一种普适性方法，从内在物理机理方面控制不同组织结构的形成过程是拓展材料应用范围的关键。

落管法是一种比较常见的材料制备技术[4-6]。近年来，该技术广泛地应用在难混溶合金的研究中，尤其是在新型材料的制备和机理探究方面尤为明显。落管技术是一种利用强气流将熔融状态下的合金雾化成球状微滴，同时又获得短暂微重力条件的实验手段。这些球状微滴除半径不同外，其他初始条件基本相同。然而，内部凝固后的组织形貌通常表现出多样性，包括“壳-核”结构、弥散结构和非规则分布结构等。针对这一普遍存在的现象，其形成机制及控制方法引发了研究者广泛的关注。

微重力条件下，Marangoni 对流是影响第二相液滴（凝固后称为第二相粒子）移动并决定球状难混溶合金内部形貌的重要因素之一[7-9]。Marangoni 对流与温度梯度有关：温度梯度越大，对流作用越明显，第二相液滴移动速率越快。对流作用将第二相液滴由低温端推向高温端，即在球状难混溶合金内，Marangoni 对流将第二相液滴从球状微滴的近表面位置推向中心位置。此过程可能经历一系列复杂的液滴间相互作用[10,11]，从而决定了相分离后的组织形貌。球状微滴的传热过程与其外部形状联系紧密，进而可能影响微滴内部的温度梯度。因此，集中对比研究 Marangoni 对流过程及第二相液滴间的行为对揭示内部形貌多样性至关重要。

本章首先利用落管法获得了 Fe-58%Sn 合金粉末，分析其内部形貌的多样性规律；然后，根据合金粉末的冷却过程计算了球状微滴内部的温度场，深入分析了各个位置温度梯度的变化情况；同时，基于 Marangoni 对流作用，讨论了不同直径的球状微滴中第二相液滴之间的碰撞行为；最后，利用原位观测法对比研究了难混溶透明体系 SCN-H_2O 溶液的相分离过程，实时解析了第二相液滴在移动过程中碰撞长大和移动速率变化的规律，从而揭示了形貌差异性的内在物理机制。

6.2　落管装置与实验过程

选择 Fe-Sn 合金为研究对象的原因如下：①难混溶区间隙较大，温度穿过该区域的时间相对较长；②难混溶区成分跨度宽泛，方便选取更多成分点研究；③热力学参数齐全，易于查找和计算。实验包括两部分：合金粉末制备和原位观测实验。

1）落管装置

落管装置如图 6-1 所示，主要由高频加热系统和长通道导管两部分组成。高频加热系统的作用是感应加热熔化母合金，长通道导管能够为液态合金微滴提供一个微重力无容器环境。落管法的工作原理为：利用强气流将熔融状态下的合金母体吹散成诸多尺寸相对较小的液态合金碎片，在界面张力的作用下，这些液态合金碎片呈小球状，在下落过程中，球状微滴完成凝固过程。该方法是一种无容器快速凝固技术，具有无容器、冷却速率大等特点。通常情况下，落管法得到的小球尺寸相对较小，直径为 100～1000 μm。

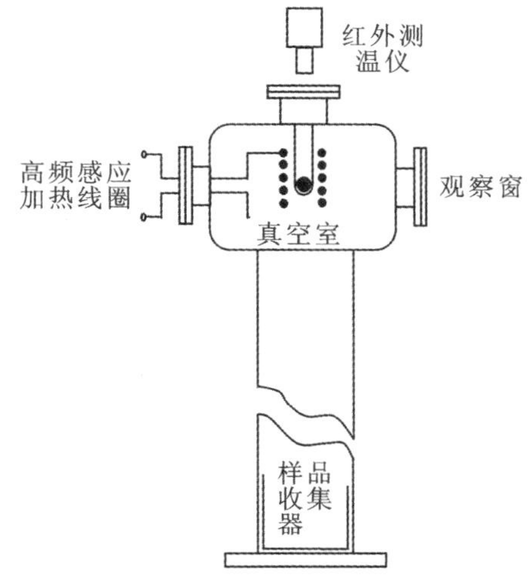

图 6-1　落管装置示意图

2）合金粉末制备

利用落管法制备 Fe-58%Sn 合金粉末，操作方法如下。

母合金制备：在落管实验开始前需熔炼母合金，电弧炉型号为 WK-Ⅱ。首先，按照质量百分比(Fe∶Sn＝42∶58)称量高纯铁(Fe：纯度 99.99%)和锡(Sn：纯度 99.99%)，称量总量约为 2 g，置于半球状样品槽内；将熔炉室抽真空至 10^{-5} Pa；随后，反充入氩气至常压，并重复上述操作至少 3 次；打开高压电源，利用电弧快速熔化样品。为了尽可能地使样品混合均匀，待样品完全凝固后，再次翻转样品并熔化，重复该操作步骤 3～4 次即可。利用电弧炉反复熔炼并翻转样品 3～4 次，尽可能地减小重力引起的宏观偏析，从而制备出第二相粒子均匀的 Fe-58%Sn 合金，选取的合金成分点已在相图中标出，其位置如图 6-2 中箭线所示。

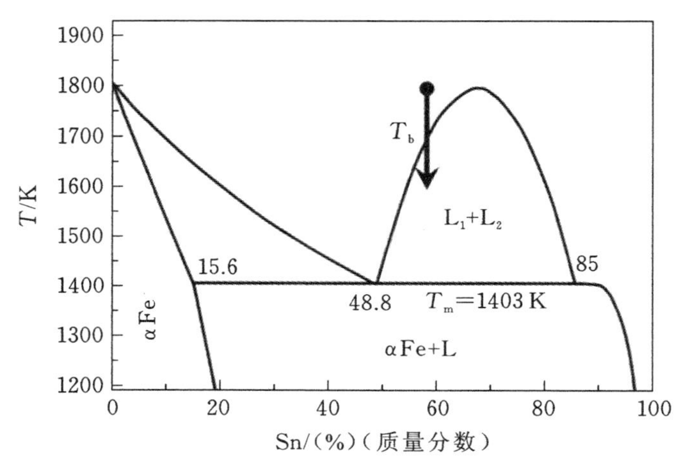

图 6-2　Fe-58%Sn 合金在相图中的位置

试样准备：将母合金试样装入底部有孔(直径为 0.2 mm)的石英试管(尺寸为 ϕ16 mm×150 mm)中，然后将试管固定于落管上端高频线圈内，将竖直管抽真空至负压 2×10^{-4} Pa 左右，随后反充入高纯氩-氦混合气体至常压，混合气体中 Ar 与 He 的体积比为 1∶3，其目的是防止样品在加热过程中被氧化，同时为合金样品在下落过程中提供传热介质。

样品采集：采用高频感应加热装置熔化试样，并在液相线温度以上 100～200 K 保温 30 s。然后，打开气阀吹入高纯氩气，将液态熔融合金雾化成大量微小液滴。待液滴完全冷却至室温后，取出落管底部法兰，收集样品。

粉末处理：落管实验后得到粉末颗粒，将这些颗粒按尺寸大小进行分组，并镶嵌在环氧树脂中，然后打磨、抛光至颗粒最大横截面处，利用蔡司光学显微镜预先观察。表面喷金处理，随即采用钨灯丝扫描电镜(Hitachi，JEOL-JSM-6700F)获得金属颗粒的电子图像并分析各相组成。

3) 原位观测实验

为了直观地说明 Fe-58%Sn 合金中相分离组织的形成过程，实验还采用原位观测法研究了难混溶透明体系 SCN-H_2O 在圆形温度梯度场中的相分离过程。样品封装与溶液配制与之前类似，此处不再赘述。为了使 SCN-H_2O 溶液相分离行为与 Fe-58%Sn 合金相似，选择 SCN-60% H_2O 溶液作为研究对象，其成分位置如图 6-3 中箭线所示。

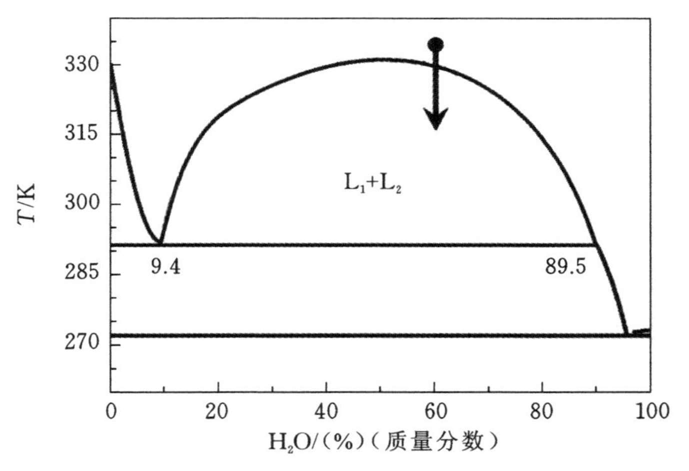

图 6-3　SCN-60%H_2O 溶液在相图中的位置

原位观测实验的操作流程如下：将一份装有 SCN-60%H_2O 溶液的圆形样品置于 333 K 的恒温箱中保温 10 min，待溶液体系充分溶解为单一相后，迅速将样品转移至圆形铜模中，并将铜模温度设定为 313 K。最后，打开相机记录相分离过程。另外，为了比较研究温度梯度对相分离形貌的影响，实验还将铜模温度设定为 293 K，从而获得更大的温度梯度，其余的实验步骤保持不变。

6.3　Fe-58%Sn 合金凝固形貌

图 6-4 给出了 Fe-58%Sn 合金颗粒中的四种典型的组织形貌。A、B 区分别代表富 Sn 第二相粒子和富 Fe 相基体。图 6-4(a)～(d)中第二相粒子直径按从小到大的顺序依次排列，直径分别为 225 μm、517 μm、692 μm、747 μm。图 6-4(a)中第二相粒子直径最小，呈"壳-核"结构。图 6-4(b)～(d)为弥散结构，但内部第二相粒子形态存在明显差异：图 6-4(b)中尺寸较大的第二相粒子有 2 个，且邻近中心位置；图 6-4(c)中尺寸较大的第二相粒子有 4～6 个；图 6-4(d)中尺寸较小的第二相粒子处在半径中间的位置。通过对比可以发现，虽然尺寸较大的第二相粒子之间的尺寸差异不明显，但在粉末颗粒中的位置却差别较大。另外，实验还发现颗粒的最外侧都包裹着一薄层富 Sn 相，厚度约为几微米。已有大量研究报道了这一现象，认为是因为富 Sn 相比富 Fe 相有更小的表面能，所以富 Sn 相更容易铺展在颗粒表面。对比图 6-4(a)～(d)发现，富 Sn 第二相粒子的尺寸沿着粉末颗粒由内向外的径向方向逐渐减小，即大球(尺寸较大的第二相粒子)出现在粉末颗粒中心位

置，而小球(尺寸较小的第二相粒子)出现在粉末颗粒外围。另外，实验还观察到粉末颗粒内大球周围几乎没有小球，而在小球存在的区域，通常粒子数量较多。

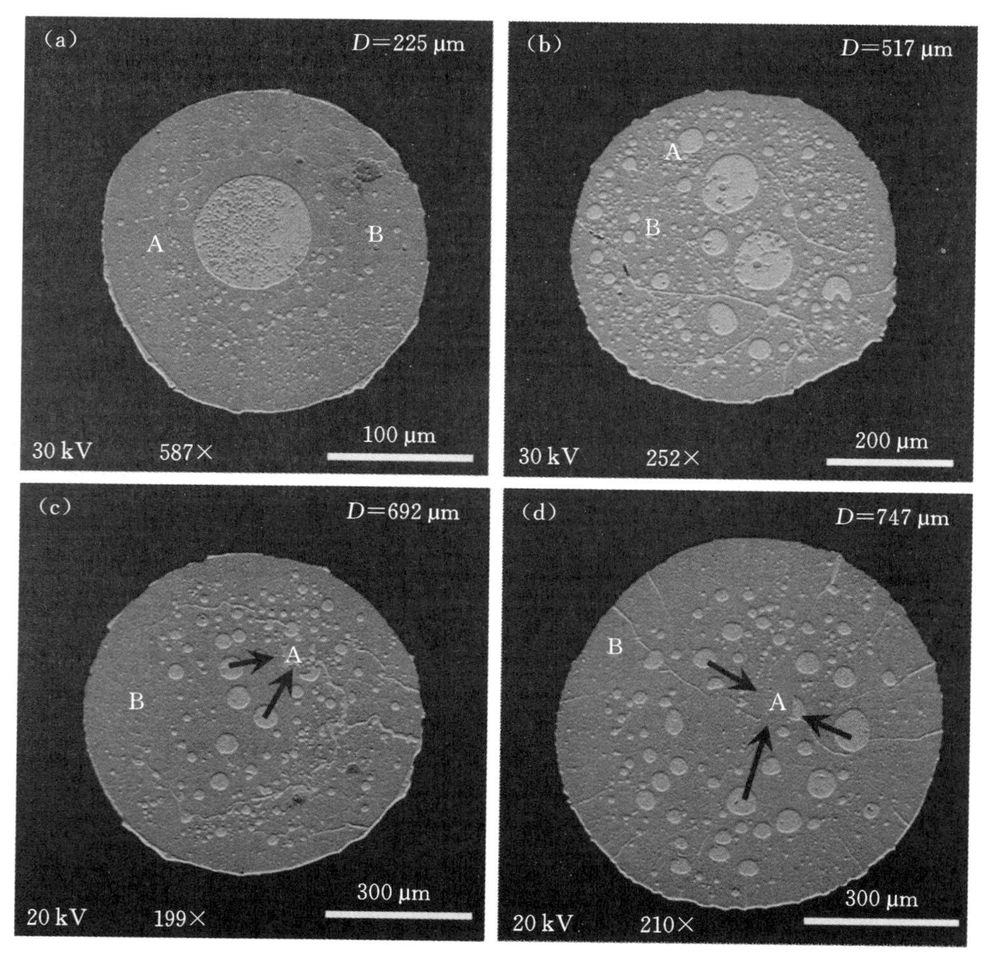

图 6-4 Fe-58%Sn 合金颗粒中的四种典型的组织形貌

(a)“壳-核”结构；(b)～(d)弥散结构

值得注意的是，这些粉末颗粒尽管初始成分相同，但因颗粒大小存在差异而表现出形貌多样性。在小尺寸颗粒中，其内部形貌为“壳-核”结构；在中等尺寸的颗粒中，小球弥散分布在基体中；而在大尺寸的颗粒中，小球停留在颗粒半径的中间位置。针对这种常见的现象，尽管有大量的研究报道了“壳-核”结构及小球弥散结构的形成机理，包括实验法和模拟法，但是颗粒大小与其内部形貌的内在物理机制尚不清晰。这也是本章研究的重点问题之一。

6.4　粉末内部温度场

为了比较不同粉末颗粒内部的第二相液滴在 Marangoni 对流作用下的移动情况，开展温度场分析研究是关键。由于直接测量难度较大，这里将采用数值分析法求解内部温度场。在极坐标中粉末传热受如下方程控制[12,13]：

$$\rho_d c_d \frac{\partial T}{\partial t}=\kappa\left(\frac{\partial^2 T}{\partial r^2}+\frac{2}{r}\frac{\partial T}{\partial r}\right) \tag{6-1}$$

初始值和边界条件为

$$T|_{t=0}=T_0 \tag{6-2}$$

$$-\kappa\left.\frac{\partial T}{\partial r}\right|_{r=R}=h(T_s-T_g)+\varepsilon_h K_B(T_s^4-T_g^4) \tag{6-3}$$

$$\left.\frac{\partial T}{\partial r}\right|_{r=0}=0 \tag{6-4}$$

式中：ρ_d——液态合金密度；

c_d——液态合金比热容；

κ——热导率；

h——热交换系数；

T_0——初始温度；

ε_h——辐射率；

K_B——玻尔兹曼常数；

R——粉末颗粒半径；

T_g——惰性气体温度；

T_s——熔融粉末表面温度。

为了对比研究温度场差异，这里将选取两种尺寸的粉末颗粒作为研究对象，半径 R 分别为 200 μm 和 400 μm。利用表 6-1 中给出的参数，求解方程(6-1)即可得到颗粒内部温度场。

表 6-1　Fe-Sn 合金参数[12,14,15]

参数	数值	单位
液态合金密度，ρ_d	6883	kg/m^3
液态合金比热容，c_d	0.368	J/(g·K)
富 Fe 相热导率，κ_1	49.5	W/(m·K)

续表

参数	数值	单位
富 Sn 相热导率,κ_2	36.23	W/(m·K)
初始温度,T_0	1800	K
惰性气体温度,T_g	293.15	K
半径为 200 μm 合金微滴的热交换系数,$h\|_{R=200\ \mu m}$	1770.10	$W/(m^2\cdot K)$
半径为 400 μm 合金微滴的热交换系数,$h\|_{R=400\ \mu m}$	1157.24	$W/(m^2\cdot K)$
辐射率,ε_h	0.26	—
临界温度,T_c	1778	K
玻尔兹曼常数,K_B	1.38×10^{-23}	J/K

图 6-5 给出了某时刻半径 R 为 200 μm 和 400 μm 的粉末颗粒径向温度场分布。对于同一个粉末颗粒而言,中心温度高,外部温度低,温度沿径向方向逐渐降低,而斜率逐渐增大。这意味着,温度梯度沿径向方向逐渐增大。图 6-5 显示,半径 R 为 200 μm 的粉末颗粒内外温度差为 3.9 K,半径 R 为 400 μm 的粉末颗粒内外温度差为 5.2 K。虽然两种粉末颗粒半径在数值上相差 200 μm,但两者的内外温度差却只有 1.3 K。就平均温度梯度而言,半径为 200 μm 的粉末颗粒内部具有更大的温度梯度。

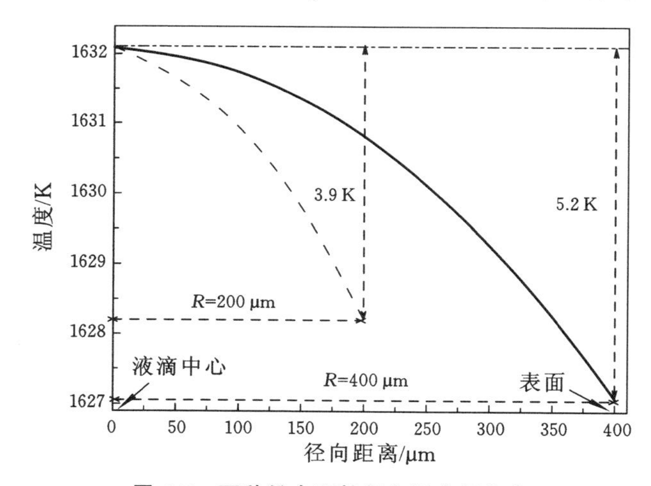

图 6-5　两种粉末颗粒径向温度场分布

彭银利等人[12,16]还计算了 Fe-52%Cu 合金微滴沿径向的温度分布。图 6-6(a)为雾化合金微滴在自由下落过程中的内部温度场示意图。由文献可知,所有尺寸的合金微滴赤道面上都表现出中心温度高、四周温度低的情况。图 6-6(b)给出了直径为 300 μm、600 μm 和 900 μm 合金微滴分别在 0.0100 s、0.0336 s 和 0.0674 s 的径向温度分布曲线。结果显示，从合金微滴中心到表面位置，温度的变化速率不断加快。内外温度差分别为 3.45 K、4.10 K 和 4.63 K，这表明合金微滴直径对其内外温差的影响不明显。

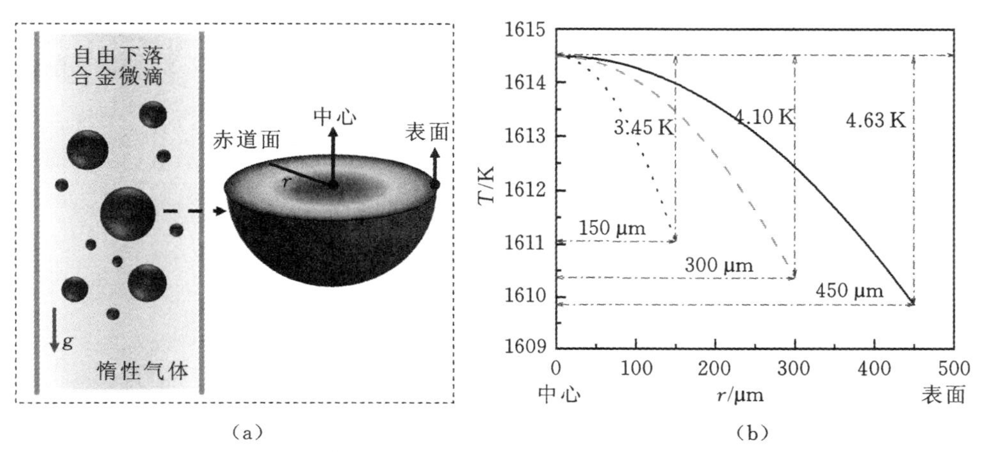

（a）　　　　　　　　　　　　（b）

图 6-6　(a)合金微滴在自由下落过程中的内部温度场示意图；(b)Fe-52%Cu 合金微滴某时刻径向温度分布(300 μm，0.0100 s；600 μm，0.0336 s；900 μm，0.0674 s)

为比较上述差异性，由式(6-3)计算得到温度梯度$\left(G_{\mathrm{L}}=\dfrac{\partial T}{\partial r}\right)$与位置($r$)和相分离时间($\tau$)的变化关系，如图 6-7 所示。显然，合金微滴中心温度梯度几乎不变，为 0，而最外侧 R 处变化明显，值随时间不断减小。对于其余位置，温度梯度随时间的延长而逐渐降低，距合金微滴中心越远，温度梯度变化幅度越明显。三种情况下，最大温度梯度分别是 50 K/mm、28 K/mm 和 21 K/mm。

图 6-7 彩图

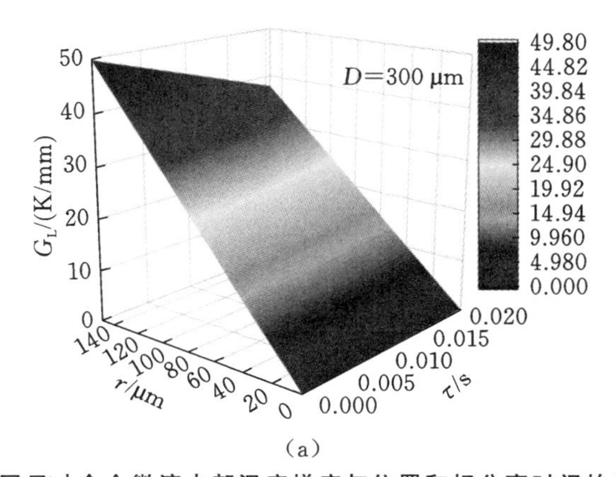

（a）

图 6-7　不同尺寸合金微滴内部温度梯度与位置和相分离时间的关系(有彩图)

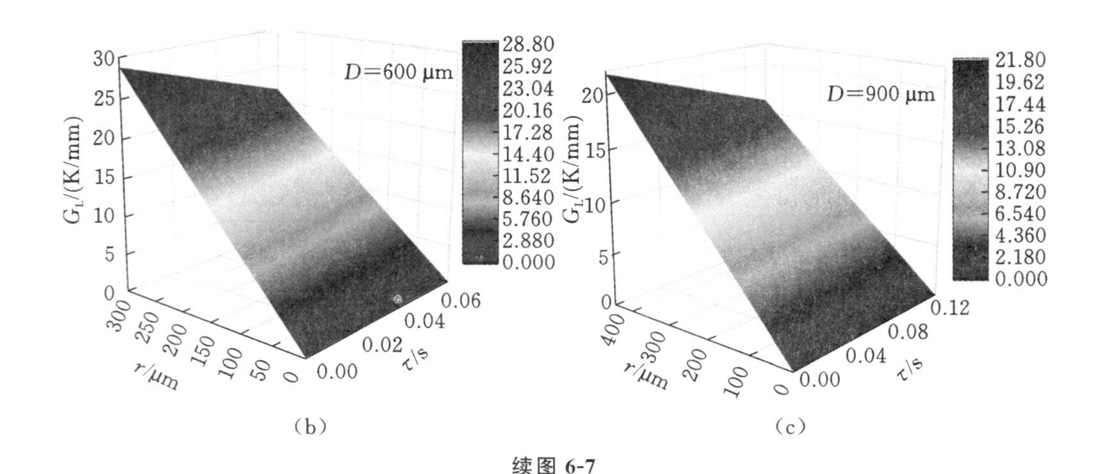

续图 6-7

三者分别满足方程：

$$G_L=\begin{cases}-3.8359(\tau+0.0056)r+0.3528r, D=300\ \mu m\\-0.3388(\tau+0.0186)r+0.1022r, D=600\ \mu m\\-0.0871(\tau+0.0366)r+0.0515r, D=900\ \mu m\end{cases}\tag{6-5}$$

为了说明 Fe-Sn 合金中粉末颗粒不同直径下温度梯度的差异，沿颗粒径向方向依次选择了 9 个不同位置作为计算目标，位置在图 6-8(a)中标出。半径为 200 μm 颗粒内部温度场计算结果如图 6-8(b)和(c)所示，半径为 400 μm 颗粒内部温度场计算结果如图 6-8(d)和(e)所示。

图 6-8(b)和(d)分别表示两种颗粒内部的温度梯度随时间的变化关系，图 6-8(c)和(e)分别表示两种颗粒内部某一时刻温度梯度与径向相对位置 r/R 的关系。计算发现，温度梯度随时间变化不明显，而与相对位置 r/R 关系紧密。若在液滴运动速率方程中考虑微小的温度梯度，必然导致整个计算过程十分复杂，且对结果影响较小。因此，为了方便计算，这里认为两种情况下的温度梯度是一个与时间无关的量，且与相对位置 r/R 呈正比例关系。由图 6-8(c)和(e)得温度梯度：

$$G_L(K/mm)=\begin{cases}36.0r/R, R=200\ \mu m\\24.2r/R, R=400\ \mu m\end{cases}\tag{6-6}$$

由式(6-6)可知，当 r/R 相同时，小颗粒内部的温度梯度约为大颗粒内部温度梯度的 1.5 倍。这表明小颗粒内部的 Marangoni 对流作用更强。

除温度梯度外，凝固时间是另一个决定第二相粒子移动距离的重要参量。在 T_m 温度时，相分离体系将发生难混溶反应，即 $L_2 \longrightarrow \alpha Fe$，因此，我们认为第二相液滴将不再移动。图 6-8(b)和(d)中的阴影区域表示粉末颗粒温度处于难混溶区内

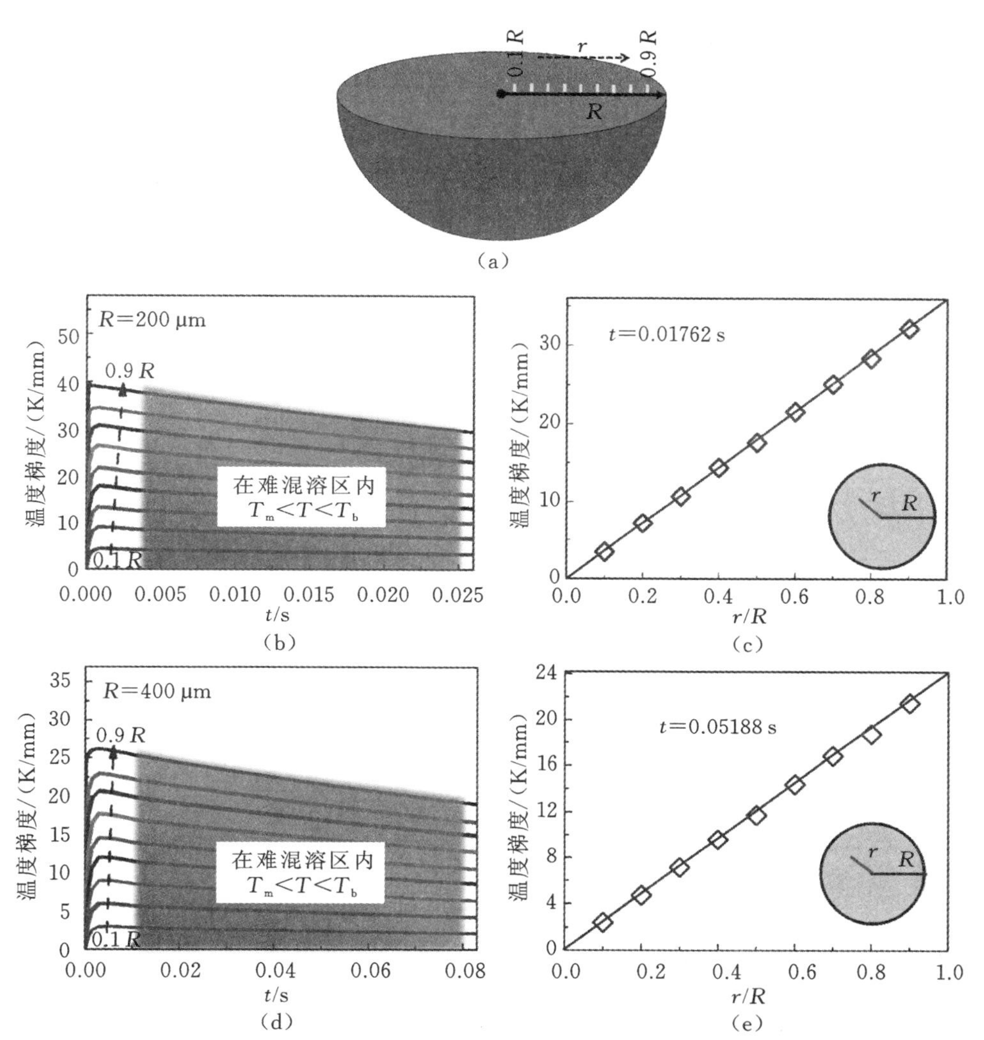

图 6-8　(a)温度计算节点;(b)和(c)分别表示半径为 200 μm 的粉末颗粒随时间变化的温度梯度和 0.01762 s 时的温度梯度与径向相对位置的关系;(d)和(e)分别表示半径为 400 μm 的粉末颗粒随时间变化的温度梯度和 0.05188 s 时的温度梯度与径向相对位置的关系

的时间段,即 $T_m<T<T_b$。计算表明,半径为 200 μm 和 400 μm 的粉末颗粒穿过难混溶区将分别耗时0.026 s和 0.07 s。这意味着小颗粒内部的 Marangoni 对流作用时间更短,从而限制了其内部粒子移动至更远处。

综合以上,可以发现粗略的比较不能区别第二相粒子在大小两种尺寸的粉末颗粒内部的迁移差异。为了比较第二相粒子在两种情况下的移动距离,采用数值法跟踪研究第二相粒子的运动轨迹是一种有效可行的办法。

6.5 第二相粒子的迁移距离

第二相粒子在 Marangoni 对流作用下的移动速率为

$$V_{\mathrm{M}}=\frac{-2\kappa_1 r_{\mathrm{g}}}{(2\kappa_1+\kappa_2)(2\eta_1+3\eta_2)}\frac{\partial\sigma}{\partial T}\frac{\partial T}{\partial r} \tag{6-7}$$

式中：κ_1、κ_2——富 Fe 相和富 Sn 相的热导率；

η_1、η_2——富 Fe 相和富 Sn 相的黏度；

r_{g}——第二相粒子半径；

$\frac{\partial\sigma}{\partial T}$——与温度相关的界面张力梯度；

$\frac{\partial T}{\partial r}$——温度梯度。

利用 Cahn-Hilliard 模型，共存相之间的表面张力可以用如下关系式估算：

$$\sigma=1.2a_0 N_{\mathrm{V}} K_{\mathrm{B}} T_{\mathrm{c}}(1-T/T_{\mathrm{c}})^{1.26} \tag{6-8}$$

式中：N_{V}——单位体积内原子个数；

a_0——平均原子间距；

K_{B}——玻尔兹曼常数；

T——熔体温度；

T_{c}——临界温度。

根据表 6-2 中的物理参数，计算得到富 Fe 相与富 Sn 相之间的界面张力随温度变化的曲线，如图 6-9 所示。随温度升高，界面张力逐渐减小。利用界面张力曲线计算得到与温度相关的界面张力梯度，即$\frac{\partial\sigma}{\partial T}$。在难混溶区间内，即图中两条虚线之间，$\frac{\partial\sigma}{\partial T}$的值的范围为$(-3.0\sim-1.0)\times10^{-4}$ N/(m·K)。由于该数值变化不明显，为了计算方便，将$\frac{\partial\sigma}{\partial T}$设为定值，取$-3.0\times10^{-4}$ N/(m·K)，取值位置如图 6-9 中圆圈符号所示。

表 6-2　计算第二相粒子迁移所需要的物理参数[16-18]

物理参数	数值	单位
富 Fe 相热导率，κ_1	49.5	W/(m·K)
富 Sn 相热导率，κ_2	36.23	W/(m·K)
富 Fe 相黏度，η_1	0.0029	Pa·s

续表

物理参数	数值	单位
富 Sn 相黏度，η_2	0.0020	Pa · s
临界温度，T_c	1778	K
玻尔兹曼常数，K_B	1.38×10^{-23}	J/K
平均原子间距，a_0	4.0×10^{-10}	m

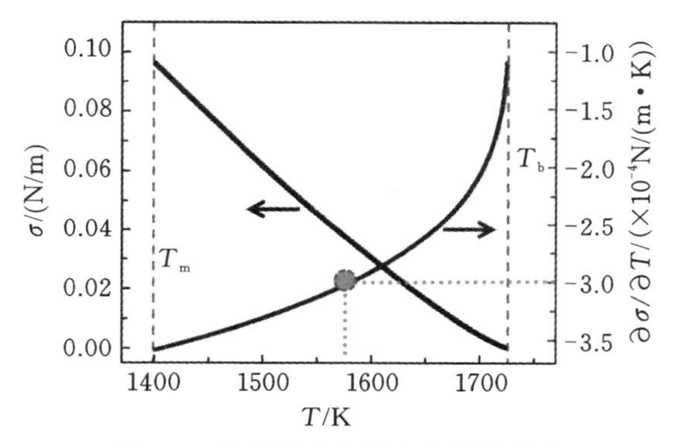

图 6-9　界面张力与温度之间的关系

为了考察移动速率与相对位置之间的关系，现取第二相粒子半径 $r_g=10\ \mu m$。计算得到第二相粒子移动速率：

$$V_M(mm/s)=\begin{cases}5.052r/R, R=200\ \mu m\\3.396r/R, R=400\ \mu m\end{cases} \tag{6-9}$$

根据式(6-9)画出了第二相粒子的移动速率，如图 6-10 所示。比较发现，在小颗粒($R=200\ \mu m$)内部，第二相粒子移动速率更大，约为大颗粒($R=400\ \mu m$)中相同半径小球移动速率的 1.5 倍。

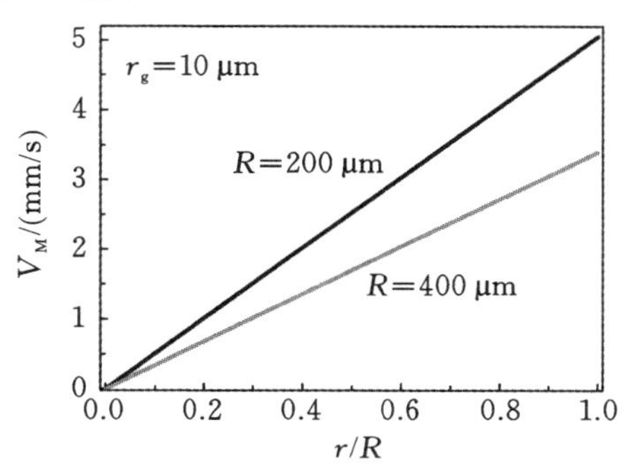

图 6-10　第二相粒子($r_g=10\ \mu m$)在粉末颗粒($R=200\ \mu m$ 和 $400\ \mu m$)中的移动速率

第二相粒子的移动距离由速率和时间共同决定，其运动方程可以写为

$$\frac{\mathrm{d}(R-r)}{\mathrm{d}t}=V_{\mathrm{M}} \tag{6-10}$$

边界条件有

$$r|_{t=0}=R \tag{6-11}$$

联立式(6-9)～式(6-11)，计算得到粒子位置与时间的关系：

$$\frac{r}{R}=\begin{cases}\mathrm{e}^{-2.526r_{g}t}, R=200\ \mu\mathrm{m}\\ \mathrm{e}^{-0.849r_{g}t}, R=400\ \mu\mathrm{m}\end{cases} \tag{6-12}$$

计算表明：第二相粒子移动的相对位置与其半径和运动时间呈指数关系。当第二相粒子半径 r_{g} 分别为 10 μm 和 20 μm 时，根据式(6-12)画出了两个粒子在粉末颗粒中的相对位置与时间的关系，如图 6-11 所示。其中，圆圈表示第二相粒子在粉末颗粒中的凝固位置。

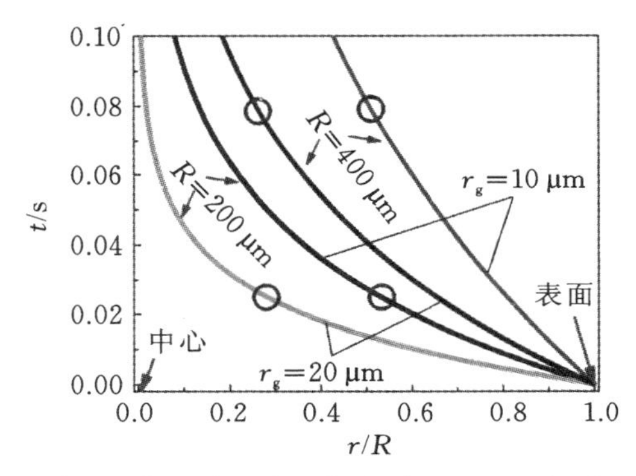

图 6-11　第二相粒子在粉末颗粒中的相对位置与时间的关系

图 6-11 表明，在第二相粒子向粉末颗粒中心移动的过程中，相同时间内迁移的距离逐渐减小，即速率逐渐减小。此外，通过对比 $r_{g}=10$ μm 和 $r_{g}=20$ μm 第二相粒子的凝固位置发现，第二相粒子半径越大，迁移距离越远，越靠近粉末颗粒中心位置。这一点与图 6-4 中的实验结果完全相符：直径较大的第二相粒子更靠近中心位置，而直径较小的第二相粒子则分布在粉末颗粒四周。

为了进一步证实上述结果的可重复性，计算 Fe-52%Cu 合金小球在合金微滴内的相对位置，其表达式为

$$\frac{r}{R}=\begin{cases}\mathrm{e}^{r_{g}(23.63\tau^{2}-4.08\tau)}, D=300\ \mu\mathrm{m}\\ \mathrm{e}^{r_{g}(2.08\tau^{2}-1.18\tau)}, D=600\ \mu\mathrm{m}\\ \mathrm{e}^{r_{g}(0.54\tau^{2}-0.59\tau)}, D=900\ \mu\mathrm{m}\end{cases} \tag{6-13}$$

图 6-12(a)给出了式(6-13)所对应的曲线。可以看出，粒子在靠近合金微滴中

心过程中，位置变化速度减小。这表明在计时初始阶段粒子移动相对较快，短时间内迁移距离远。根据图 6-12 中第二相粒子迁移生命期（分别是 0.0206 s、0.070 s 和 0.141 s），在图 6-12(a)中以虚线标出了第二相粒子终止时刻。发现半径为 10 μm 的第二相粒子最终都到达了同一相对位置，即 $r/R=0.4849$。图 6-12(b)为第二相粒子初末态位置示意图。初始位置均在合金微滴近表层，末态位置几乎均处于半径中间。这意味着第二相粒子在合金微滴中的终态位置依赖于第二相粒子半径，而与合金微滴半径关系不明显。

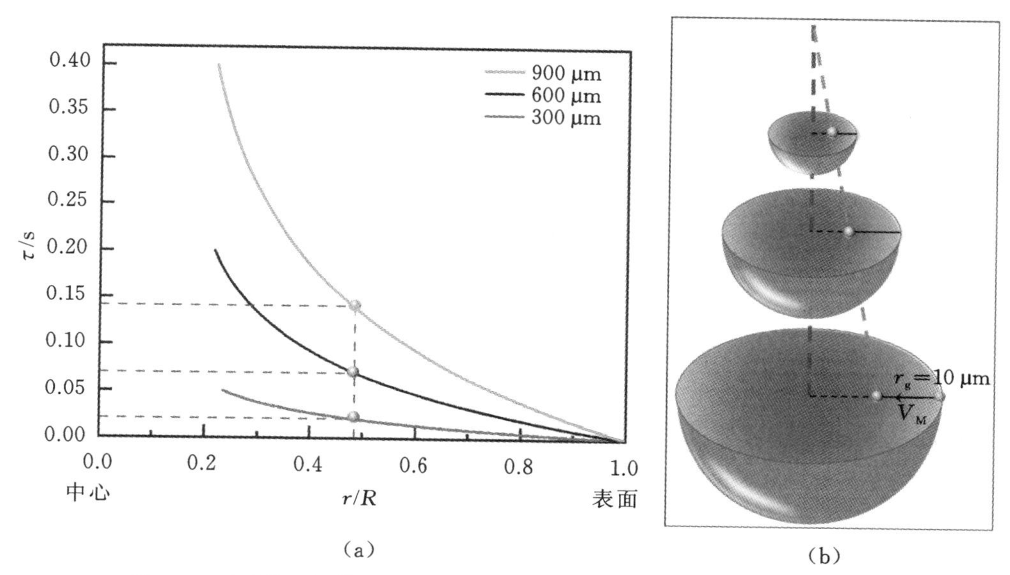

图 6-12　(a)第二相粒子的相对位置(r/R)与相分离时间(τ)的关系图像；(b)粒子初末态位置示意图

比较上述两种合金体系（包括稳定型 Fe-Sn 合金和亚稳型 Fe-Cu 合金）中第二相粒子的末态位置不难看出，同种尺寸的第二相粒子在粉末颗粒中的位置与粉末颗粒的大小无关，而与第二相粒子的大小有关。第二相粒子半径越大，越容易到达粉末颗粒中心。仅仅依据这一点就可以得出这样的结论：所有粉末颗粒都应该具有相同或者高度相似的形貌组织。但是，很显然，这样的结论与图 6-4 中的实验结果不符。由实验结果可知，在大尺寸的粉末颗粒内部，第二相粒子数目居多，而在较小尺寸的粉末颗粒内部，仅仅有一个“核”，因此初步认定，第二相粒子之间的相互作用是产生形貌差异的重要原因之一。通常情况下，这种相互作用主要表现为第二相粒子碰撞。用第二相粒子之间的碰撞强烈程度来解释产生形貌差异的原因，可以概括为以下几点。

(1) 大、小颗粒中空间结构差异常常导致这两种情况下第二相粒子之间相互作用不同。在形核数量相同的情况下,粉末颗粒越大,第二相粒子相距越远,碰撞越困难;反之,粉末颗粒越小,第二相粒子因间距较小而更容易发生碰撞。

(2) 轨迹因“拥堵”而碰撞。在第二相粒子迁移至粉末颗粒中心的过程中,第二相粒子间距不断减小而引起路径“拥堵”现象,进而引发第二相粒子碰撞或者凝并。也就是说,第二相粒子在粉末颗粒中心区域容易发生碰撞。

(3) 碰撞越剧烈,形成“壳-核”结构的可能性就越大。由式(6-10)可知,第二相粒子半径越大,移动速率越快。相同条件下,经历激烈碰撞后的第二相粒子能够移动至更远处,从而更快到达粉末颗粒中心位置。

由此说明,除第二相粒子自身移动距离外,第二相粒子间相互作用是另外一个影响第二相粒子半径和移动速率的重要因素。因此,考察粉末颗粒内部第二相粒子之间碰撞过程是揭示形貌多样性机理的关键。

6.6 第二相粒子碰撞强度

引入碰撞[19]函数有助于定量化描述两个第二相粒子之间的碰撞强度,用 K_{ij} 表示,其物理意义为单位时间内第二相粒子体积变化量。K_{ij} 越大,表示小球碰撞次数越多,即碰撞越激烈;反之,表示碰撞次数越少。图 6-13(a)为两个半径不同的第二相粒子在粉末颗粒中的碰撞示意图,两个第二相粒子的移动速率分别用 V_{Mi} 和 V_{Mj} 表示,方向指向粉末颗粒球心。由图 6-13(a)可知,在移动过程中,第二相粒子因通道堵塞而发生碰撞和凝并过程,如图 6-13(a)中红色虚线所示。两者碰撞强度[20,21]可表示为

$$K_{ij}=\pi(V_{Mi}\sin\phi+r_{gi}+r_{gj})^2|V_{Mj}-V_{Mi}\cos\phi|E_{ij} \tag{6-14}$$

式中:ϕ——第二相粒子轨迹之间的交叉角;

V_{Mi}、V_{Mj}——粒子 i 和粒子 j 的马氏迁移速率;

r_{gi}、r_{gj}——第 i 个粒子和第 j 个粒子的半径;

E_{ij}——有效碰撞率,与流体动力学相互作用有关,可写成[22]:

$$E_{ij}=\left[2\exp\left(-\int_2^{\infty}\frac{M-C}{CS}\mathrm{d}S\right)/(r_{gi}+r_{gj})\right]^2 \tag{6-15}$$

式中:M、C——与两个第二相粒子的半径比、黏度比和热导率比有关的参量;

S——无量纲长度。

在 Haber 等人[23]提出的远场溶液理论(far-field solution theory)中,无量纲长度 S 定义如下:

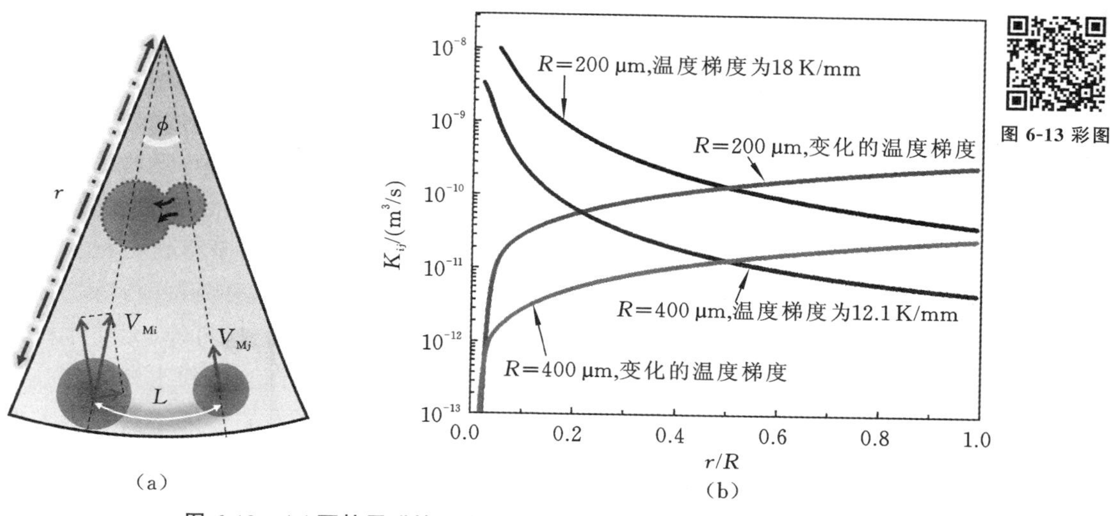

图 6-13　(a)两粒子碰撞示意图和(b)碰撞函数曲线(有彩图)

$$S=\frac{2L}{r_{gi}+r_{gj}} \tag{6-16}$$

设定两个第二相粒子的半径分别为 10 μm 和 5 μm，计算得到碰撞函数 K_{ij} 与相对位置 r/R 之间的关系曲线，如图 6-13(b)所示。为了比较温度梯度的影响，这里还计算了恒定温度梯度情况下的碰撞函数。温度梯度分别取为 18 K/mm($R=200$ μm 粉末颗粒)和 12.1 K/mm($R=400$ μm 粉末颗粒)。此时，第二相粒子移动速率为常数，计算结果表明：随着 r/R 值不断减小，第二相粒子间的碰撞强度逐渐增强，且在中心位置的碰撞强度约是最外侧碰撞强度的 1000 倍。这说明第二相粒子在移动过程中，轨迹“拥堵”能够使小球碰撞越来越激烈。然而，真实情况下粉末颗粒内部的温度梯度随 r/R 值减小而逐渐降低。由图 6-13 可知，第二相粒子的移动速率越来越小。计算表明：在真实情况下，第二相粒子之间的碰撞强度呈减弱趋势。在 $r<0.1R$ 范围内，碰撞强度急剧减弱。对比 $R=200$ μm 和 $R=400$ μm 粉末颗粒的碰撞函数可以发现，在相同的相对位置，即 r/R 相同时，$R=200$ μm 粉末颗粒内部的碰撞函数值是 $R=400$ μm 粉末颗粒的 10 倍。也就是说，在粒径较小的粉末颗粒内部，第二相粒子的碰撞强度强于粒径较大的粉末颗粒内的第二相粒子的碰撞强度。对比恒定温度梯度和变化温度梯度两种情况下的碰撞强度可以发现，尽管轨迹“拥堵”能够增强粒子的碰撞强度，但逐渐减小的温度梯度对碰撞强度起主导作用，整体仍然呈减弱趋势。

上述内容表明：不同尺寸粉末颗粒中的第二相粒子的碰撞强度差异是产生形

貌多样性的根本原因。小尺寸粉末颗粒内部第二相粒子碰撞激烈，导致在小尺寸粉末颗粒内更容易形成第二相聚合组织。这一点在图 6-4 中也得到了证实：对于直径为 225 μm 的粉末颗粒，因大部分第二相粒子碰撞为一体而显示“壳-核”结构；然而，对于其他大尺寸粉末颗粒，如图 6-4(b)～(d)所示，由于碰撞强度弱，聚集程度不明显，第二相粒子在粉末颗粒内部呈弥散状。在小粉末颗粒中，强烈的碰撞快速地改变了第二相粒子的半径，使得变大的第二相粒子在 Marangoni 对流作用下移动得更远，同时，小尺寸粉末颗粒的半径较小，这两者都有利于第二相粒子迁移至粉末颗粒中心而最终形成“壳-核”结构。相反，在大尺寸粉末颗粒内，第二相粒子碰撞强度弱，使得第二相粒子半径在整个过程中变化不明显，另外，大尺寸粉末颗粒的半径较大，在这种情况下，第二相粒子需要更长的时间到达粉末颗粒中心位置，因此，在落管实验中，大尺寸粉末颗粒内部往往形成弥散结构，而小尺寸粉末颗粒内部容易出现“壳-核”结构。

6.7 原位观测结果及分析

为了阐明碰撞强度对相分离形貌的影响，这里采用原位观测对比研究了 SCN-60% H_2O 溶液在不同温度梯度下的相分离过程。图 6-14(a)和(b)分别给出了 313 K 和 293 K 时，SCN-60% H_2O 溶液在圆形温度梯度场中的相分离过程。

在图 6-14(a)中，铜模温度为 313 K。初始时，溶液为单一透明相。很快，溶液进入两相区内，分解为两个共存相，深色部分为两相区。在该区域内，存在大量第二相液滴。这些液滴由于尺寸较小，无法清晰识别。而对于个别尺寸较大的液滴，能够清楚地观察到其迁移行为。对比图 6-14(a3)和(a4)，发现液滴在迁移至样品中心过程中发生了碰撞和凝并现象，如图 6-14(a3)中箭线所示。碰撞和凝并导致第二相液滴或者碰撞后的液滴聚集体尺寸增大，因此，液滴聚集体的形貌越来越清晰。在相分离最后阶段，样品中心位置汇聚了数个聚集体，整体呈多“核”结构，“核”与基体之间的界面在图 6-14(a6)中用虚线标出。

图 6-14(b)中铜模温度为 293 K。与图 6-14(a)中的温度梯度相比，293 K 的铜模温度将在样品中产生更大的温度梯度。对比不同温度梯度场中的相分离图像，发现相分离过程基本相似：液滴在样品周围产生，在向样品中心迁移的过程中发生碰撞和凝并，最后聚集在样品中心位置。不同的是，图 6-14(b)中的相分离形貌为“壳-核”结构，而图 6-14(a)呈多“核”结构。就相分离时间而言，大温度梯度下的相分离时间短。

对比两种温度梯度下的相分离过程可以发现，在小温度梯度场中，液滴经碰撞

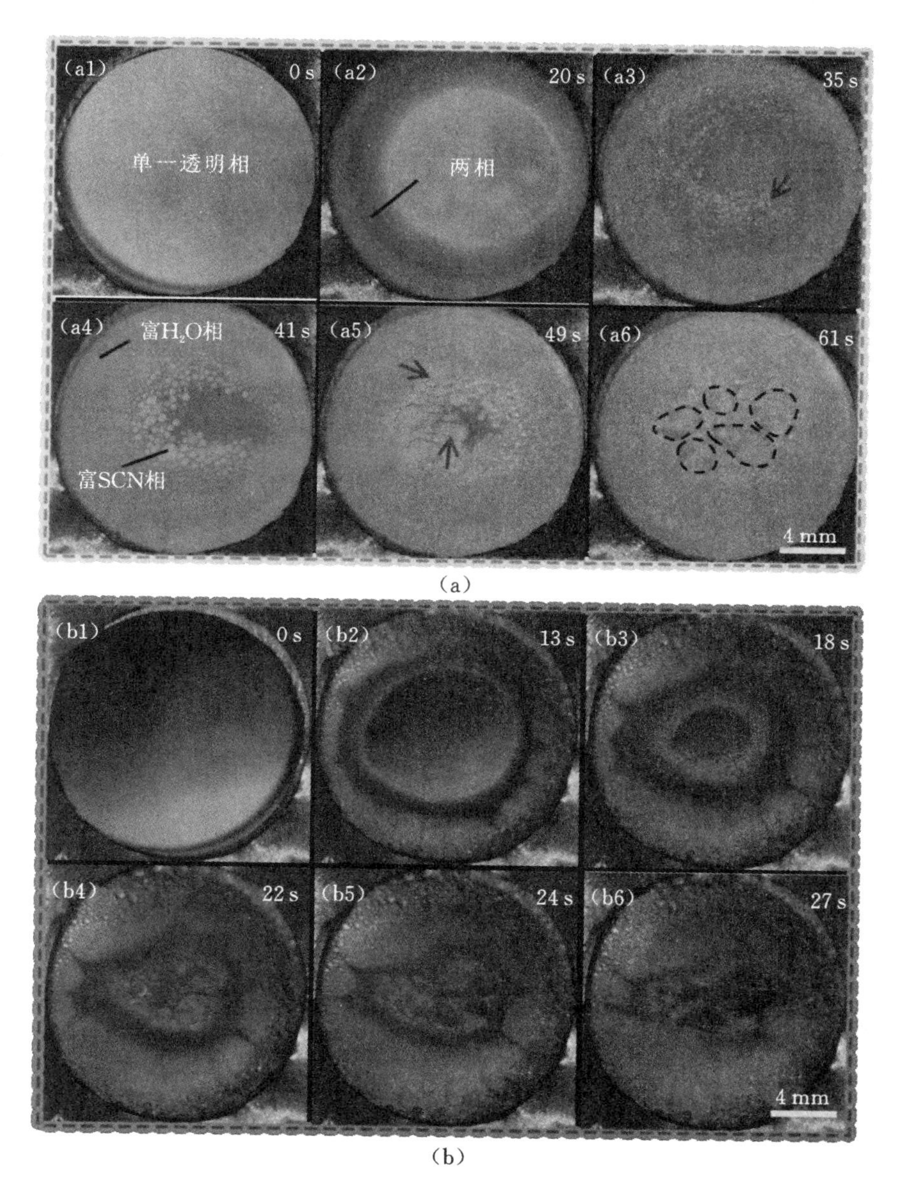

图 6-14　SCN-60%H_2O 溶液在圆形温度梯度场中的相分离过程

(a)313 K;(b)293 K

后相分离形貌为多“核”结构,而在大温度梯度场中,液滴碰撞为一体,形成“壳-核”结构。这表明,温度梯度越大,第二相液滴碰撞越剧烈,越容易形成“壳-核”结构。这一点与图 6-4 中的实验结果相符。

由前文可知，碰撞强度与第二相液滴移动速率密切相关。然而，真实情况下液滴移动速率主要取决于两个因素：温度梯度和液滴半径。前面章节中有关温度场的计算指出，由外至内温度梯度逐渐减小，液滴的移动速率减小；而碰撞过程导致液滴半径增加，液滴移动速率增加。由此可见，温度梯度和液滴半径对液滴移动速率的作用是相反的。但是，目前尚不清楚哪个因素对液滴的移动速率影响更大。

为了确定影响液滴移动速率的主导因素，这里采用原位观测实验跟踪研究了第二相液滴在 SCN-60% H_2O 溶液中的动力学行为。图 6-15(a)给出了图 6-14(a)中第二相液滴半径的分布曲线，发现第二相液滴半径随时间增长逐渐增大，由初始时刻的200 μm增大至终态时刻的约 2 mm。同时，第二相液滴分布范围不断扩大，但整体增长趋势基本不变。第二相液滴主要依靠碰撞和凝并实现半径的增大，碰撞过程如图 6-14 中箭线所示。由此可见，在真实情况中，第二相液滴半径确实不断增大。由式(6-7)可知，当其他条件不变时，第二相液滴半径增加将导致液滴移动速率更快。

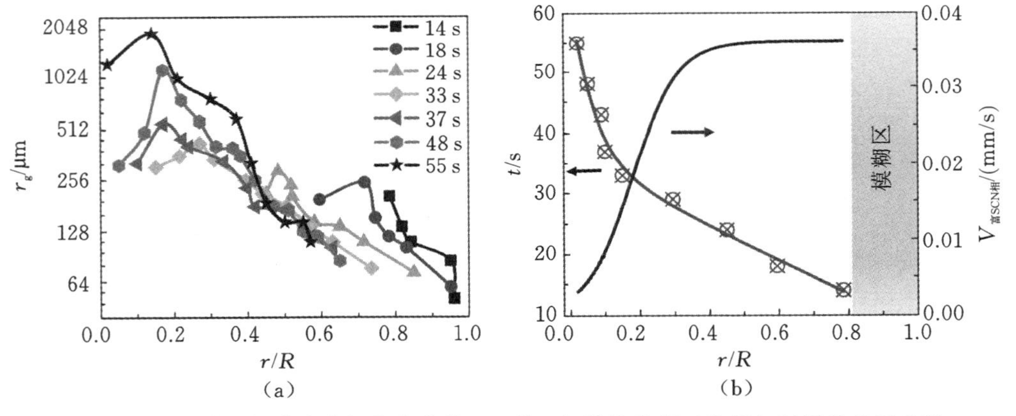

图 6-15　(a)第二相液滴半径分布曲线；(b)第二相液滴的相对位置与时间的关系曲线

此外，温度梯度对第二相液滴移动速率的影响仅能通过测量速率得知。图 6-15(b)给出了图 6-14(a)中相分离最前沿富 SCN 第二相液滴的相对位置和时间的关系曲线。在 $0.8R \sim R$ 范围内，即圆形样品外侧，存在一个模糊区(mushy zone)，如图 6-15(b)中阴影区所示。其形成原因有：其一，相分离时间较短，液滴密集且半径较小；其二，实验图像放大倍率低。在这个范围内，液滴的位置无法分辨，最终导致数据缺失。然而，这并不影响液滴在样品中的整体运动趋势。$0 \sim 0.8R$ 范围内的测量数据表明，富 SCN 第二相液滴位置在靠近样品中心区域变化迟缓，而在样品外侧其位置变化较快。这种趋势与图 6-13 中的结果较相符。

根据富 SCN 第二相液滴的相对位置与时间的关系，求导可得液滴在不同位置时的移动速率，如图 6-15(b)所示。计算表明：液滴在移动至样品中心的过程中，其速率逐渐减小。这一点和图 6-13 中的整体趋势相符，从而证实了真实情况下，液滴移动速率主要受温度梯度控制。尽管液滴因碰撞而半径增大，但是半径变化对液滴移动速率的贡献小于温度梯度。因此，真实的液滴移动速率逐渐减小。

在真实的相分离过程中，由于第二相液滴半径具有多样性，移动速率随位置和时间不断变化，且碰撞和凝并具有一定的偶然性，伴随着整个相分离过程。如果在碰撞函数的计算过程中也考虑第二相液滴半径的变化，那么，计算就变得十分复杂且计算量庞大，这极大地限制了用相场法模拟和利用数值模型开展研究的有效性。因此，这里的计算是依赖于比较理想的情况。然而，计算结果充分地解释了实验结果，且符合较好，这说明计算内容真实可靠。同时，理论计算给实验中设计智能材料提供了一种有效的指导方法。

6.8 本章小结

本章采用数值计算方法研究了 Fe-58%Sn 合金粉末中多样的组织形貌与尺寸大小的内在联系。同时，还利用原位观测方法研究了 SCN-60%H_2O 溶液在不同的圆形温度梯度场中的相分离过程，检验了第二相粒子在粉末颗粒内部移动速率的主要影响因素。实验发现：

(1) 小颗粒($R=200\ \mu m$)内部温度梯度约为大颗粒($R=400\ \mu m$)内部温度梯度的 1.5 倍。两者穿过难混溶区所用时间分别为 0.026 s 和 0.07 s。

(2) 不考虑第二相粒子间的相互作用，相同半径的第二相粒子在粉末颗粒内部的相对位置与粉末颗粒的大小无关。

(3) 在小颗粒中，第二相粒子的碰撞水平是大颗粒中的 10 倍，因此，小颗粒容易形成“壳-核”结构，而大颗粒容易形成弥散结构。

(4) 粒子之间碰撞强度差异是 Fe-58%Sn 合金粉末中形貌多样性的根本原因。第二相粒子碰撞越剧烈，液滴半径变化越明显，在相同温度场条件下，这些液滴更容易迁移至粉末颗粒中心位置，从而形成“壳-核”结构。

(5) SCN-60%H_2O 溶液的相分离过程验证了：温度梯度越大，液滴碰撞越明显。测量液滴移动速率可知，温度梯度是影响第二相粒子移动速率的主要因素。

本章参考文献

[1] DAI R R，ZHANG S G，GUO X，et al.Formation of core-type microstructure in Al-Bi monotectic alloys[J].Materials Letters，2011，65(2)：322-325.

[2] SUN Q,JIANG H X,ZHAO J Z,et al.Effect of TiC particles on the liquid-liquid decomposition of Al-Pb alloys[J].Materials & Design,2016,91:361-367.

[3] YU W Y,LIU Y,LIU X Y.Spreading of Sn-Ag-Ti and Sn-Ag-Ti(-Al) solder droplets on the surface of porous graphite through ultrasonic vibration[J]. Materials & Design,2018,150:9-16.

[4] LUO S B,WANG W L,XIA Z C,et al.Solute redistribution during phase separation of ternary Fe-Cu-Si alloy[J].Applied Physics A,2015,119(3):1003-1011.

[5] 赵九洲,李海丽,高玲玲,等.Cu-20%Co 合金雾化液滴的凝固组织特征[J].金属学报,2007,43(4):385-387.

[6] 罗兴宏,陈亮.利用落管研究微重力环境对中低熔点合金凝固过程的影响[J].中国科学(E 辑:技术科学),2008(1):1-8.

[7] WU C,LI M Y,JIA P,et al.Solidification of immiscible $Al_{75}Bi_{9}Sn_{16}$ alloy with different cooling rates[J].Journal of Alloys and Compounds,2016,688:18-22.

[8] DAI R,ZHANG S G,LI J G.One-step fabrication of Al/Sn-Bi core-shell spheres via phase separation[J].Journal of Electronic Materials,2011,40(12):2458-2464.

[9] OHNUMA I,SAEGUSA T,TAKAKU Y,et al.Microstructural evolution of alloy powder for electronic materials with liquid miscibility gap[J].Journal of Electronic Materials,2008,38(1):2-9.

[10] CHANG Y C,KEH H J.Thermocapillary motion of a fluid droplet perpendicular to two plane walls[J].Chemical Engineering Science,2006,61(16):5221-5235.

[11] HUAN J K,CHEN L S.Droplet interactions in thermocapillary migration[J]. Chemical Engineering Science,1993,48(20):3565-3582.

[12] PENG Y L,WANG Q,WANG N.A comparative study on the migration of minor phase globule in different-sized droplets of Fe-58wt.% Sn immiscible alloy[J].Scripta Materialia,2019,168:38-41.

[13] PENG Y L,LI M,YANG W B,et al.Relationship between cross-sectional plane and corresponding morphology in an immiscible alloy powder with core-deviated structure[J].International Journal of Heat and Mass Transfer,2024,225:125421.

[14] LUO S B,WANG W L,CHANG J,et al.A comparative study of dendritic growth within undercooled liquid pure Fe and $Fe_{50}Cu_{50}$ alloy[J].Acta Materialia,2014,69:355-364.

[15] FU L C,YANG J,BI Q L,et al.Combustion synthesis immiscible nanostructured Fe-Cu alloy[J].Journal of Alloys and Compounds,2009,482(1-2):L22-L24.

[16] 彭银利,白威武,李梅,等.难混溶合金微滴中 L_2 相迁移动力学行为[J].有色金属工程,2023,13(2):1-6.

[17] ZHU J M,ZHANG T L,YANG Y,et al.Phase field study of the copper precipitation in Fe-Cu alloy[J].Acta Materialia,2019,166:560-571.

[18] SUN X S,HAO W X,GENG G H,et al.Solidification microstructure evolution of undercooled Cu-15wt.%Fe alloy melt[J]. Advances in Materials Science and Engineering,2018(2):1-6.

[19] ZHANG X, WANG H, DAVIS R H. Collective effects of temperature gradients and gravity on droplet coalescence[J].Physics of Fluids A:Fluid Dynamics,1993,5(7):1602-1613.

[20] HE J,ZHAO J Z,RATKE L.Solidification microstructure and dynamics of metastable phase transformation in undercooled liquid Cu-Fe alloys[J].Acta Materialia,2006,54(7):1749-1757.

[21] RATKE L,DIEFENBACH S.Liquid immiscible alloys[J].Materials Science and Engineering:R:Reports,1995,15(7-8):263-347.

[22] 贾均,赵九洲,郭景杰.难混溶合金及其制备技术[M].哈尔滨:哈尔滨工业大学出版社,2002.

[23] HABER S,HETSRONI G,SOLAN A.On the low reynolds number motion of two droplets[J].International Journal of Multiphase Flow,1973,1(1):57-71.

第7章 雾化合金微滴外围气流场的模拟仿真

7.1 引　言

难混溶合金[1-4]最显著的特点之一就是在其相图中存在一个难混溶区。当合金熔体冷却进入该区域内时，单一液相分解为两液相。由于两者不混溶，体积较小的一相（L_2相）通常以微球形态共存于另一相（基体）中[5]。若存在重力或温度梯度场，那么L_2相将沉积或迁移，进而使该类合金在常规凝固条件下产生严重偏析，甚至分层[6-8]。雾化法[9]制备的合金粉末可以在一定程度上减少偏析，原因是特殊的凝固环境如微重力/失重条件[10-12]使得Stokes运动明显减弱。然而，雾化合金微滴内部独特的温度场，即存在指向球心的温度梯度，迫使L_2相迁移过程中自组装，最终促使凝固后的微滴具备“壳-核”结构。近年来，这类结构粉末材料在先进电子封装等领域中表现出极高的应用价值，因而“壳-核”结构备受研究者们的关注[13,14]。

大量研究[15,16]表明：雾化合金微滴周围的流场将影响其传热，进而影响“壳-核”结构的形成过程。当微滴以较快速率喷出，周围流场流速大，表面热通量也大，内部温度梯度随之增大，L_2相微球将以更快的速率到达微滴中心，从而自组装成核。众所周知，雾化合金微滴在落下时迎风面和背风面周围的气体速率差异显著，可能极大影响微滴的散热过程和内部温度场，进而改变L_2相运动方向及自组装核的位置，最终形成不规则的“壳-核”结构。然而，针对上述流场影响“壳-核”结构的自组装过程的研究，到目前为止仍比较少见。因此，开展合金微滴周围气流场及内部温度场方面的研究，对于揭示“壳-核”结构的形成机理至关重要。

鉴于流场研究方法的局限性，且常规研究手段开展困难，本章以Fe-58%Sn合金微滴为研究对象，借助COMSOL Multiphysics 5.5有限元仿真软件建立合金微滴在微重力条件下的流动模型，模拟微滴的流场分布，确定微滴周围流速的大小，从而计算出微滴表面各位置的热交换系数h。最后，针对微滴内最高温度点的位置变化，进一步对核的位置进行合理预测。

7.2　模型建立与网格划分

7.2.1　模型及边界条件

一般情况下，气雾化制粉技术一次性能获得大量金属微颗粒，而选择多目标研究不利于澄清合金微滴周围流场及温度场的变化规律[17,18]。因此，本章将建立一个在气流场中强制冷却的单熔滴简化模型，即熔滴位置保持不变，周围气体稳定流动，其强制冷却模型如图 7-1 所示。

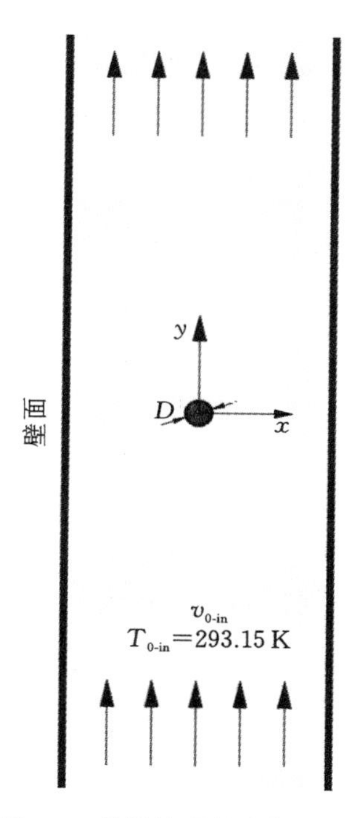

图 7-1　单熔滴强制冷却模型

u、v 分别为气体在 x、y 方向的流速分量，气体流动和边界条件描述如下。

（1）熔滴初始温度为 1800 K，处于雾化器几何中心，为刚性球体，且在气体流动过程中形态保持不变。

（2）入口为气体流入接口，通入 $T_{0\text{-in}}=293.15$ K、速度为 $v_{0\text{-in}}$ 的不可压缩流体（He 与 Ar 的体积比为 1∶3），边界条件为 $u=0$，$v=v_{0\text{-in}}$。

（3）出口为压力出口，目的是抑制气体回流，从而模拟雾化时合金微滴在保护气中的流动行为，其边界条件为 $\partial u/\partial x=0$，$\partial v/\partial y=0$。

（4）壁面温度为 293.15 K，各处绝热且满足无滑移边界条件，即 $u=0$，$v=0$；熔滴表面为无滑移壁面，边界条件为 $u=0$，$v=0$；重力沿 $-y$ 方向。

7.2.2　流体控制方程

对于气流体而言，二维非等温不可压缩的流体流动与传热控制方程[19]如下。

（1）连续性方程：

$$\frac{\partial u}{\partial x}+\frac{\partial v}{\partial y}=0 \tag{7-1}$$

（2）动量方程：

$$\rho_g\left(\frac{\partial u}{\partial t}+u\,\frac{\partial u}{\partial x}+v\,\frac{\partial u}{\partial y}\right)=\rho_g g_x-\frac{\partial p}{\partial x}+\mu_g\left(\frac{\partial^2 u}{\partial x^2}+\frac{\partial^2 u}{\partial y^2}\right) \tag{7-2}$$

$$\rho_g\left(\frac{\partial v}{\partial t}+u\frac{\partial v}{\partial x}+v\frac{\partial v}{\partial y}\right)=\rho_g g_y-\frac{\partial p}{\partial y}+\mu_g\left(\frac{\partial^2 v}{\partial x^2}+\frac{\partial^2 v}{\partial y^2}\right) \tag{7-3}$$

式中：ρ_g——气体密度；

p——压力；

μ_g——惰性气体的黏度；

g_x、g_y——重力加速度分量。

(3) 能量方程：

$$\rho_g c_{pg}\left(\frac{\partial T_g}{\partial t}+u\frac{\partial T_g}{\partial x}+v\frac{\partial T_g}{\partial y}\right)=k_g\left(\frac{\partial^2 T_g}{\partial x^2}+\frac{\partial^2 T_g}{\partial y^2}\right) \tag{7-4}$$

式中：c_{pg}——恒压比热容；

T_g——气体温度；

t——时间；

k_g——气体热导率。

气雾化获得的稳定球状合金微滴，主要依靠与惰性气体对流换热和向外热辐射方式降低自身温度，进而实现快速凝固过程。其中，微滴与惰性气体换热边界条件和对流热交换系数 h 分别为[19,20]：

$$-k\left.\frac{\partial T_d}{\partial r}\right|_{r=\frac{D}{2}}=h(T_d-T_g)+\varepsilon_d K_B(T_d^4-T_g^4) \tag{7-5}$$

$$h=\frac{k_g}{D}(2+0.6Re^{\frac{1}{2}}Pr^{\frac{1}{3}}) \tag{7-6}$$

式中：T_d——合金微滴温度；

k——微滴热导率；

D——微滴直径；

r——微滴半径；

ε_d——表面发射率；

K_B——玻尔兹曼常数；

Re——流体雷诺数，$Re=\rho_g D\dfrac{|v_g-v_d|}{\mu_g}$；

v_g——气体速度；

v_d——微滴速度；

Pr——气体普朗特数，$Pr=\dfrac{\mu_g c_{pg}}{k_g}$。

计算所需参数见表 7-1。

表 7-1 气体的基本物理参数[21]

参数	数值
$\rho_g/(kg/m^3)$	0.5787
$k_g/(W/(m\cdot K))$	0.12
$c_{pg}/(J/(kg\cdot K))$	1599.9
$\mu_g/(Pa\cdot s)$	2.0289×10^{-5}
T_g/K	293.15

根据表7-1数据和式(7-6)，h 与 v_g 的关系满足：

$$h=150\times(2+1.26711v_g^{\frac{3}{5}}) \tag{7-7}$$

由于合金熔体的阻滞作用，初始进入长直管的混合气体在接触到熔体时，周围流场变得紊乱。目前，在气雾化过程模拟中以湍流模型最为常见。因此，本实验选用了更适合工程应用，且具备更高计算精度和计算效率的RANS标准壁函数 k-ε 湍流模型。其中，湍动能 k 和耗散率 ε 控制方程[22]如下。

k 方程：

$$\frac{\partial}{\partial t}(\rho k)+\frac{\partial}{\partial x_i}(\rho k v_i)=\frac{\partial}{\partial x_i}\left(\left(\mu_1+\frac{\mu_t}{\sigma_k}\right)\frac{\partial k}{\partial x_j}\right)+G_k+G_b-\rho\varepsilon-Y_M+S_k \tag{7-8}$$

ε 方程：

$$\frac{\partial}{\partial t}(\rho\varepsilon)+\frac{\partial}{\partial x_i}(\rho\varepsilon v_i)=\frac{\partial}{\partial x_i}\left(\left(\mu_1+\frac{\mu_t}{\sigma_\varepsilon}\right)\frac{\partial\varepsilon}{\partial x_j}\right)+C_{1\varepsilon}\frac{\varepsilon}{k}(G_k+C_\mu G_b)-C_{2\varepsilon}\rho\frac{\varepsilon^2}{k}+S_\varepsilon \tag{7-9}$$

式中：μ_t——湍动黏度；

G_k、G_b——速度梯度和流体浮力引起的湍动能 k 产生项；

Y_M——脉动膨胀项；

σ_k、σ_ε——湍动能 k 和耗散率 ε 的有效湍流普朗特数；

S_k、S_ε——用户自定义源项。

$C_{1\varepsilon}=1.44$，$C_{2\varepsilon}=1.92$，$C_\mu=0.09$，$\sigma_k=1.0$，$\sigma_\varepsilon=1.3$[20]。

7.2.3 网格划分方法

本模型采用COMSOL Multiphysics 5.5有限元仿真软件自带功能进行网格划分。考虑非等温流动的特点，网格为流体动力学类型，即在微滴区域、壁面边界区和计算区域的耦合区采用渐进加密的网格结构，其余位置则使用相对宽疏的均匀网格。本模型的网格划分如图 7-2 所示。其中，图 7-2(a)为全域网格，图 7-2(b)为微滴周围网格。不难看出，网格模型整体被分为 3 个区域，如图 7-2(a)中数字标注所示。区域 1 为均匀的主网格，网格尺寸相对较大，适用于远离微滴的区域。区域 3 为近微滴表面的区域，网格十分密集。区域 2 为网格过渡区，疏密程度介于区域 1 与区域 3 两者之间，同时连接区域 1 和区域 3。

图 7-2 彩图

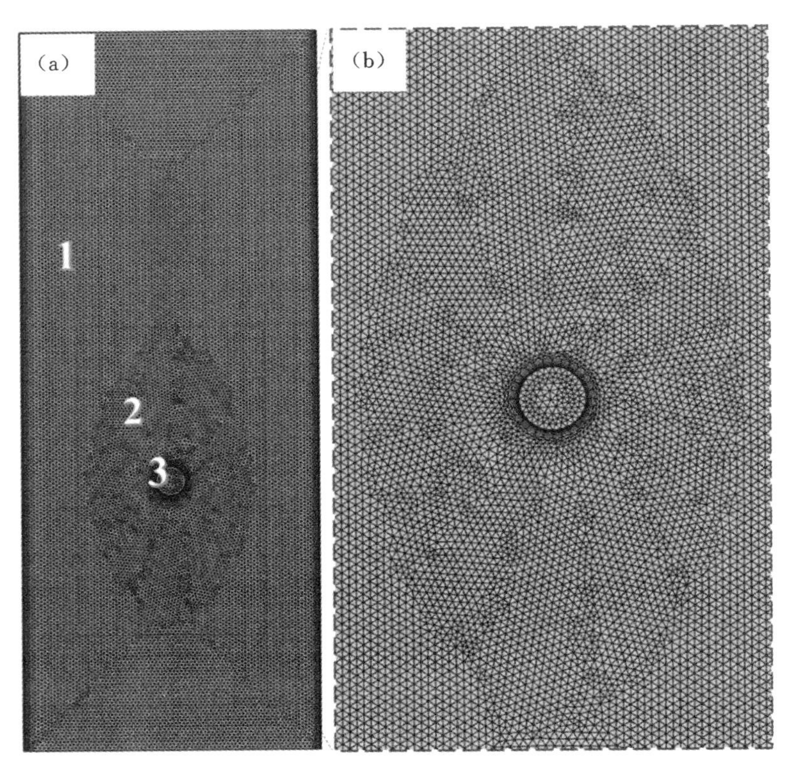

图 7-2　模型网格划分(有彩图)

(a)全域网格；(b)微滴周围网格

7.3　气　流　场

7.3.1　微滴周围流场的建立及其特征

图 7-3 给出了直径为 800 μm 的合金微滴与 10 m/s 的单向流气体相互作用时的周围流场分布图。其中，矢量箭头表示气体的流速大小和流动方向。从图 7-3(a)中

可以看出，当合金微滴接触到恒速气流时，即 $t=10^{-4}$ s，合金微滴因受到强烈冲击而在气体流动方向上产生扰动，形成较小的紊乱区。此时，微滴迎风面和背风面附近的气体速率都较小，低于 8 m/s，而其两侧的气体速率较大，大于 12 m/s，但影响范围小。当 $t=10^{-3}$ s 时，背风面的回流区范围明显扩大，且具备显著的拖尾形状，而两侧的高速气流体散开，作用区域变大，由微滴两侧向斜上方扩展，如图 7-3(b)所示。当 $t=2\times10^{-3}$ s 时，微滴背风面拖尾进一步拉长，宽度增加，如图 7-3(c)所示。从背风面的箭线可以初步判断，距离微滴越近，气体速率越小，速度所成角度越大。

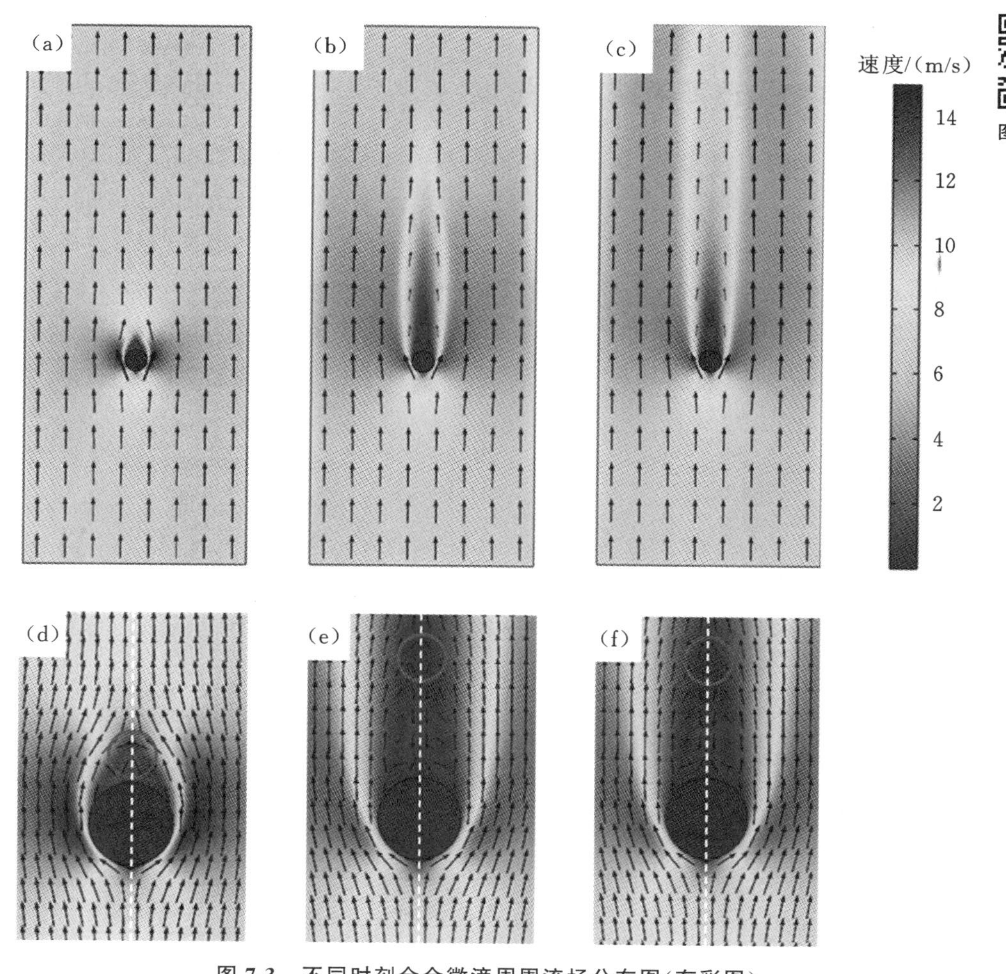

图 7-3　不同时刻合金微滴周围流场分布图(有彩图)

(a)$t=10^{-4}$ s；(b)$t=10^{-3}$ s；(c)$t=2\times10^{-3}$ s；(d)～(f)局部放大图

图 7-3(d)～(f)为图 7-3(a)～(c)中微滴周围流场放大图。对比可以发现,在微滴迎风面附近,反弹回来的气体反作用于初来气体,使得迎风面的气体速率大幅度减小,但整体流动方向不变,仍沿 $+y$ 方向。然而,在微滴背风面,可以清晰地观察到部分矢量箭头向下,这表明在微滴背风面存在气体回流现象。值得注意的是,回流区内存在一个气体速率为 0 的位置,称为滞点。该点落在中轴线上且位于回流区末端,其位置已在图 7-3(d)～(f)中用圆圈标出。在滞点下方,气体以一定的速率反向作用于合金微滴表面;在滞点上方,气体仍沿原来的方向向上加速。此外,对比图 7-3(e)、(f)还发现,两滞点位置几乎等高,这意味着回流区已经达到稳态,即在 10^{-3} s 后,合金微滴周围流场各点气体速率不再随时间变化。

7.3.2 气体初始速率对流场的影响

当气体初始速率改变时,合金微滴周围的流场也随之发生变化。图 7-4(a)～(c)给出了不同气体初始速率(5 m/s、10 m/s 和 15 m/s)下直径为 800 μm 的 Fe-Sn 合金微滴周围稳态流场分布及局部放大图(图 7-4(d)～(f))。不难发现,气体初始速率显著影响微滴周围流场分布。首先,随气体初始速率的增加,微滴迎风面附近的气体反弹区的范围和平均气体速率逐渐增加;其次,微滴后方回流区的面积也明显增大;最后,微滴迎风面平均气体速率高于背风面,且随气体初始速率增大,两者差异变得明显。

图 7-4 彩图

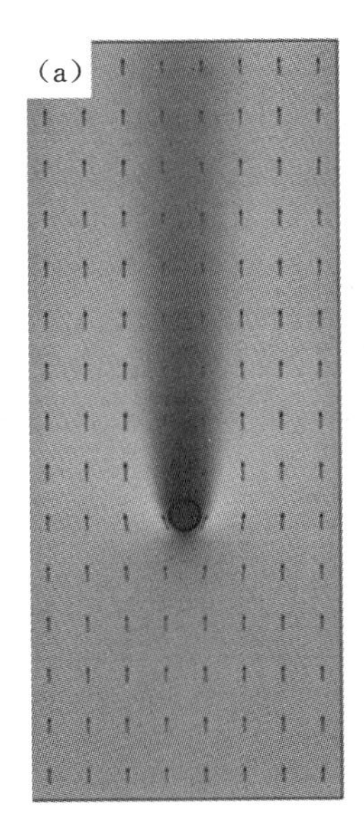

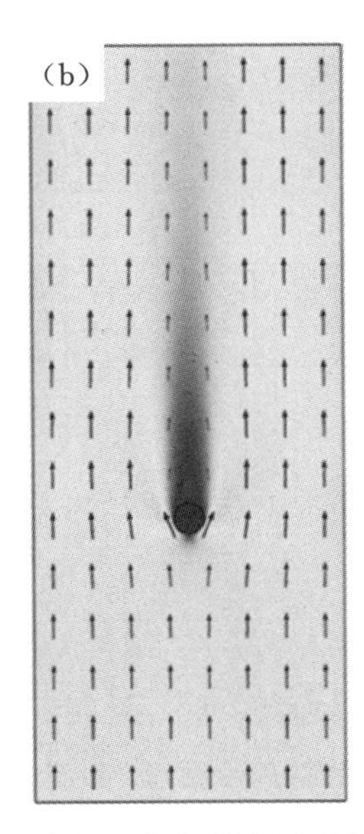

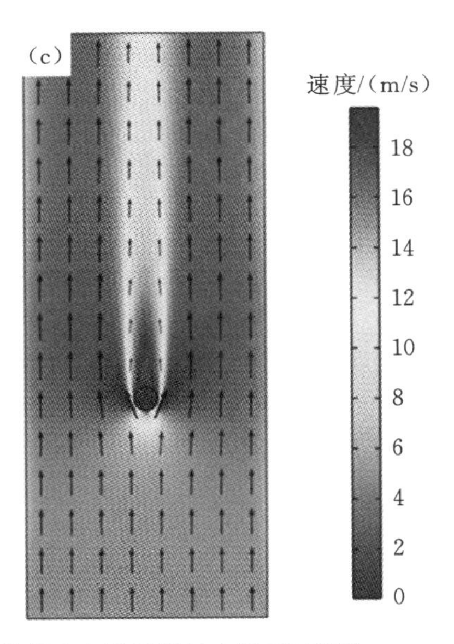

图 7-4 不同气体初始速率下合金微滴周围稳态流场分布及局部放大图(有彩图)

(a)5 m/s;(b)10 m/s;(c)15 m/s;(d)～(f)局部放大图

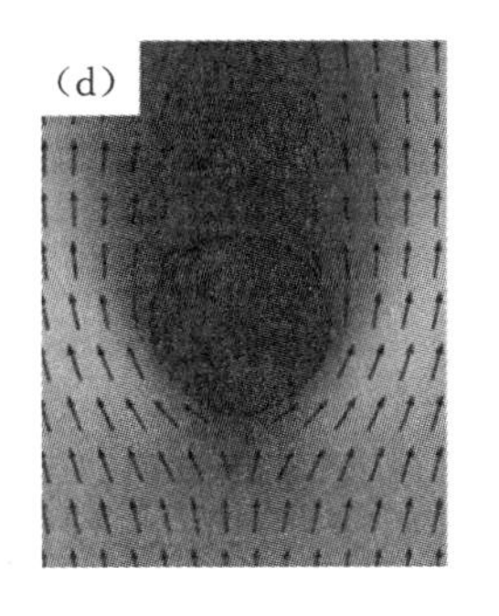

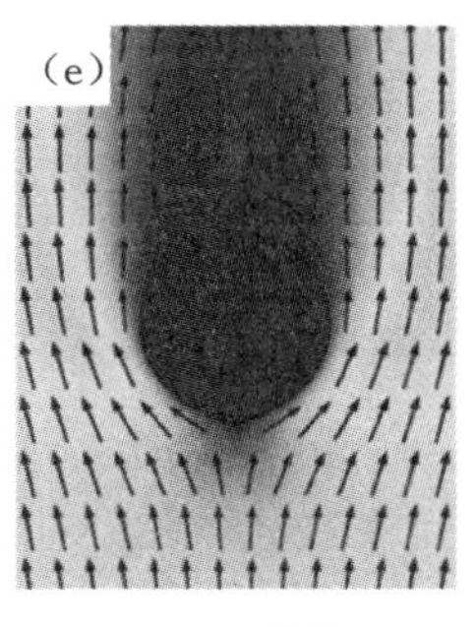

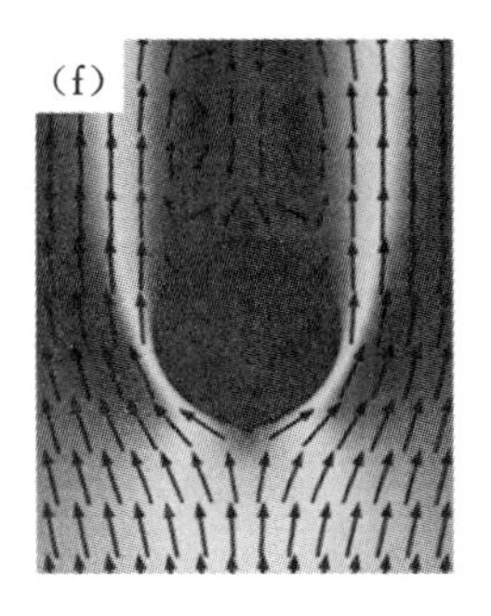

续图 7-4

为了更直观地展示微滴表面各处流场的差异，沿微滴最大外沿定义了旋转角 θ，其圆心位置和转动方向如图 7-5(a)所示。根据图 7-4，取距离微滴表面 0～20 μm处球壳位置为气体初始速率监测点，得到各点速率与旋转角的关系，结果如图 7-5(b)所示。通过数据拟合，发现微滴周围气体速率(v)与旋转角(θ)满足以下方程：

$$v=\begin{cases}6.172\mathrm{e}^{(-1.322\theta^2+3.188\theta-1.921)}, v_{0\text{-in}}=5\ \mathrm{m/s}\\ 13.07\mathrm{e}^{(-1.295\theta^2+3.187\theta-1.96)}, v_{0\text{-in}}=10\ \mathrm{m/s}\\ 20.12\mathrm{e}^{(-1.291\theta^2+3.191\theta-1.972)}, v_{0\text{-in}}=15\mathrm{m/s}\end{cases} \tag{7-10}$$

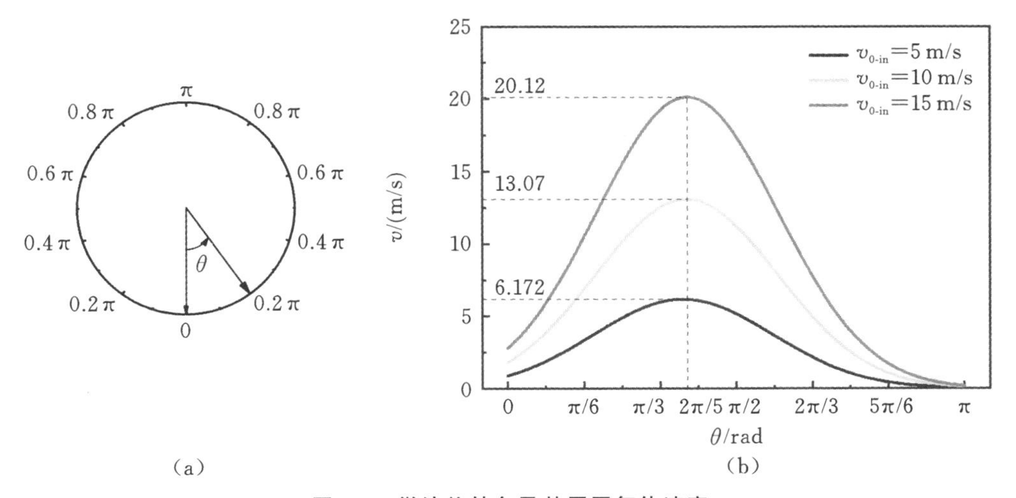

图 7-5　微滴旋转角及其周围气体速率

(a)旋转角 θ 的定义；(b)不同气体初始速率下合金微滴周围气体速率 v 与 θ 的关系

从图 7-5(b)可以看出，微滴周围气体速率随旋转角 θ 的增加而先增加后减小。当 $\pi/6<\theta<\pi/3$ 时，v 增幅较大，而当 $5\pi/6<\theta<\pi$ 时，v 降幅较小。迎风面的平均气

体速率高于背风面的，且气体速率关于旋转角 θ 呈非对称分布。当 $\theta=2\pi/5$ 时，气体速率最大，三种情况下峰值分别为 6.172 m/s、13.07 m/s 和 20.12 m/s；当 $\theta=\pi$ 时，速率最小，几乎为零。尽管气体初始速率不同，但周围流场 v-θ 曲线上最大/小值所对应的位置始终不变。这意味着微滴在下落凝固过程中，冷却速率最快/慢的位置是 $\theta=2\pi/5$ 处的固定点。

7.3.3 网格模型独立性验证

尽管前文已经得出 v-θ 曲线关系，但网格划分可能是影响结果的另一个因素。因此，本书通过划分不同网格，探究网格尺寸对气体速率 v 的影响，并检验网格模型的独立性。一般情况下，网格规模越大，计算精度越高，但计算成本也将增加。因此，在保证计算精度和质量的前提下，选取合适的网格可以大幅度降低计算量。

针对该模型，本书划分了不同数量的网格，即网格尺寸不同，并进行了相应计算，旨在验证本书所使用网格模型的独立性和有效性。图 7-6 给出了不同网格数量下微滴周围气体速率 v 和 θ 之间的关系。计算发现，在峰值($\theta=2\pi/5$)附近，当网格数为 1 万时，大尺寸网格下的计算结果偏小。由此说明，网格数量越少，计算结果越不精确。当网格数量为 8 万时，峰值最大。整体而言，网格数量对结果的趋势几乎没有影响。这表明，本书所使用的计算模型(网格数为 4 万)和数值方法是可靠、有效的。

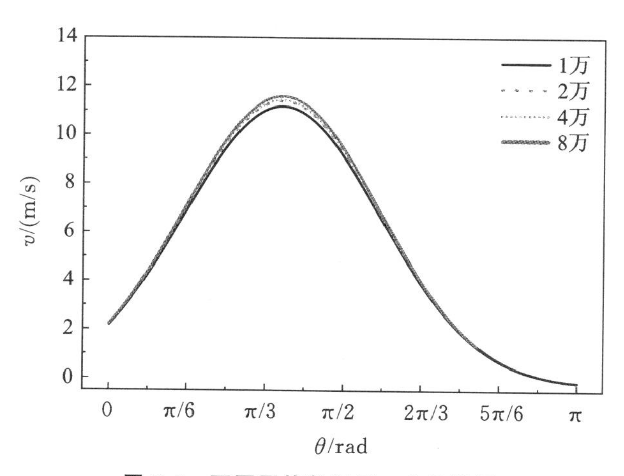

图 7-6 不同网格数量下 v-θ 曲线图

7.4　微滴-气之间传热过程分析

对于微滴而言，其表面各位置气体初始速率不同，换热过程不均匀，进而使得微滴内部各点温度变化快慢不同。因此，进一步分析合金微滴的传热过程对于解析内部温度场及推演合金微滴凝固过程至关重要。

图7-7给出了稳态时不同气体初始速率(5 m/s、10 m/s和15 m/s)下Fe-Sn合金微滴周围对流热通量的分布。对比图7-7(a)～(c)可以看出，气体初始速率越快，微滴周围对流热通量越大。这意味着合金微滴与高速惰性气体之间将进行更多的热

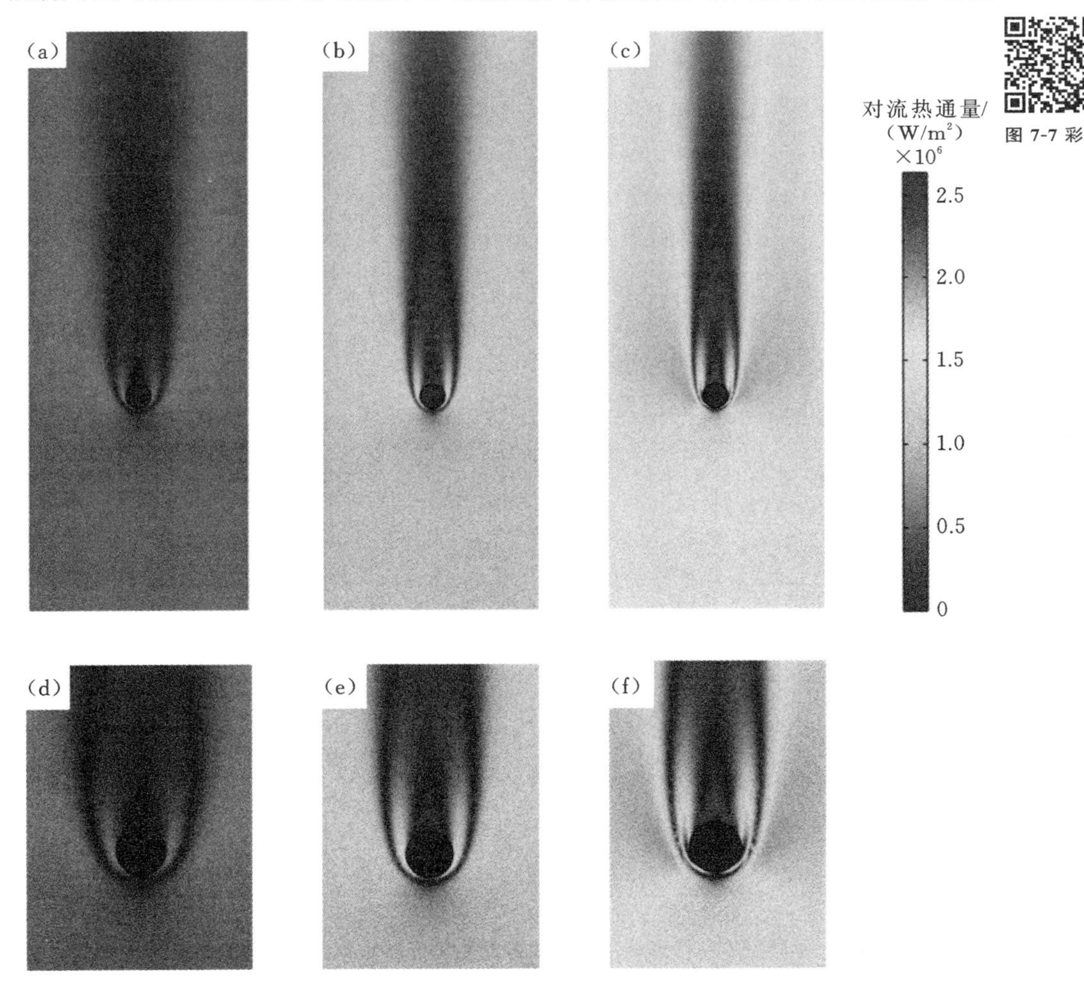

图7-7　不同气体初始速率下Fe-Sn合金微滴周围对流热通量的分布(有彩图)

(a)5 m/s；(b)10 m/s；(c)15 m/s；(d)～(f)局部放大图

交换，使得微滴表面散热更快。为了进一步说明微滴表面对流热通量的微观差异，图 7-7(d)～(f)对应给出了图 7-7(a)～(c)中微滴周围对流热通量的局部放大图。不难看出，微滴迎风面两侧的对流热通量最大，且随着气体流动，热通量逐渐向后减小。整体而言，微滴迎风面的对流热通量比背风面的大，且两者之间的差异随气体速率的增加而越发显著。

为了进一步定量描述微滴表面散热速率，根据式(7-6)和式(7-10)，确定了微滴周围对流热交换系数 h：

$$h=\begin{cases}300+566.5\ [e^{(-1.322\theta^2+3.188\theta-1.921)}]^{\frac{3}{5}}, v_{0\text{-in}}=5\ \text{m/s}\\300+888.7\ [e^{(-1.295\theta^2+3.187\theta-1.96)}]^{\frac{3}{5}}, v_{0\text{-in}}=10\ \text{m/s}\\300+1151\ [e^{(-1.291\theta^2+3.191\theta-1.972)}]^{\frac{3}{5}}, v_{0\text{-in}}=15\ \text{m/s}\end{cases} \tag{7-11}$$

图 7-8 为不同气体初始速率下微滴表面对流热交换系数 h 随旋转角 θ 的变化关系。不难看出，h 值随旋转角 θ 的增加而先增大后减小。在 $\theta=2\pi/5$ 时，h 值最大，这表明微滴在该位置散热最快；在 $\theta=\pi$ 时，h 值最小，散热最慢。在不同气体初始速率下，对流热交换系数的最大值和最小值的差值分别为 537.5 W/(m^2 · K)、836.7 W/(m^2 · K)和 1082 W/(m^2 · K)。微滴在冷却过程中迎风面的 h 值高于背风面的 h 值，且随气体初始速率的增加，两者差异越来越明显，即迎风面与背风面的散热速率差异显著，可能导致微滴内部温度最高点的位置随时间不断变化，即温度最高点由初始时微滴中心向背风面不断偏移。

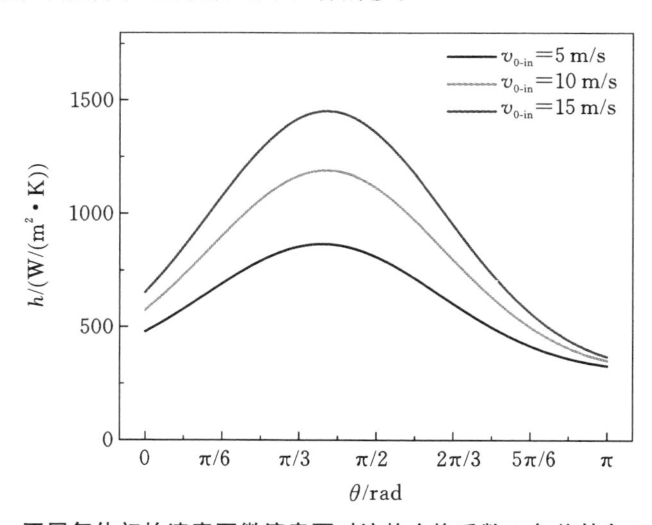

图 7-8　不同气体初始速率下微滴表面对流热交换系数 h 与旋转角 θ 的关系

图 7-9 为微滴内非对称“壳-核”结构的形成示意图。在图 7-9(a)中，实心圆点表示微滴内最高温度所处位置，箭头表示其移动方向。因为微滴内部温度场仅关于重力轴对称分布，且微滴内温度最高点的位置不断向其背风面移动，所以微滴内部温度场是不断变化的。也就是说，在微滴冷却过程中，温度梯度的方向将随时间不断变化，但始终指向温度最高点。当微滴因相分离出现 L_2 相时，大量 L_2 相将沿温度梯度方向向温度最高点聚集。L_2 相之间的凝并和碰撞作用使得 L_2 相聚集体(即“核”结构)偏离微滴几何中心，并向 $+y$ 方向移动，从而导致凝固的合金微滴呈现非对称的“壳-核”结构形貌，即“核”结构偏离微滴中心，如图 7-9(b)所示。

图 7-9 彩图

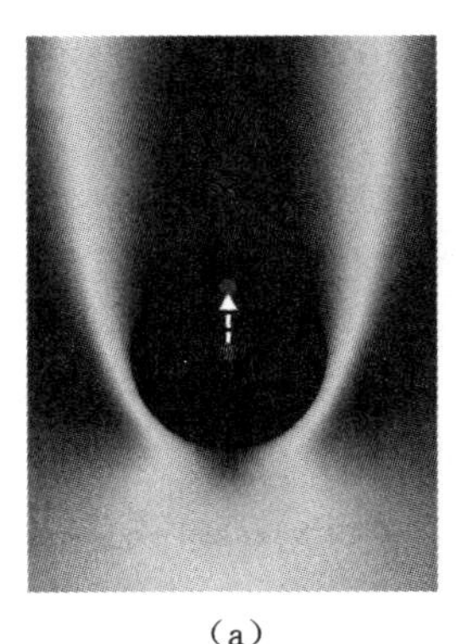
(a)

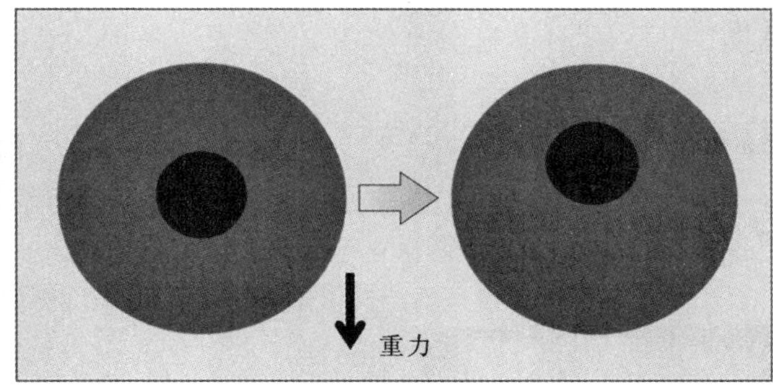

(b)

图 7-9　微滴内非对称“壳-核”结构的形成示意图(有彩图)

(a)温度最高点偏移方向；(b)“核”结构偏离微滴中心示意图

7.5　微滴直径对流场的影响

微滴直径是影响其周围流场的另一个重要参数[9,18]。为了展示微滴直径对周围流场和换热的影响规律，图 7-10 给出了直径分别为 400 μm、600 μm 和 800 μm 的 Fe-Sn 合金微滴在气体初始速率为 10 m/s 的气流中的周围稳态流场分布图。显然，微滴尺寸越大，迎风面气体反弹区和背风面的回流区范围越大，且迎风面的平均气体速率比背风面的高。其中，直径为 800 μm 的合金微滴对流场的阻滞作用最显著，在微滴周围形成了更大的紊乱微区。而微滴两侧的高速气体经微滴后迅速散开，由微滴两侧向其斜上方区域扩展的范围增加，速率更快。

同样，图 7-11 给出了不同直径的 Fe-Sn 合金微滴周围气体速率与旋转角 θ 的关系。通过拟合，发现气体速率 v 随旋转角 θ 的变化满足以下方程：

图 7-10 彩图

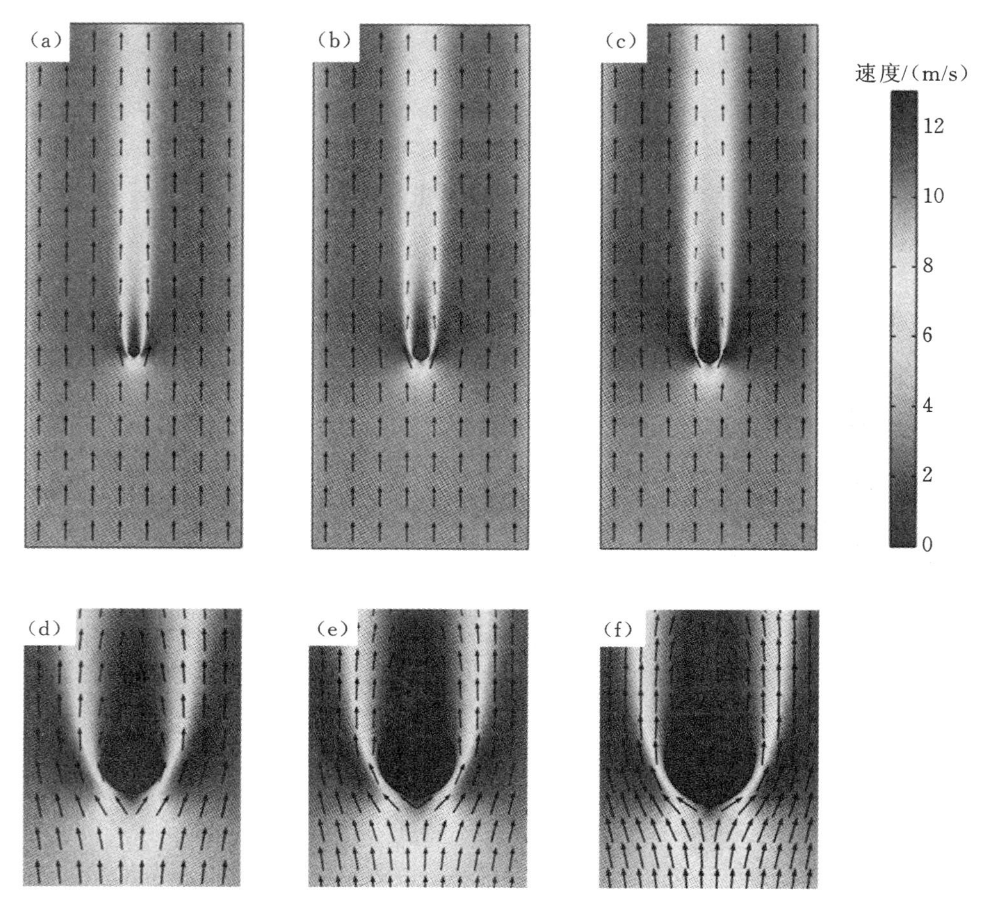

图 7-10　不同直径的合金微滴周围稳态流场分布图(有彩图)

(a)400 μm;(b)600 μm;(c)800 μm;(d)～(f)局部放大图

$$v=\begin{cases}10.43\mathrm{e}^{(-1.329\theta^2+3.335\theta-2.091)}, D=400\ \mu\mathrm{m}\\ 11.55\mathrm{e}^{(-1.302\theta^2+3.205\theta-1.971)}, D=600\ \mu\mathrm{m}\\ 13.074\mathrm{e}^{(-1.295\theta^2+3.187\theta-1.96)}, D=800\ \mu\mathrm{m}\end{cases} \tag{7-12}$$

从图 7-11 可以看出，三种情况下微滴周围最大气体速率分别为 10.43 m/s、11.55 m/s和 13.07 m/s，且最大值所对应的位置也完全相同。这表明，微滴尺寸对其周围气体速率的影响并不明显，或者说对流热交换系数受微滴尺寸的影响并不显著。

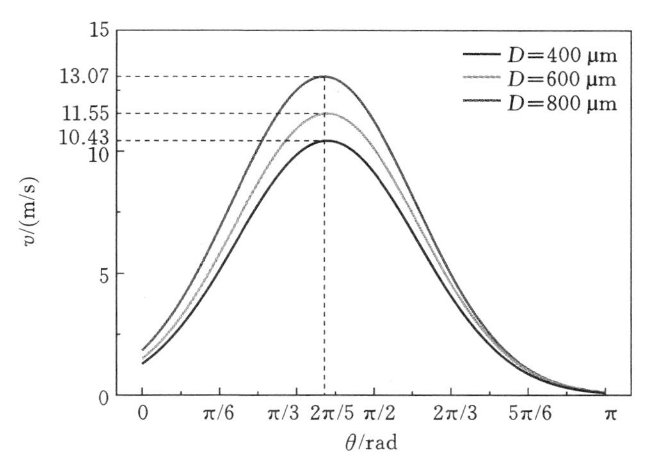

图 7-11　不同直径的 Fe-Sn 合金微滴周围气体速率与旋转角 θ 的关系

7.6　本章小结

基于 k-ε 湍流模型，本章模拟了 Fe-58%Sn 合金微滴在气流中强制冷却时的外围流场，分析了其流动和传热过程，确定了对流热交换系数 h，并讨论了流场对粉末内"核"结构位置的影响，得出以下结论。

(1) 微滴迎风面平均气体速率低于通入气体速率，但高于背风面回流区内的气体速率。微滴表面气体速率和对流热交换系数随旋转角 θ 的增加而先增大后减小，在 $\theta=2\pi/5$ 处，气体速率最大；在 π 位置，速率最小。

(2) 微滴周围气流场和对流热交换系数与气体初始速率关系明显。随气体初始速率增加，微滴表面最大气体速率从 6.172 m/s 增加到 20.12 m/s；对流热交换系数最大值和最小值的差值从 537.5 W/(m^2 · K)增加到 1082 W/(m^2 · K)。但两者与微滴直径关系不明显。

(3) 合金微滴迎/背风面气体流动差异将导致微滴表面传热过程不均匀，进而在微滴内部形成仅关于重力轴对称分布的温度场，最终可能促使"核"结构由微滴几何中心向背风面偏移，从而形成非对称的"壳-核"结构形貌。

本章参考文献

[1] WANG C P, LIU X J, OHNUMA I, et al. Formation of immiscible alloy powders with egg-type microstructure[J]. Science, 2002, 297(5583): 990-993.

[2] 赵九洲,江鸿翔.偏晶合金凝固过程研究进展[J].金属学报,2018,54(5):682-700.

[3] LI W,JIANG H X,ZHANG L L,et al.Solidification of Al-Bi-Sn immiscible alloy under microgravity conditions of space[J].Scripta Materialia,2019,162:426-431.

[4] ZHAO J Z,HE J,HU Z Q,et al.Microstructure evolution in immiscible alloys during rapid directional solidification[J]. International Journal of Materials Research,2004,95(5):362-368.

[5] WANG C P,LIU X J,SHI R P,et al.Design and formation mechanism of self-organized core/shell structure composite powder in immiscible liquid system [J].Applied Physics Letters,2007,91(14):141904.

[6] WU Y H,WANG W L,CHANG J,et al.Evolution kinetics of microgravity facilitated spherical macrosegregation within immiscible alloys[J].Journal of Alloys and Compounds,2018,763:808-814.

[7] LU W Q,ZHANG S G,ZHANG W,et al.Direct observation of the segregation driven by bubble evolution and liquid phase separation in Al-10wt.% Bi immiscible alloy[J].Scripta Materialia,2015,102:19-22.

[8] LU W Q,ZHANG S G,LI J G.Segregation driven by collision and coagulation of minor droplets in Al-Bi immiscible alloys under aerodynamic levitation condition[J].Materials Letters,2013,107:340-343.

[9] LUO S B,WANG W L,XIA Z C,et al.Solute redistribution during phase separation of ternary Fe-Cu-Si alloy[J]. Applied Physics A,2015,119(3):1003-1011.

[10] WU Y H,WANG W L,YAN N,et al.Experimental investigations and phase-field simulations of triple-phase-separation kinetics within liquid ternary Co-Cu-Pb immiscible alloys[J].Physical Review E,2017,95(5):052111.

[11] WANG W L,LI Z Q,WEI B.Macrosegregation pattern and microstructure feature of ternary Fe-Sn-Si immiscible alloy solidified under free fall condition[J]. Acta Materialia,2011,59(14):5482-5493.

[12] RATKE L,KOREKT G,DREES S.Phase separation and solidification of immiscible metallic alloys under low gravity[J].Advances in Space Research,1998,22(8):1227-1236.

[13] HE J,ZHAO J Z,RATKE L.Solidification microstructure and dynamics of

metastable phase transformation in undercooled liquid Cu-Fe alloys[J].Acta Materialia,2006,54(7):1749-1757.

[14] ZHAO J Z.Formation of the minor phase shell on the surface of hypermonotectic alloy powders[J].Scripta Materialia,2006,54(2):247-250.

[15] WANG N,ZHANG L,ZHENG Y P,et al.Shell phase selection and layer numbers of core-shell structure in monotectic alloys with stable miscibility gap[J].Journal of Alloys and Compounds,2012,538:224-229.

[16] WANG W L,ZHANG X M,LI L H,et al.Dual solidification mechanisms of liquid ternary Fe-Cu-Sn alloy[J].Science China Physics,Mechanics and Astronomy,2012,55:450-459.

[17] 许慧,周磊,蔡忆昔,等.近壁圆柱绕流中直径对壁面强化传热的影响[J].江苏大学学报(自然科学版),2021,42(2):158-165.

[18] YANG D Y,PENG H X,FU Y Q,et al.Nucleation on thermal history and microstructural evolution of atomized Ti-48Al nano and micro-powders[J].Nanoscience and Nanotechnology Letters,2015,7:603-610.

[19] AISSA A,ABDELOUAHAB M,NOUREDDINE A,et al.Ranz and Marshall correlations limits on heat flow between a sphere and its surrounding gas at high temperature[J].Thermal Science,2015,19(5):1521-1528.

[20] CHEN T,WANG L Q,WU D Z,et al.Investigation of the mechanism of low-density particle and liquid mixing process in a stirred vessel[J].Canadian Journal of Chemical Engineering,2012,90(4):925-935.

[21] 彭银利,白威武,李梅,等.难混溶合金微滴中 L_2 相迁移动力学行为[J].有色金属工程,2023,13(2):1-6.

[22] 王晨旭.近壁面圆柱绕流的漩涡脱落及水动力特性研究[D].哈尔滨:哈尔滨工程大学,2016.

第8章 粉末内部形貌与剖开面之间的内在联系

8.1 引　　言

液-液相分离是一种普遍发生在难混溶合金凝固过程中的现象。对于难混溶合金粉末的凝固过程而言，粉末内部复杂的自组装过程和独特的组织结构引起了大量学者的关注[1-4]。所谓液-液相分离[5-8]，是指熔融难混溶合金快速冷却进入混溶区间时，由单组分液相(L)分解为两个甚至多个具有相同结构但不同化学成分液相的现象。通常情况下，体积分数较小的相被称为第二(L_2)相，而另一相则被称为基体(L_1)相。由于两相不相溶，第二相往往以无数微球的形式存在于基体相中[9,10]。对于难混溶合金微滴的凝固而言，例如在气体雾化和落管实验中，微滴内部迅速建立起由外向内的温度梯度场，迫使相分离第二相微球向微滴中心迁移[11-14]，并在Marangoni对流作用下凝并和碰撞[15-17]，直至温度梯度消失或者出现固相。因此，微球可能在微滴中心聚集而形成一个“核”状结构[18-20]，人们把这种具备“蛋”状形貌的粉末称为“壳-核”结构[21,22]。由于具有独特的微观结构，“壳-核”粉末材料在各个领域都有着极为广阔的应用前景，尤其是在电子封装[1]、三维打印技术[23]和其他新兴领域。

研究认为[24-26]，在弱重力环境中或者失重条件下，温度场对合金微球内部“壳-核”结构的自组装过程具有决定性作用。这是因为Marangoni对流运动直接受温度梯度的影响[27-29]。然而，考虑雾化合金微滴在气体中自由下落凝固时，微滴的迎风面和背风面的气体流动差异性，这种显著的气流差可能会导致合金微滴内部呈现独特的温度梯度场，并影响第二相液滴的运动及粉末内部的微观组织结构。具体来说，就是合金微滴迎风面气体速率比背风面气体速率大，这将极大地影响合金微滴内部的温度场。同时，第二相液滴的运动、自组装行为和“核”的位置可能都会受到极大的影响，并改变它们的移动路径。尽管这些因素对于阐明合金微滴内部凝固组织的形成机理至关重要，但目前针对这些问题的研究还比较少见。例如，“核”的真实位置是否偏离了粉末中心？“核”移动的速度和偏离程度以及“核”的位置对观察到的形态的影响还不清楚。解决这些关键问题将有助于全面了解粉末的空间结构，因此，研究难混溶合金粉末的凝固过程及特殊形貌的形成机理迫在眉睫。

此外，粉末内部结构的检验方法也是影响研究人员了解和掌握粉末内部实际凝固形貌和组织结构的另一个重要因素。实验中通常依靠研磨和抛光来使粉末的赤道面暴露出来，这种方法是研究粉末内部结构的一种广泛使用的方法[28,30-32]。然而，“核”在粉末内部的具体位置不确定，以及 L_2 相的复杂运动行为在模糊的温度梯度下不明晰，可能导致实验观察到的凝固形貌受到粉末横截面位置的强烈影响。如果横截面与“核”结构相交，则会观察到“壳-核”结构[13,22,33]；反之，则会观察到其他类型的结构。因此，观察面在粉末中的具体位置对于实验中能否观察到“壳-核”结构至关重要。综上所述，明确粉末观测横截面与观察到的粉末结构之间的关系，确定“核”在粉末内部的移动方向及位置，并阐明粉末内部的真实结构，对于扩大粉末材料的应用范围极其重要。

本章首先采用落管技术制备了 Fe-68%Sn 合金粉末，观察了粉末横截面上的“壳-核”结构，并对粉末成形过程（自由下落无容器凝固阶段）进行了气流场仿真和温度场数值分析，以计算结果为基础探究并预测了粉末内“核”的位置，揭示了粉末内部形态与相应剖开面之间的内在联系。

8.2　粉末制备实验与气流-温度场模型

8.2.1　落管实验

为了获得“壳-核”结构，本实验选择二元难混溶体系临界成分点的 Fe-68%Sn 合金为粉末制备材料。众所周知，Fe-Sn 合金具有较大的混溶间隙[34,35]，且容易因相分离而形成“壳-核”结构。所选取的化学成分点在图 8-1 中用虚线标出。粉末制备采用落管实验，具体步骤如下：①按质量比（Fe∶Sn＝32∶68）分别称取高纯度铁颗粒（99.98%纯度）和锡颗粒（99.99%纯度）；②利用高频感应加热装置多次熔炼合金，得到纽扣状的 Fe-68%Sn；③将母合金锭转移至底部有小孔（直径为 2 mm）的石英管中，并将石英管固定到位于 3 m 长落管顶部的高频线圈中；④启动真空泵，将落管抽真空至 10^{-3} Pa，随后，充入混合气体（He 与 Ar 的体积比为 1∶3）使压力至－0.05 MPa；⑤再次熔化合金锭，同时使用红外测温仪实时监测合金温度；⑥增加功率，使熔融合金过热约 100 K，维持过热状态 3 min；⑦快速地从石英管顶部吹入氩气，迫使合金从小孔喷出。

喷出的液态合金碎片自发地改变形状，由片状转变为无数微小的合金微滴，并在与周围气体的不断热交换作用下迅速凝固成粉末颗粒。这些粉末颗粒被收集在

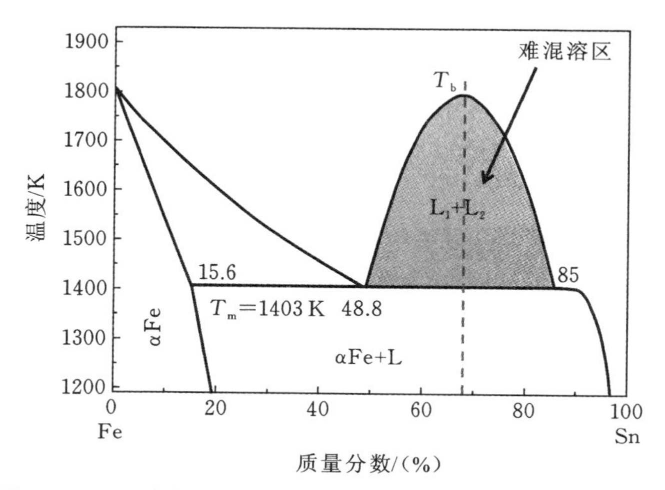

图 8-1 Fe-Sn 合金相图(虚线为临界成分点 Fe-68%Sn 合金位置)

长落管的底部,随后过筛,根据粉末颗粒尺寸大小分别嵌入环氧树脂中,形成多个样品。然后,对制备好的样品进行打磨和抛光,以露出粉末颗粒的赤道面,这样就能在显微镜下观察到粉末颗粒的内部结构和形貌。经精细抛光后,在样品表面镀上一层薄薄的金膜,并使用配备了 X 射线光谱仪的扫描电子显微镜对凝固颗粒微观组织进行观察和分析。

8.2.2 模型和温度场

液态合金经雾化后,微滴在惰性气体中自由下落,同时与周围气体不断进行热交换。对于气流体而言,流体流动和热量传递的控制方程与第 7 章相同,这里不再赘述。

对于自由下落的微滴,传热过程在极坐标中受以下方程控制[36,37]:

$$\rho_d c_d \frac{\partial T_d}{\partial t} = \kappa \left(\frac{\partial^2 T_d}{\partial r^2} + \frac{2}{r} \frac{\partial T_d}{\partial r} \right) \tag{8-1}$$

初始值和边界条件为

$$T_d |_{t=0} = T_0 \tag{8-2}$$

$$-\kappa \frac{\partial T_d}{\partial r} \bigg|_{r=R} = h (T_{ds} - T_g) + \varepsilon_h K_B (T_{ds}^4 - T_g^4) \tag{8-3}$$

式中:ρ_d——液态合金密度;

c_d——液态合金比热容;

T_d——微滴的平均温度;

T_0——初始温度；

r——微滴半径；

κ——热导率；

h——热交换系数；

ε_h——辐射率[19,34]；

K_B——波尔兹曼常数；

T_{ds}——合金微滴表面温度。

为模拟流场和温度场，采用 COMSOL Multiphysics 5.5 有限元仿真软件[38-40]，在无滑动速度边界和规定温度边界的条件下，对耦合的纳维-斯托克斯方程和能量方程进行数值求解。

8.3　Fe-68%Sn 粉末的形貌

图 8-2 所示为 Fe-68%Sn 合金粉末凝固组织的 SEM 图像。由图 8-2 可知，粉末形貌整体呈核偏离粉末几何中心的形态。图 8-2(a)和(b)中的粉末直径分别为 473.2 μm 和 489.8 μm。两幅图像都清晰地呈现出具有明显两相特征的蛋状“壳-核”结构，这表明液态合金微滴在凝固过程中经历了液-液相分离。借助 X 射线光谱仪进行分析(EDS 分析)，确定浅色区域(包括内部“核心”和周围的大量单个微球)为富 Sn 相(L_2)，而其余深灰色区域则为富 Fe 基体相(L_1)，如图 8-2 所示。

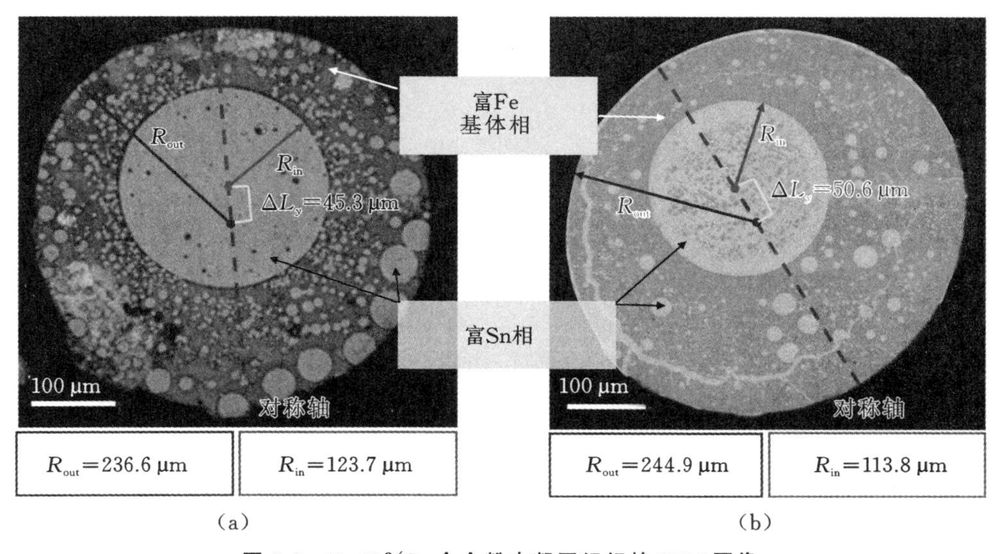

(a)　　(b)

图 8-2　Fe-68%Sn 合金粉末凝固组织的 SEM 图像

从理论上讲,“壳-核”结构是临界成分的难混溶合金中最常见的组织形态之一。同样地,Fe-68%Sn 合金粉末也表现出强烈的“壳-核”结构形成趋势,这也证实了上面的观点。从图 8-2 中还可以观察到,凝固的微观结构中存在另一个显著的共同特征,具体来说,就是富 Sn 相“核”结构的位置偏离了粉末颗粒的几何中心位置,从而形成了非球形对称的“壳-核”结构形貌。这一实验结果与人们对“壳-核”结构的传统理解大相径庭。在传统的观点中,“核”结构应该完全处于粉末颗粒几何中心,且被“壳”紧紧包裹。尽管人们一直在努力研究“壳-核”结构的形成机理[41,42],但却很少有学者关注到粉末颗粒中极为常见的非球形对称的“壳-核”结构形貌,即“核”结构偏离粉末颗粒几何中心的现象。因此,“核”结构偏离粉末颗粒几何中心位置的形成原因以及“核”结构的位置对观察到的组织形貌的影响目前仍不清楚,而全面真实地了解“壳-核”的空间结构对于填补这方面的知识空白至关重要。

在图 8-2 中,横截面的“壳-核”结构是轴对称的,而非旋转堆成,对称轴已用虚线画出。此外,粉末颗粒半径(R_{out})和内核半径(R_{in})在图 8-2 中用箭线指出。在图 8-2(a)中,R_{out}和 R_{in}分别为 236.6 μm 和 123.7 μm;在图 8-2(b)中,R_{out}和 R_{in}分别为244.9 μm 和 113.8 μm。为了定量描述“核”结构的偏差情况,这里定义了以下三个参数:核与壳的半径比($\eta=R_{in}/R_{out}$)、偏差距离(ΔL_y,指核的中心点至粉末颗粒几何中心的距离)和偏差比($\chi=\Delta L_y/R_{out}$,评估核偏离中心程度的参数)。通过计算得到,图 8-2(a)中 η、ΔL_y 和 χ 的值分别为 52%、45.3 μm 和 19.1%,图 8-2(b)中分别为 46%、50.6 μm 和 20.7%。

8.4 粉末周围气流场和温度场

8.4.1 气流场

为了深入了解形成这种独特结构形貌的根本原因,仔细研究液滴的整个冷却过程尤其重要。当合金微滴进入惰性气体环境时,因与周围气体热交换而整体温度降低。利用 COMSOL Multiphysics 5.5 有限元仿真软件中多物理场的湍流模型,对微滴或者粉末周围的气流分布进行仿真分析,结果如图 8-3(a)所示。其中,矢量箭头代表气体速度的大小和方向。微滴的迎风面和背风面附近的气体速率均远低于进入时的气体速率(10 m/s),且迎风面上的平均气体速率高于背风面上的平均气体速率。为了进一步说明微滴附近的气流情况,建立了一个二维坐标系,微滴在坐标中的位置如图 8-3(b)所示。原点 O 是微滴最下端或迎风面所面对的气体的最前端。R 是微滴的半径,L_y是 Y 轴上某点到 O 点的距离。

当微滴初始撞击气体时，气体在垂直方向(即 Y 轴方向)受到干扰，并形成一个湍流区(图 8-3(a))。然而，在迎风面附近，反弹回来的气体直接与初始进入的气体相互作用，这极大地降低了微滴迎风面的气体速率。尽管如此，气体的整体方向仍然与 $+y$ 方向保持一致。此外，靠近背风面的气体速率非常小，呈现出长拖尾形状。从图 8-3(a)中可以推断出，整个气流场关于 Y 轴对称，且微滴外围的气体速率随位置不断变化。

由于气体与热交换和温度场密切相关，图 8-3(d)给出了微滴表面附近(约 10 μm 处)的综合气体速率 $V(=\sqrt{u^2+v^2})$ 与旋转角 θ 的函数关系。图 8-3(c)以示意图形式展示了 θ 的定义，即箭线与 $-y$ 轴间的夹角和测量气体速率的位置。由图 8-3(d)中的

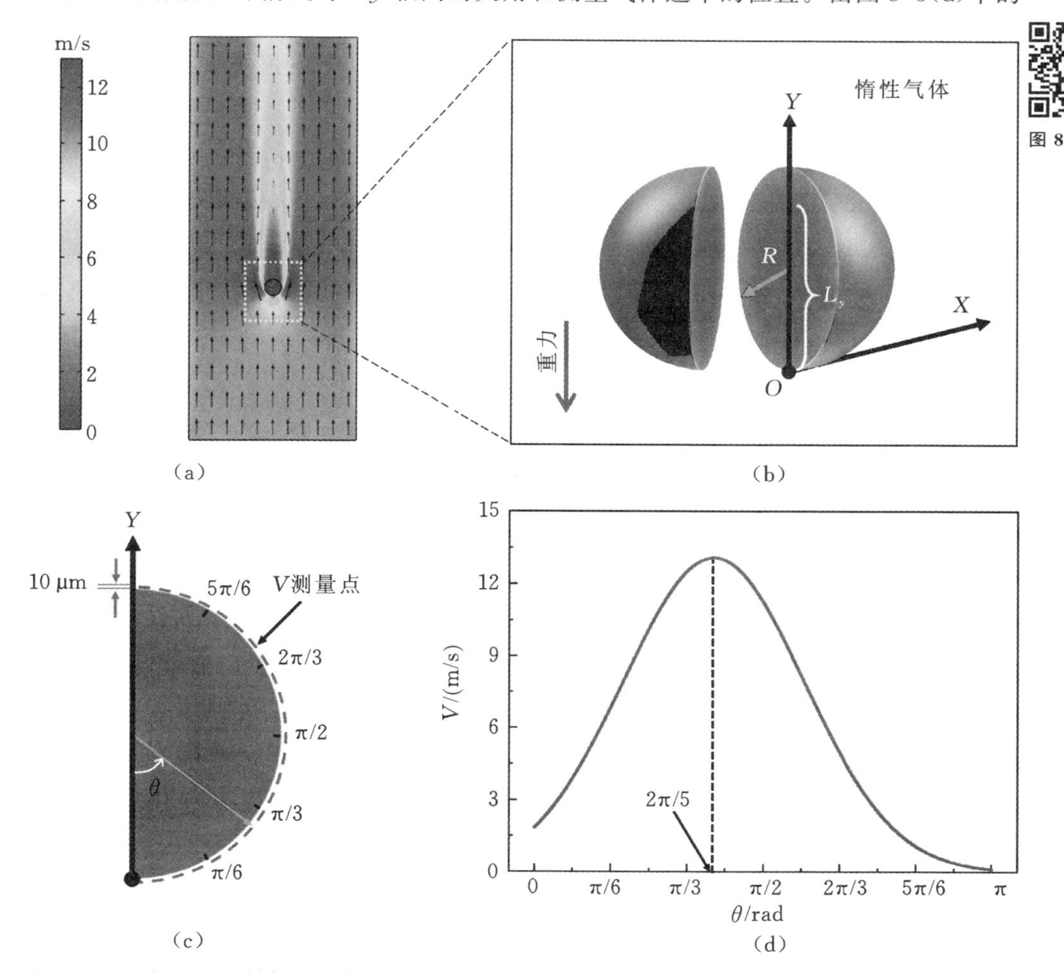

图 8-3 彩图

图 8-3　(a)在 10 m/s 的气流场中，微滴周围稳定的气流场分布；(b)微滴在二维坐标系中的位置；(c)旋转角 θ 和待测量的综合气体速率 V 的位置示意图；(d)综合气体速率 V 和旋转角 θ 之间的关系(有彩图)

曲线可知，随着 θ 的增大，V 先增大后减小，且在 $\theta=2\pi/5$ 时达到峰值。当 $\pi/6<\theta<2\pi/5$ 时，V 增加得很快，而当 $5\pi/6<\theta<\pi$ 时，V 下降得相对缓慢。这一结果表明，V 并不是关于 $\theta=2\pi/5$ 轴对称分布的曲线，进一步证实了迎风面上的平均气体速率高于背风面上的平均气体速率。鉴于气体与冷却速率之间的密切联系，微滴附近的气体速率将对热交换产生重大影响。简而言之，气体速率越大，冷却速率越大。这意味着合金微滴迎风面半球的平均温度将低于背风面半球的平均温度，从而导致 X-Y 平面上的温度分布可能不是关于任意轴对称的。

8.4.2 温度场

要全面了解 L_2 相的运动和不规则"壳-核"结构的形成机理，仅仅解析气流场是不够的，这是因为 L_2 相的运动主要取决于温度梯度。因此，确定微滴内部的温度场变得极为重要。根据图 8-3(d)中的结果和参考文献[19,28,34,43]中的热物性参数，确定了微滴和气体之间的热交换系数 h。然后，利用 COMSOL Multiphysics 5.5 有限元仿真软件求解式(8-1)～式(8-3)，即可得到微滴的内部温度场。为了探究微滴尺寸对气流场的影响，本章研究了三个不同大小的微滴。图 8-4(a)～(c)分别展示了半径为 200 μm、300 μm 和 400 μm 的微滴在 X-Y 平面上的温度场分布。结果表明，微滴内部温度高于其表面温度，且最高温度点的位置更靠近背风面。这表明最高温度点的位置在冷却过程中沿 Y 轴正方向移动，导致温度分布仅关于 Y 轴对称。

图 8-4 彩图

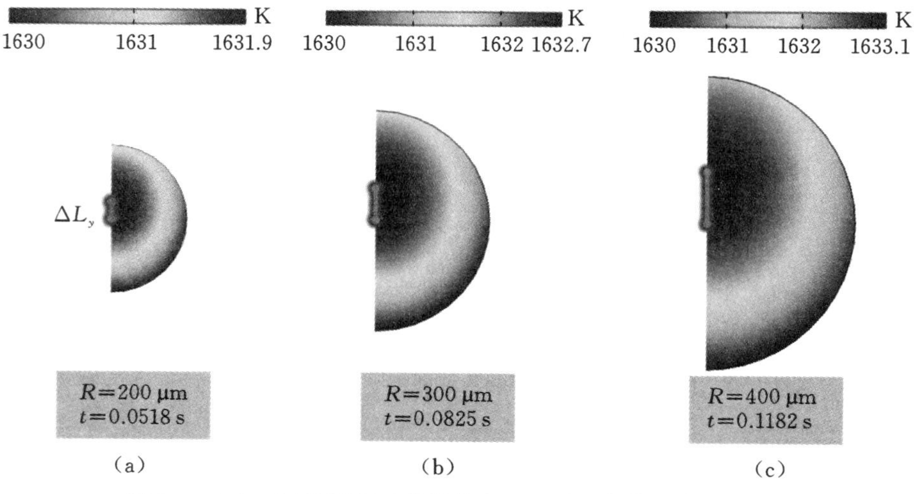

图 8-4 (a)～(c)不同尺寸的微滴在 X-Y 平面上的温度场分布；(d)最高温度点的位置到微滴中心的距离和相应的偏移率(有彩图)

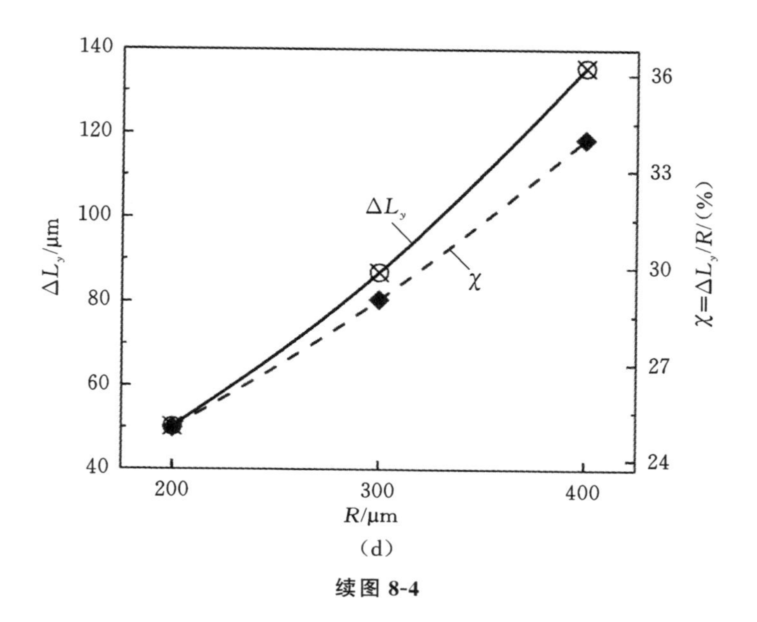

(d)

续图 8-4

计算表明，三种情况下 ΔL_y（最高温度点的位置到微滴中心的距离）分别为 50.2 μm（$R=200$ μm，$t=0.0518$ s）、86.9 μm（$R=300$ μm，$t=0.0825$ s）和 135.6 μm（$R=400$ μm，$t=0.1182$ s）。相应地，偏差比 χ 分别约为 25%、29%和 34%。如图 8-4(d)所示，随着微滴半径的增大，ΔL_y 和 χ 明显逐渐增大。

比较而言，计算得出的 ΔL_y 和 χ 的值比实验中的测量结果稍大。在解释这一差异之前，应首先详细说明最高温度点的位置偏差过程。在难混溶合金微滴的整个凝固过程中，最高温度点的位置沿 $+y$ 方向向上运动，不可避免地会影响 L_2 相液滴的迁移行为，最终决定微滴（粉末）的结构形态。根据 Marangoni 对流理论，这些 L_2 相液滴会在相分离后沿着温度梯度迁移，意味着这些液滴会在宏观上向最高温度点的位置移动。当大量液滴在凝固前聚集并偏离微滴中心位置时，微滴最终可能会在合金粉末中呈现出偏离中心的"壳-核"结构。在这种情况下，"核"理论上位于非中心位置，这也进一步验证了最高温度点的位置偏离的事实。

与图 8-2 中的实验结果相比，计算的 ΔL_y 和 χ 值偏大。但我们认为，这种差异是合理的。一方面，计算结果中半径为 200～300 μm 的微滴，其 ΔL_y 的数值为 50.2～86.9 μm，χ 值为 25%～29%。而实验结果表明，图 8-2(a)中，$\Delta L_y=45.3$ μm，$\chi=19.1\%$；图 8-2(b)中，$\Delta L_y=50.6$ μm，$\chi=20.7\%$。相比之下，计算结果与实验结果差异不明显。另一方面，"核"来源于 L_2 相的凝并和碰撞，这意味着"核"是在最高温度点的位置移动过程中出现的。尽管微滴开始凝固，但最高温度点的位置仍可能发生变化，并不断远离微滴中心。因此，计算结果与实验结果存在差异是合理的。

8.4.3 *Y* 轴方向的温度分布

为了展示微滴迎风面和背风面的微小热差异，图 8-5 给出了三种尺寸的微滴在某时刻沿 Y 轴方向的温度分布。其中，曲线的斜率表示温度梯度。从图 8-5 中可以看出，在 1630 K（约等于$(T_c+T_m)/2$）时，微滴内部最高温度点与表面最低温度点之差随着微滴半径的增加而增大，分别为 1.8 K、2.7 K 和 3.5 K。尽管这三种情况之间的温差很小，但这种温差却会引起明显的温度梯度，这是因为最大微滴的半径是最小微滴半径的两倍。此外，考虑斜率的变化，微滴内部温度梯度由外向内递减，曲线顶端的梯度值几乎为零。这表明曲线顶点两侧的温度梯度差异明显，也进一步证实了迎风面附近的 Marangoni 对流强度高于背风面区域。因此，合金微滴中出现了不对称的对流运动，这也是粉末中出现“核”偏离几何中心现象的根本原因。

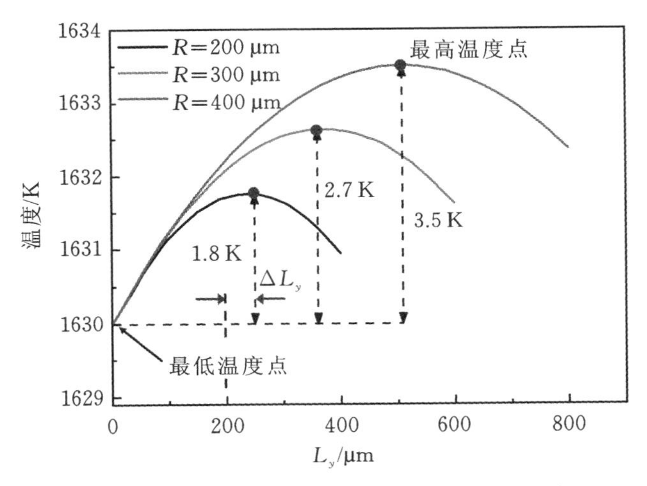

图 8-5 不同尺寸的微滴沿 *Y* 轴方向的温度分布

实心圆点表示微滴内部最高温度点，ΔL_y 表示最高温度点偏离微滴中心的距离

图 8-6 给出了雾化微滴内部核偏心式“壳-核”结构的形成过程。首先，熔融液态合金被高压雾化成无数球形微滴，由于其与惰性气体接触，整体温度降低。不久后，微滴快速冷却到难混溶间隙，并在此区域发生液-液相分离，微滴随后整体分解为两相。在微滴形成的瞬间，可以假定最高温度点位置保持不变，且在较短时间内停留在微滴的几何中心。在此期间，温度场呈短暂的球形对称。然而，随着微滴下

降速度的加快，微滴内部的对称温度场迅速塌陷。加速运动使得迎风面上的气体流量高于背风面上的气体流量，从而导致迎风面与背风面出现不同的热传递过程。因此，最高温度点位置不断从微滴的几何中心向背风面移动。与此同时，温度梯度的方向也随着最高温度点的变化而变化。因此，这些 L_2 相微球向该点迁移并聚集、凝并在一起，从而形成了“核”结构。当温度降低到难混溶反应温度时，L_2 相微球停止迁移，“核”被保留在去往最高温度点位置的轨迹上。当液态合金完全凝固，雾化微滴内部就形成了核偏心式“壳-核”结构。

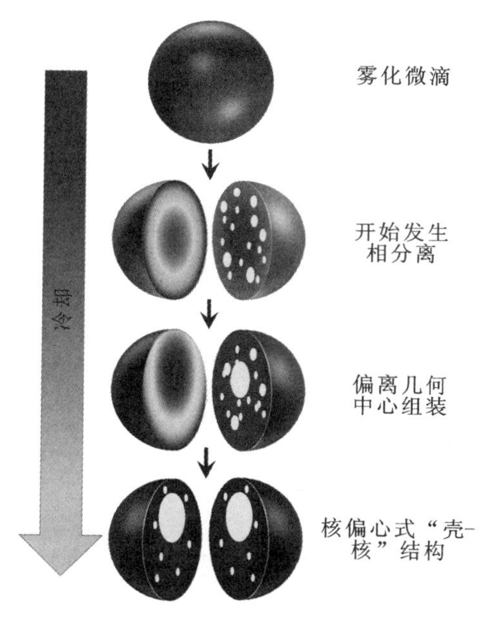

图 8-6 雾化微滴内部核偏心式“壳-核”结构的形成过程示意图

8.5 不同截面上的内部形貌

事实上，具有核偏心式“壳-核”结构粉末的抛光面也是影响研究者们观察和分析粉末形貌的关键。为了获得粉末的内部结构，常用的方法为金相制备，其制备过程示意图如图 8-7(a)所示。首先，将筛分过的金属粉末任意嵌入环氧树脂黏合剂中，静置 8 h，待其完全固化。其次，对金属粉末进行打磨，暴露出其赤道面，并继续抛光直至剖开面光滑平整，以便后续观察。最后，使用显微镜对样品表面的微观结构进行初步评估和解析。从理论上讲，所有具有临界成分的难混溶合金粉末都应具有相同或者类似的结构和形貌，即核偏心式“壳-核”结构。然而，金属粉末为随机嵌入，且核偏离中心的方式未知，因此，每种粉末的研磨入口点各不相同，导致观察到的粉末内部形貌与抛光面的位置和入口点都有密切联系。

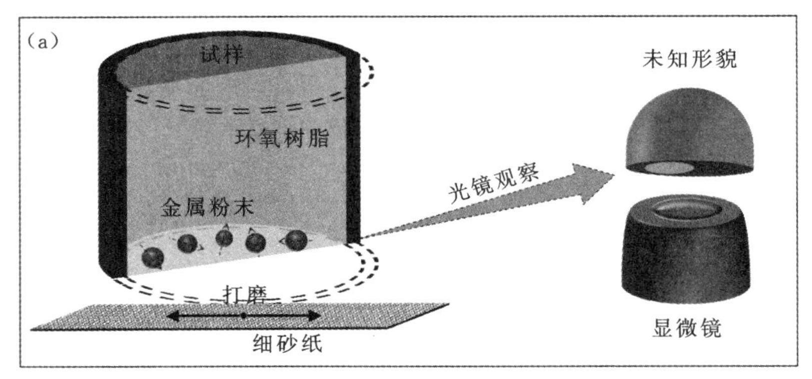

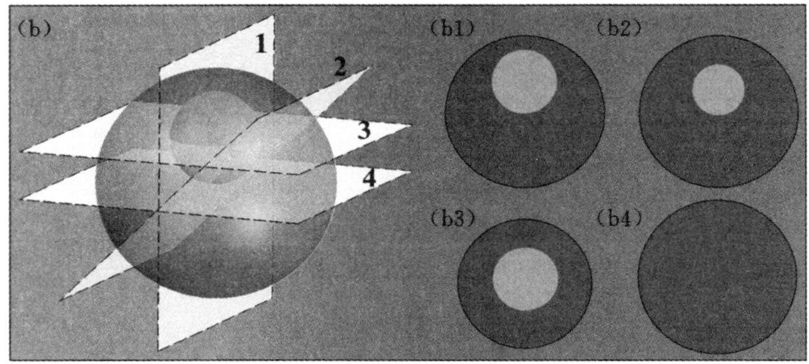

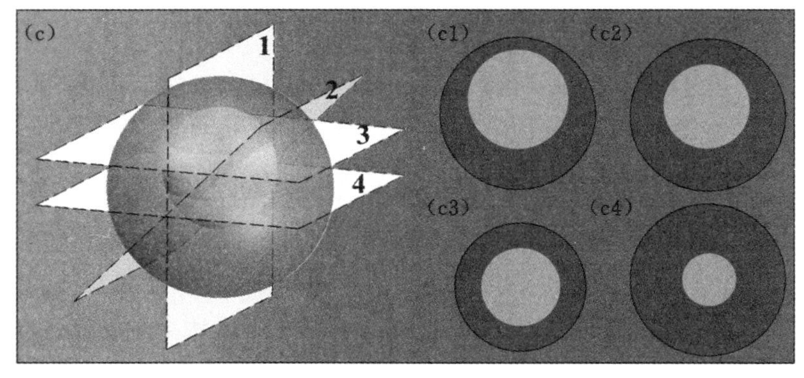

图 8-7　(a)粉末内部形貌的金相制备过程示意图；(b)具有小尺寸“核”的“壳-核”结构剖开面与可能观察到的结构形貌示意图；(c)具有大尺寸“核”的“壳-核”结构剖开面与可能观察到的结构形貌示意图

图 8-7(b)、(c)为不同尺寸“核”的“壳-核”结构剖开面与可能观察到的结构形貌示意图。当“核”尺寸相对较小且满足 $R_{in}<\Delta L_y$(图 8-7(b))时，图 8-7(b)中 1～4 号横截面上可能分别获得如图 8-7(b1)～(b4)所示的不同形貌。在图 8-7(b)中，1、2 和 4 号平面是粉末的最大横截面，又称赤道面，而 3 号平面截面较小，没有穿过粉末中心。这些剖开面与“核”相交，使得核被分成不同体积的两部分，因此，抛光面上相应的形貌也大不相同。图 8-7(b1)、(b2)为核偏心式“壳-核”结构，但图 8-7(b1)中 η 和 χ 的值高于图 8-7(b2)。图 8-7(b3)所示为理想的“壳-核”结构，此时“核”完全处于粉末中心，且 ΔL_y 几乎等于 0，χ 值比实际值大。在图 8-7(b4)中，实验上没有观察到“壳-核”结构，这是因为截面 4 没有穿过核，此时呈现出 L_2 相分散式结构。然而，对于粉末内部具有较大尺寸的“核”($R_{in}>\Delta L_y$)，形貌情况却略有不同。图 8-7(c)中的截面 1～4 对应的结构形貌分别如图 8-7(c1)～(c4)所示。值得注意的是，图 8-7(c1)、(c2)描述的是核偏心式“壳-核”结构。不同的是，与图 8-7(c2)相比，图 8-7(c1)中 η 和 χ 的值更大，这与图 8-7(b)中的情况相似。与图 8-7(b4)不同，无论截面是否为最大，图 8-7(c3)和(c4)始终显示为理想的“壳-核”结构。图 8-7(c3)和(c4)的区别在于，前者的 η 值比实际值高，而后者的 η 值比实际值小。如果剖开面始终与平面 4 平行，且没有穿过内核，那么，实验结果将一直无法观察到“壳-核”结构。

如前所述，粉末横截面对形貌观察影响显著。在所有的结构形貌中，与理想的“壳-核”结构相比，核偏心式结构更容易获得。这是因为前一种结构通常出现在不垂直于 Y 轴的所有截面上。换句话说，获得核偏心式结构的概率远远高于其他类型。这一观察结果与图 8-2 的实验结果完全一致。此外，对于金属粉末而言，常规观察手段具有不透明性，目前仍缺乏简单有效的方法来确定核所在的位置。在实验中，控制粉末的搁置方向极具挑战性，粉末的搁置方向不同导致研磨后观察到的形貌多种多样。另外，观察到的形貌也会严重影响研究人员对粉末内部真实空间结构的准确判断，不利于该类金属粉末材料的开发和利用。

8.6　“核”的理论位置

由前面的讨论可知，“核”结构是通过合金微滴内 L_2 相微球的汇聚和凝并而形成的。事实上，在微滴凝固过程中，温度最高点的位置会随着时间不断变化。根据之前的数值计算，确定温度最高点位置有利于预估“核”所在的理论位置，从而促进对核偏心式结构演变过程的深入理解。在这种情况下，粉末内部最高温度点的位置即可用来表示粉末内“核”的位置。需要强调的是，当微滴的温度冷却到发生难混溶反应(L→αFe+L(Sn))时,“核”的运动行为就会立即停止。

图 8-8 给出了半径为 400 μm 的 Fe-68%Sn 微滴在 10 m/s 气流中偏移距离(ΔL_y)和核偏移速率(V_c)随时间的变化曲线。实线表示 ΔL_y,虚线表示 V_c。结果表明,ΔL_y在前 0.06 s 迅速增加,最终趋于平稳,这表明核在最初阶段移动速率较大,随后速率减小。对于 $R=400$ μm 的 Fe-68%Sn 液滴,ΔL_y和 V_c 的最大值分别是 136 μm 和 5.29×10^3 μm/s。此外,χ 的最大值约为 34%,比图 8-2 中的实验结果大得多。这主要是因为“核”结构出现在 L_2 相球接近中心部分之后。换句话说,最高温度点的位置在核结构出现之前已经开始移动,当“核”向微滴内部温度最高点移动时,可能会因温度下降而被捕获。因此,数值计算与实验结果较符合。

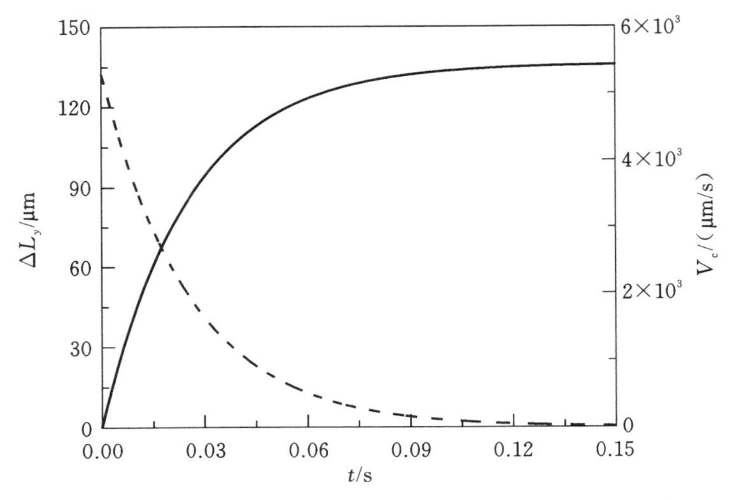

图 8-8 半径为 400 μm 的 Fe-68%Sn 微滴在 10 m/s 气流中偏移距离(ΔL_y)和核偏移速率(V_c)随时间(t)的变化曲线

8.7 本章小结

综上所述,本章通过落管实验研究了 Fe-68%Sn 合金粉末内部的宏观凝固组织特征,并解释了难混溶合金粉末中普遍存在的核偏心式“壳-核”结构形成机理。此外,本章研究了合金微滴在自由凝固过程中的周围气流场和内部温度场,证实了微滴内部温度最高点的位置是不断变化的,并预测了核在微滴内部的可能位置。本章得出的主要结论有:

(1) 落管实验证实了金属粉末中普遍存在一种核偏心式的“壳-核”结构形貌,随后通过计算进一步证实了该结果的真实性。

(2) 数值计算表明:合金微滴在迎风面和背风面的气体速率存在显著差异,气体速率差改变了微滴内部的温度场,使得气体速率随时间不断变化,因此,L_2相的汇聚和凝并行为极其复杂。

(3) 深入探讨了横截面与形态之间的相关性。对于核偏心式"壳-核"结构的粉末,横截面上的形貌与横截面的位置和方向密切相关。

(4) 依据计算,从理论上预测了 Fe-68%Sn 合金粉末(半径为 400 μm)中核的偏移距离和核的偏移速率,结果表明:核最初移动较快,然后速率急剧减小。

(5) 本研究为解析难混溶合金粉末的空间结构提供了新的视角,有助于新型结构材料的设计和研发。在今后的工作中,研究者们也可采用 X 射线计算机断层成像技术来重建粉末中的三维形态,从而更直接地获得粉末的真实空间结构。

本章参考文献

[1] RATKE L, DIEFENBACH S. Liquid immiscible alloys[J]. Materials Science and Engineering: R: Reports, 1995, 15(7-8): 263-347.

[2] HE J, ZHAO J Z, RATKE L. Solidification microstructure and dynamics of metastable phase transformation in undercooled liquid Cu-Fe alloys[J]. Acta Materialia, 2006, 54(7): 1749-1757.

[3] WEI C, WANG J, HE Y X, et al. Influence of high magnetic field on the liquid-liquid phase separation behavior of an undercooled Cu-Co immiscible alloy[J]. Journal of Alloys and Compounds, 2020, 842: 155502.

[4] DONG B W, WANG S H, DONG Z Z, et al. Novel insight into dry sliding behavior of Cu-Pb-Sn in-situ composite with secondary phase in different morphology[J]. Journal of Materials Science & Technology, 2020, 40: 158-167.

[5] TANAKA H, YOKOKAWA T, ABE H, et al. Transition from metastability to instability in a binary-liquid mixture[J]. Physical Review Letters, 1990, 65(25): 3136-3139.

[6] CAHN J W. Phase separation by spinodal decomposition in isotropic systems[J]. Journal of Chemical Physics, 1965, 42: 93-99.

[7] XING W, PLAWSKY J, WOODCOCK C, et al. Liquid-liquid phase separation heat transfer in advanced micro structure[J]. International Journal of Heat and Mass Transfer, 2018, 127(C): 989-1000.

[8] IWASHITA Y, TANAKA H. Self-organization in phase separation of a lyotropic liquid crystal into cellular, network and droplet morphologies[J].

Nature Materials,2006,5:147-152.

[9] SINGH P K,CAO L,TAN J,et al.A nonlocal theory of heat transfer and micro-phase separation of nanostructured copolymers[J].International Journal of Heat and Mass Transfer,2023,215:124474.

[10] WEI C, WANG J, HE Y X, et al. Magnetic field induced instability pattern evolution in an immiscible alloy[J].Applied Physics Letters,2023,123:254101.

[11] PAN S Y,ZHANG Q Y,ZHU M F,et al.Liquid droplet migration under static and dynamic conditions: analytical model, phase-field simulation and experiment[J].Acta Materialia,2015,86:229-239.

[12] YOUNG N O,GOLDSTEIN J S,BLOCK M J.The motion of bubbles in a vertical temperature gradient[J].Journal of Fluid Mechanics,1959,6(3):350-356.

[13] JEGEDE O E,COCHRANE R F,MULLIS A M.Metastable monotectic phase separation in Co-Cu alloys[J].Journal of Materials Science,2018,53(16):11749-11764.

[14] ZHANG Y,DING B,ZHAO D Y,et al.Effect of natural convection and diffusion on liquid-liquid phase separation behaviors of partially miscible solutions with lower critical solution temperature[J].International Journal of Heat and Mass Transfer,2023,201:123566.

[15] PENG Y L,WANG N.Effect of phase-separated patterns on the formation of core-shell structure[J].Journal of Materials Science & Technology,2020,38:64-72.

[16] LU W Q,ZHANG S G,ZHANG W,et al.Imaging of structure evolution in solidifying Al-Bi immiscible alloys by synchrotron radiography[J].Journal of Materials Science & Technology,2016,32(12):1321-1325.

[17] GAT S,BRAUNER N,ULLMANN A.Heat transfer enhancement via liquid-liquid phase separation[J].International Journal of Heat and Mass Transfer,2009,52(5):1385-1399.

[18] SHI R P,WANG C P,WHEELER D,et al.Formation mechanisms of self-organized core/shell and core/shell/corona microstructures in liquid droplets of immiscible alloys[J].Acta Materialia,2013,61(4):1229-1243.

[19] WANG W L,LI Z Q,WEI B.Macrosegregation pattern and microstructure feature of ternary Fe-Sn-Si immiscible alloy solidified under free fall

condition[J].Acta Materialia,2011,59(14):5482-5493.

[20] LIU N,LIU F,CHEN Z,et al.Liquid-phase separation in rapid solidification of undercooled Fe-Co-Cu melts [J]. Journal of Materials Science & Technology,2012,28(7):622-625.

[21] WANG C P,LIU X J,OHNUMA I,et al.Formation of immiscible alloy powders with egg-type microstructure[J].Science,2002,297(5583):990-993.

[22] MULLIS A M,JEGEDE O E,BIGG T D,et al.Dynamics of core-shell particle formation in drop-tube processed metastable monotectic alloys [J]. Acta Materialia,2020,188:591-598.

[23] ZHOU S,XIE M,WU C,et al.Selective laser melting of bulk immiscible alloy with enhanced strength:heterogeneous microstructure and deformation mechanisms[J].Journal of Materials Science & Technology,2022,104:81-87.

[24] ZHOU B W,OU P F,PANT N,et al.Highly efficient binary copper-iron catalyst for photoelectrochemical carbon dioxide reduction toward methane [J].Proceedings of the National Academy of Sciences of the United States of American,2020,117(3):1330-1338.

[25] LI Y Q,JIANG H X,SUN H,et al.Microstructure evolution of immiscible alloy solidified under the effect of composite electric and magnetic fields[J]. Journal of Materials Science & Technology,2023,162:247-259.

[26] LI W,JIANG H,ZHANG L,et al.Solidification of Al-Bi-Sn immiscible alloy under microgravity conditions of space[J]. Scripta Materialia, 2019, 162: 426-431.

[27] PENG Y L,TIAN L L,WANG Q,et al.An opposite trend for collision intensity of minor-phase globules within an immiscible alloy droplet[J].Journal of Alloys and Compounds,2019,801:130-135.

[28] WANG N,ZHANG L,PENG Y L,et al.Composition-dependence of core-shell microstructure formation in monotectic alloys under reduced gravity conditions[J]. Journal of Alloys and Compounds,2016,663:379-386.

[29] WU Y H,ZHU B R,DU H L,et al.Metastable phase separation kinetics controlled by superheating and undercooling of liquid Fe-Cu peritectic alloys [J].Journal of Alloys and Compounds,2022,913:165268.

[30] KABAN I,KÖHLER M,RATKE L,et al.Phase separation in monotectic alloys as a route for liquid state fabrication of composite materials[J].Journal

of Materials Science,2012,47:8360-8366.
[31] JIANG H X,ZHAO J Z,HE J.Solidification behavior of immiscible alloys under the effect of a direct current[J]. Journal of Materials Science & Technology,2014,30:1027-1035.
[32] YAN N,WANG W L,WEI B.Complex phase separation of ternary Co-Cu-Pb alloy under containerless processing condition[J]. Journal of Alloys and Compounds,2013,558:109-116.
[33] JEGEDE O E,HAQUE N,MULLIS A M,et al.Relationship between cooling rate and SDAS in liquid phase separated metastable Cu-Co alloys[J].Journal of Alloys and Compounds,2021,883:160823.
[34] WANG W L,WU Y H,LI L H,et al.Homogeneous granular microstructures developed by phase separation and rapid solidification of liquid Fe-Sn immiscible alloy[J].Journal of Alloys and Compounds,2017,693:650-657.
[35] LUO B C,LIU X R,WEI B.Macroscopic liquid phase separation of Fe-Sn immiscible alloy investigated by both experiment and simulation[J].Journal of Applied Physics,2009,106:053523.
[36] MASHAYEK F,PANDYA R V.Analytical description of particle/droplet-laden turbulent flows[J].Progress in Energy and Combustion Science,2003,29:329-378.
[37] MUNITZ A,ABBASCHIAN R.Two-melt separation in supercooled Cu-Co alloys solidifying in a drop-tube[J].Journal of Materials Science,1991,26:6458-6466.
[38] PENG Y L,WANG Q,WANG N.A comparative study on the migration of minor phase globule in different-sized droplets of Fe-58wt.% Sn immiscible alloy[J].Scripta Materialia,2019,168:38-41.
[39] CAMPO A,SIERES J.Finite element analysis with COMSOL code for air flow and thermal convection in sealed attic spaces with experimental validation [J]. International Journal of Thermal and Environmental Engineering,2015,12:39-46.
[40] CARDINALE T, FAZIO P, GRANDIZIO F. Numerical and experimental computation of airflow in a transport container[J].International Journal of Heat and Technology,2016,34:734-742.
[41] WANG W L,WU Y H,LI L H,et al.Liquid-liquid phase separation of freely

falling undercooled ternary Fe-Cu-Sn alloy[J]. Scientific Reports, 2015, 5:16335.

[42] WU Y H, CHANG J, WANG W L, et al. A triple comparative study of primary dendrite growth and peritectic solidification mechanism for undercooled liquid $Fe_{59}Ti_{41}$ alloy[J]. Acta Materialia, 2017, 129:366-377.

[43] LIU N, LIU F, YANG W, et al. Movement of minor phase in undercooled immiscible Fe-Co-Cu alloys[J]. Journal of Alloys and Compounds, 2013, 551:323-326.

第9章　不同凝固条件下 Fe-Sn 合金的凝固形貌、相组成及合金条带中的结构分层现象

9.1 引　　言

难混溶合金因具有特殊的凝固形貌及自组装特性，在汽车轴承和轴瓦、电触头、超导体等领域极具工业应用价值[1-3]。其中，液-液相分离[4-6]是难混溶合金凝固过程中最典型的特征之一。当外场（如温度场[7,8]、重力场[9,10]、电场[11]、磁场[12]及复合场[13]等）作用于相分离过程时，第二相液滴趋于偏聚或者弥散，从而导致宏观偏析或形成均质合金。此外，难混溶合金的凝固涉及相分离热动力学、传热和传质等多个方面，凝固过程十分复杂。因此，难混溶合金一直以来是材料领域研究的焦点[14,15]。

难混溶区最高点又称临界成分点，其两侧的成分对合金粉末内“壳-核”结构的形成能力及层数影响不同。例如，Wang 等人[16,17]利用落管技术探究了 Fe-Sn 和 Cu-Pb 合金粉末中“壳-核”结构形貌对初始成分的依赖性，并结合原位观测实验阐明了第二相对“壳-核”结构层数的影响规律。Shi 等人[18]采用相场模拟法研究了 Fe_x-Cu_{100-x}（$x=30,50,70$）合金微滴内部的组织演化路径，发现第二相-基体界面能显著影响相分离过程，从而形成不同的“壳-核”结构形貌。Wu 等人[19]进一步探究了 Fe_x-Cu_{100-x}（$x=35,50,65$）合金粉末的凝固组织演化动力学行为，并澄清了“壳-核”结构形貌与成分和冷却速率之间的关系。总之，“壳-核”结构相分离形貌与化学成分密切相关。从相图上看，尽管临界点两侧的合金体系在凝固过程中都进入难混溶区而出现相分离，但二者的第二相液滴却完全不同。两体系具有不同的第二相物理特性及运动规律，可能导致合金的凝固形貌不同。然而，有关这方面的研究目前还不完善。因此，从第二相液滴的运动行为出发，对比研究临界点两侧相同位置的合金体系在常规凝固和快速凝固条件下的相分离过程及凝固组织特征，并澄清第二相液滴运动与凝固形貌之间的内在联系具有重要的研究意义。

基于此，本章以 Fe-Sn 合金为研究对象，分别探究了 $Fe_{60}Sn_{40}$ 和 $Fe_{40}Sn_{60}$ 在常规凝固和单辊快速凝固条件下的相分离组织特征及物相组成，计算了第二相粒子在合金熔体中的运动速率，分析了冷却速率对相组成的影响规律，旨在揭示合金成分

的相分离组织及相组成的演变规律，为进一步开发和利用难混溶合金奠定重要的理论基础。

9.2 实验方法

9.2.1 母合金熔炼

图 9-1 为 Fe-Sn 合金相图[20,21]。不难看出，相图中的难混溶区温度间隔大，成分跨度宽，且液相线的形状基本关于直线 $x_{Sn}=50\%$（原子百分数，临界成分点）轴对称。为了比较研究元素占比或初始化学成分对相分离过程及凝固组织特征的影响，本实验选择以低于临界点成分的 $Fe_{60}Sn_{40}$ 合金和高于临界点成分的 $Fe_{40}Sn_{60}$ 合金为研究对象，各点在相图中的位置如图 9-1 中的箭线所示。

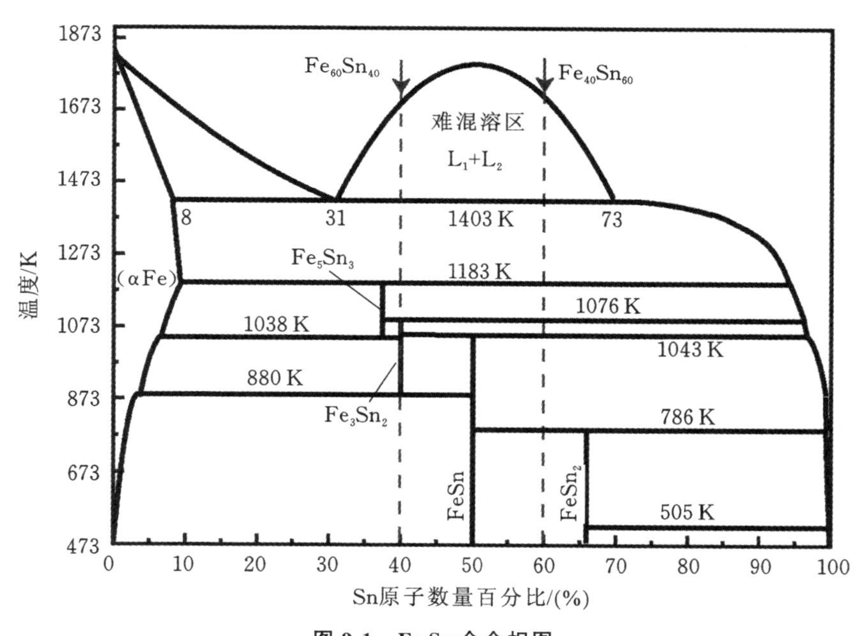

图 9-1　Fe-Sn 合金相图

母合金试样由高纯 Fe(99.99%)和 Sn(99.999%)通过高频感应加热熔炼而成，单个试样的质量约为 2.0 g。首先按照选定成分配比分别计算并称重高纯 Fe 粒和高纯 Sn 粒，然后将其依次放入圆底石英试管（直径为 11 mm，长度为 200 mm）内，并将试管固定到真空室内的高频感应加热线圈中间。将真空室整体抽真空至

－0.01 MPa 后，再反充入高纯氩气(99.999%)，重复上述操作三次，保证熔炼室内具有良好的惰性气氛。最后，在氩气气氛下进行高频感应加热熔炼，将合金熔体温度升高至 2000 K，使 Fe 和 Sn 合金充分熔化混合。同时，在真空室外利用 Raytek 红外测温仪进行实时监控，加热并保温约 30 s。自然冷却至室温后，取出纽扣状母合金。

9.2.2 单辊法制备合金条带

单辊急冷实验装置及其工作原理示意图如图 9-2 所示。单辊急冷实验装置包括高频感应加热线圈、铜辊轮、样品收集器等。

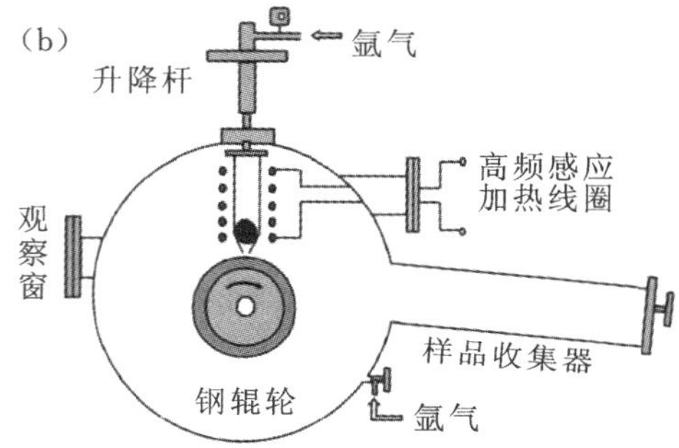

图 9-2 单辊急冷实验装置及其工作原理示意图

取母合金再次装入底部带有小孔(直径为 0.5 mm)的石英试管内，并将试管固定在钢辊轮上方的高频感应加热线圈中间。其中，试管底部喷嘴距钢辊面约 1 mm。关闭真空室所有进气阀门并抽真空，当真空度高于－0.01 MPa 时，再反充入高纯氩气。如此反复操作三次，从而确保真空室内的氩气气氛。关闭真空室导通阀，打开钢辊驱动电机开关，匀速调节电压，使辊速保持在 3 m/s，稳定 1 min。

待上述所有工作准备完毕，启动感应加热装置的外部循环水，并用脚踏式点控开关控制电流。预设功率为 1 kW，对母合金进行持续加热熔化。保持过热状态 15 s，待合金块体完全熔化后，迅速打开氩气进气阀门，使合金熔体在 2 atm(两个标准大气压，1 atm＝101.325 kPa)下从试管底部的小孔喷出。当合金熔体被连续吹落至快速旋转的钢辊面时，冷淬得到 Fe-Sn 合金条带。最后，关闭氩气气阀和高频感应加热炉，待系统冷却至室温后收集合金条带。

9.2.3 样品处理

分别对 $Fe_{60}Sn_{40}$ 和 $Fe_{40}Sn_{60}$ 合金的块体和条带进行制样。首先，将纽扣状母合金沿重力方向竖直切开，剖面向下置于冷镶模具内。取一外形完整的合金薄带，将其近辊面粘在玻片后，倾斜放置在另一个模具内。其次，将配制好的环氧树脂胶搅拌加热后缓慢倒入模具内，高度约 15 mm。凝固 8 h 后取出样品，并对其研磨、抛光。最后，采用光学显微镜和 SUPRA 55 扫描电镜观察样品的形貌组织，利用 X 射线光谱仪和电子探针对样品进行微区化学成分分析。同时，借助 X 射线衍射仪确定合金中的物相组成。

由于合金条带较薄，用于观察的横截面往往较小。为此，本实验对合金条带进行倾斜一定角度的研磨和抛光，从而获得更大面积的观察面，旨在全面了解和分析合金条带中的凝固组织特征。图 9-3 所示为合金条带剖面。

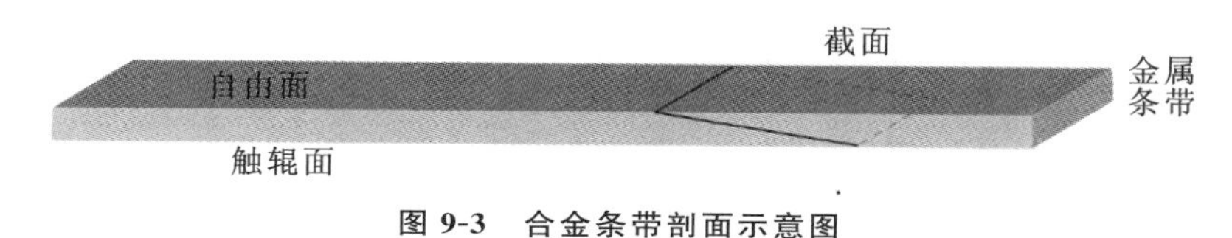

图 9-3 合金条带剖面示意图

9.3 结果与分析

9.3.1 常规凝固组织形貌

图 9-4 为常规凝固条件下 $Fe_{60}Sn_{40}$ 合金的光学显微图像。整体上看，试样的横截面为球-冠包裹式结构，且在试样内部发生了严重的宏观偏析现象，如图 9-4(a)所示。其中，竖直箭线为重力加速度 g 方向。纽扣状 $Fe_{60}Sn_{40}$ 合金的顶部亮色球冠为富 Sn 区，深灰色的底部组织为富 Fe 区，这一点后续通过 X 射线光谱仪得到了证实。显然，富 Sn 区与富 Fe 区之间的分界线十分清晰，如图 9-4(a)中虚线所示。放大边界线附近区域，可以发现在试样的顶部富 Sn 区内，有少量的 αFe 枝晶从 Sn 基体上长出，如图 9-4(b)中箭线所示。在试样底部大面积的富 Fe 区内，随机分布着大量深灰色的类球形粒子，直径约为 150 μm。这些类球形粒子为富 Sn 相，其周围的网络状组织为富 Fe 相。图 9-4(c)为图 9-4(b)中单个富 Sn 粒子的显微放大图。可以清晰地看到，富 Sn 粒子的外形近似椭圆，且与周围网络状的富 Fe 区之间界面清晰，而富 Sn 粒子内部还分布着大量亮色不规则微粒(如图 9-4(c)中箭线所示)，尺寸较小，直径为 5～10 μm。这表明，富 Sn 粒子内部出现了二次分相行为，这些微粒可能为二次相分离产物。

图 9-4 彩图

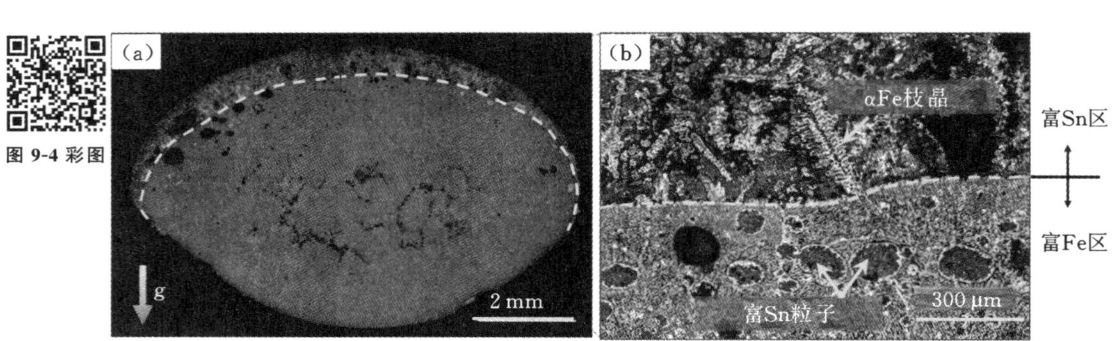

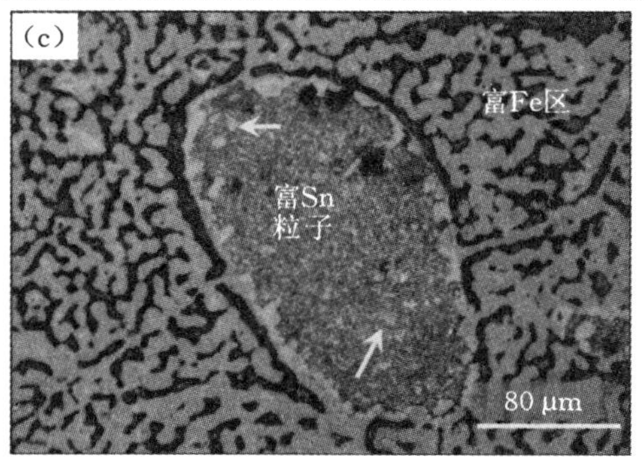

图 9-4　常规凝固条件下 $Fe_{60}Sn_{40}$ 合金的光学显微图像(有彩图)

(a)整体;(b)两区分界位置;(c)富 Fe 区

图 9-5 为常规凝固条件下纽扣状 $Fe_{40}Sn_{60}$ 合金的光学显微图像。从图 9-5(a)中不难看出,合金试样中同样出现了宏观偏析现象。整体形貌在重力方向上可以分为三个区域,分别是顶部 αFe 枝晶、中部小尺寸富 Fe 粒子和下部大尺寸富 Fe 粒子。通过放大试样顶部可知,凝固组织主要以 αFe 枝晶为主,如图 9-5(b)所示。枝晶主干发育良好,二次枝晶臂清晰可见,且基本沿自下而上的方向生长排布。这表明固-液界面的推进方向为自下而上。在试样中部,基体中分布着大量亮色的富 Fe 粒子,如图 9-5(c)中箭线所指。粒子内部的结构与图 9-4(c)$Fe_{60}Sn_{40}$ 合金中的富 Sn 粒子微观形貌极为相似。整体上看,这些球状粒子的外形保持完整,平均直径小于 120 μm,且粒子之间保持一定距离。而在试样底部,尽管同样分布着大量的富 Fe 粒子,但与中部区域不同。底部的富 Fe 粒子尺寸更大,平均直径大于 200 μm,且粒子间距较小。虽然这些粒子之间相互接触,甚至出现了明显的凝并,但基本都维持了原有球形粒子界面。

显然,$Fe_{60}Sn_{40}$ 和 $Fe_{40}Sn_{60}$ 合金在常规凝固条件下的宏观凝固组织形貌完全不同。前者表现为界线明显的层状组织,而后者表现为界线模糊的分区组织。下面将

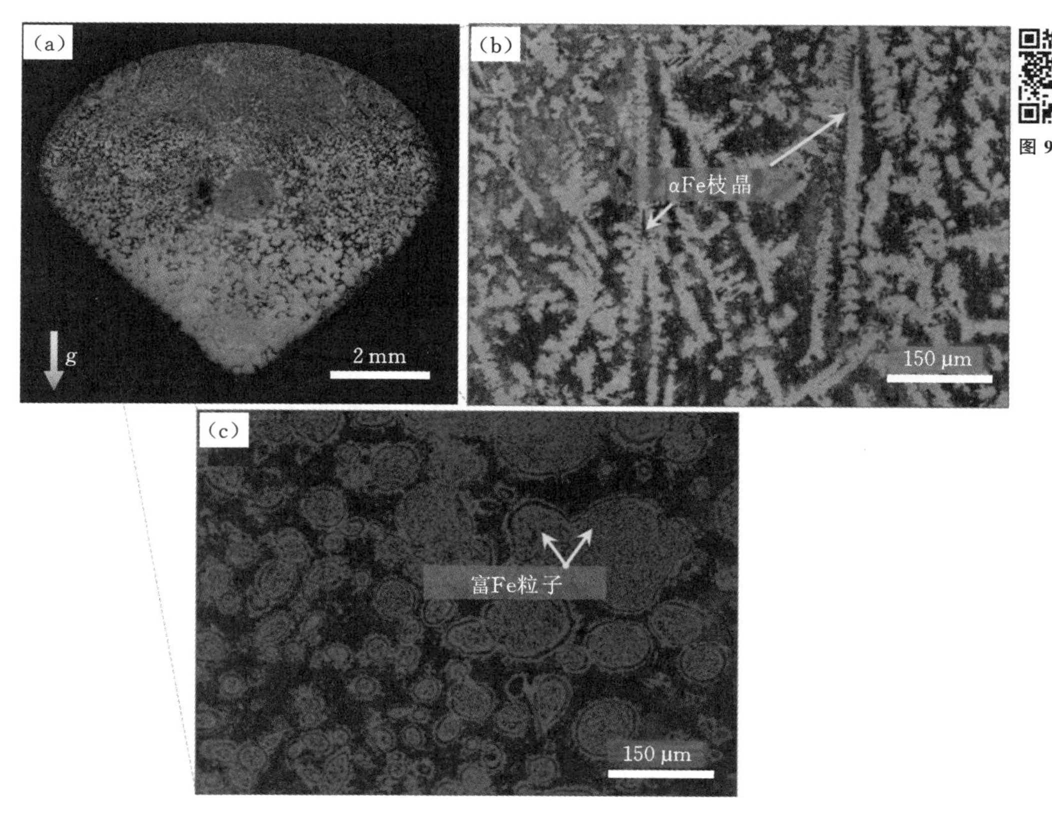

图 9-5　常规凝固条件下纽扣状 $Fe_{40}Sn_{60}$ 合金的光学显微图像(有彩图)

(a)整体;(b)试样顶部;(c)试样中部

展开讨论二者出现差异的原因。首先,从相图中可以看出,$Fe_{60}Sn_{40}$ 和 $Fe_{40}Sn_{60}$ 合金熔体在自然冷却条件下都将进入难混溶区而发生相分离,但不同的是,两种合金中的第二相组成不同。对于 $Fe_{60}Sn_{40}$ 合金而言,相分离后的第二相为富 Sn 粒子,而 $Fe_{40}Sn_{60}$ 合金则为富 Fe 粒子。第二相粒子不同的物理特性使得这些粒子在基体中的运动过程存在差异,进而可能导致凝固形貌不同。因此,分析第二相粒子在基体中的动力学行为是阐明合金凝固形貌差异的关键。

一般而言,第二相粒子在基体中的运动主要受两种作用,分别是密度差引起的 Stokes 运动和界面张力梯度驱动的 Marangoni 对流运动[17,22]。根据经验,半径为 r 的第二相粒子在两种作用下的运动速率分别为

$$V_S=\frac{2}{3}\frac{(\rho_2-\rho_1)(\eta_1+\eta_2)}{\eta_1(2\eta_1+3\eta_2)}gr^2 \tag{9-1}$$

$$V_M=\frac{2k_1\nabla\sigma}{(2k_1+k_2)(2\eta_1+3\eta_2)}r \tag{9-2}$$

式中：r——第二相粒子半径；

ρ_i——合金块体中某相的密度（$i=1$ 表示基体相，$i=2$ 表示第二相）；

η_i——合金块体中某相的黏度（$i=1$ 表示基体相，$i=2$ 表示第二相）；

k_i——热导率（$i=1$ 表示基体相，$i=2$ 表示第二相）；

$\nabla\sigma$——界面能梯度；

g——重力加速度。

通过查阅文献[20,22~24]中的相关参数，并设定温度梯度为 1 K/mm，分别计算得到 $Fe_{60}Sn_{40}$ 和 $Fe_{40}Sn_{60}$ 合金中第二相粒子的 Stokes 运动和 Marangoni 对流运动速率与半径 r 的关系曲线，如图 9-6 所示。由图 9-6(a)可知，当 $Fe_{60}Sn_{40}$ 合金中第二相粒子（富 Sn）的半径小于临界半径（$r_c=94.4\ \mu m$）时，$V_M>V_S$，这意味着 Marangoni 对流运动起主导作用，此时富 Sn 粒子将向高温区域迁移。由图 9-4(b)可知，凝固条件下富 Sn 粒子平均半径小于 r_c 时，这些第二相粒子在 Marangoni 对流作用下向高温区域移动。从枝晶形貌和部分富 Sn 粒子处于分界线附近位置可以判断，试样顶部可能为高温端。因此，大量富 Sn 粒子向试样顶端聚集，从而形成以富 Sn 相为冠的包裹式结构。对半径小于 94.4 μm 的富 Sn 粒子，在 Marangoni 对流作用下，粒子流向高温区域，即试样的中心及以上位置，如图 9-7(a)所示。而对于 $Fe_{40}Sn_{60}$ 合金而言，临界半径 $r_c=49.6\ \mu m$，也就是说，当第二相粒子（富 Fe）半径大于 49.6 μm 时，Stokes 运动起主导作用，粒子将在合金熔体中下沉并聚集，其示意图如图 9-7(b)所示。这与图 9-5(a)中的组织分区现象符合较好。大尺寸粒子聚集在试样底部，而小尺寸粒子处于试样中部及以上位置。

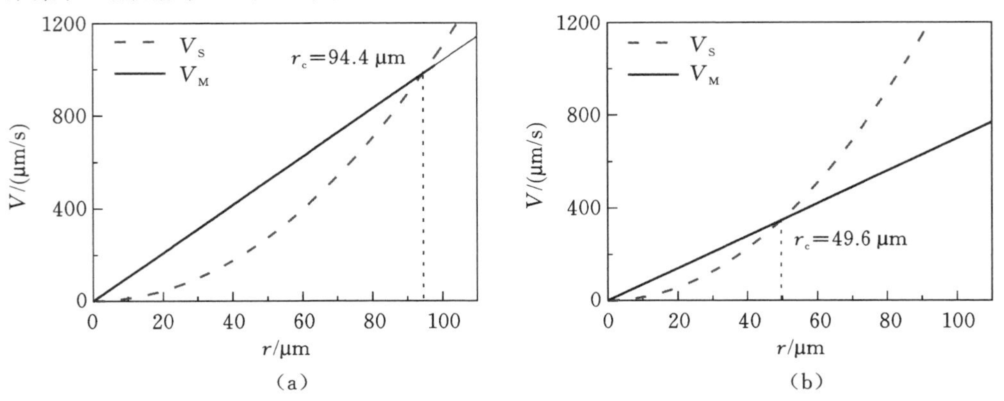

图 9-6　第二相粒子在合金中的运动速率与半径 r 的关系曲线

(a) $Fe_{60}Sn_{40}$ 合金中富 Sn 粒子运动；(b) $Fe_{40}Sn_{60}$ 合金中富 Fe 粒子运动

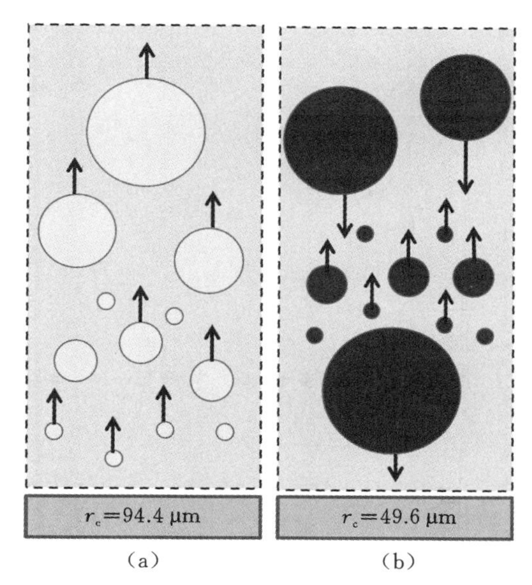

图 9-7　第二相粒子在合金熔体中的运动示意图

(a)$Fe_{60}Sn_{40}$合金；(b)$Fe_{40}Sn_{60}$合金

9.3.2　常规凝固条件下的物相组成

此外，实验还对试样进行了 X 射线衍射(XRD)分析，其结果如图 9-8 所示。图 9-8(a)和(b)曲线分别对应 $Fe_{60}Sn_{40}$ 和 $Fe_{40}Sn_{60}$ 合金。从图 9-8 中不难看出，Fe-Sn 合金的常规凝固组织主要由 αFe、(Sn)、Fe_3Sn_2、FeSn 和 $FeSn_2$ 五个相组成。其中，Fe_5Sn_3 相没有被检测到，这可能与试样中该相含量低有关。由 Fe-Sn 合金相图可知，Fe_5Sn_3 相是难混溶反应温度以下第一个金属间化合物相，属于中间过渡相。这表明，Fe_5Sn_3 +(Sn)→Fe_3Sn_2 反应比较充分，Fe_5Sn_3 相全部转化为 Fe_3Sn_2 相。对比曲线可以发现，衍射强峰分别对应 Fe_3Sn_2 相和 $FeSn_2$ 相，且图 9-8(b)($Fe_{40}Sn_{60}$ 合金)中的(Sn)衍射强峰比图 9-8(a)($Fe_{60}Sn_{40}$ 合金)高。由此说明，$Fe_{40}Sn_{60}$ 合金中的(Sn)含量相对较高，这与原始合金中高 Sn 含量结果高度一致。

9.3.3　单辊快速凝固组织

图 9-9(a)为单辊快速凝固条件下 $Fe_{60}Sn_{40}$ 合金条带剖开面的相分离组织 SEM 图像。其中，条带下方为近辊面，上方为自由面。整体上看，条带厚度均一，约为 112 μm，在水平方向凝固组织均匀。然而，按微观凝固组织特征，条带可分为上、下

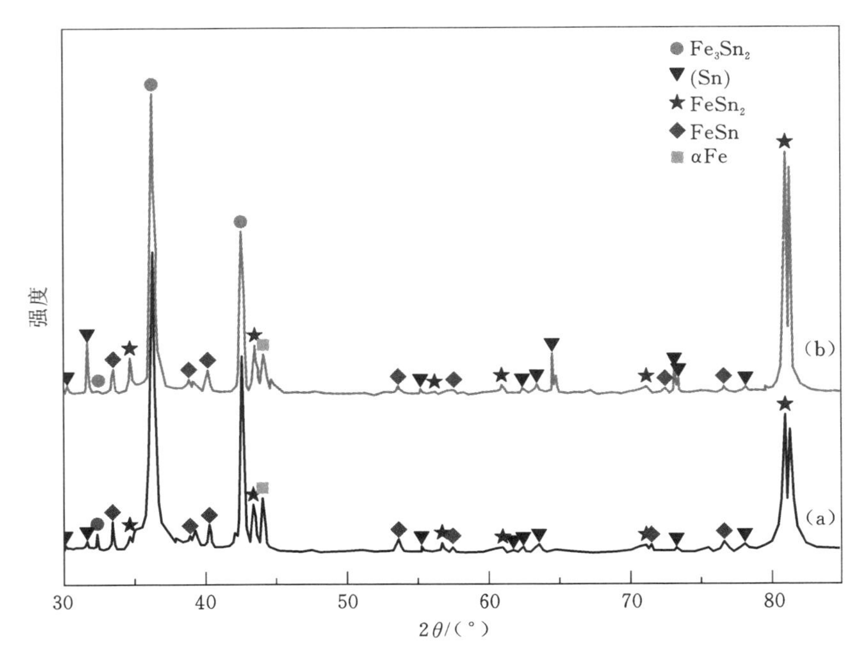

图 9-8 常规凝固条件下合金块体的 X 射线衍射图谱

(a)$Fe_{60}Sn_{40}$;(b)$Fe_{40}Sn_{60}$

两个区域。上半区域为黑、白颗粒相间的组织,下半区域为均一的灰白色组织。为了进一步明确条带内部凝固组织特征,分别对上、下区域进行放大,被选定的区域在图 9-9(a)中用方框标出。从图 9-9(b)可以看出,黑色粒子为外形不规则的孔洞,尺寸约为 4 μm,灰白色粒子(虚线圆所示)为富 Sn 相,其尺寸与黑色孔洞相近。仔细比较可以发现,在黑色孔洞周围仍存在少量的灰白色组织,且形状与灰白色粒子类似。因此可以推测,黑色孔洞是由大尺寸的灰白色粒子在抛光过程中脱落所致。从图 9-9(c)中可以清晰地看到,合金条带下半区域为灰、白相间的两相组织结构。借助电子探针微区分析,分别确定灰色相(位置 1)和白色相(位置 2)的元素组成及占比。从结果上看,位置 1 为富 Fe 基体相,Fe 原子百分比达 81.19%;位置 2 为富 Sn 第二相,Fe 原子百分比约为 30.34%。

图 9-10(a)给出了 $Fe_{40}Sn_{60}$ 合金条带在单辊快速凝固条件下的 SEM 图像。整体而言,条带厚度均一,约为 104 μm。与图 9-9 一样,条带下方为近辊面,上方为自由凝固面。与自由凝固面相比,近辊面更加平整。在合金条带内部,凝固组织均匀,且弥散着大量黑色球形第二相粒子,但尺寸大小不等,最大直径约为 3 μm。对图 9-10(a)进行选区放大,可以清楚地看到条带内部黑色球形第二相粒子的球形度

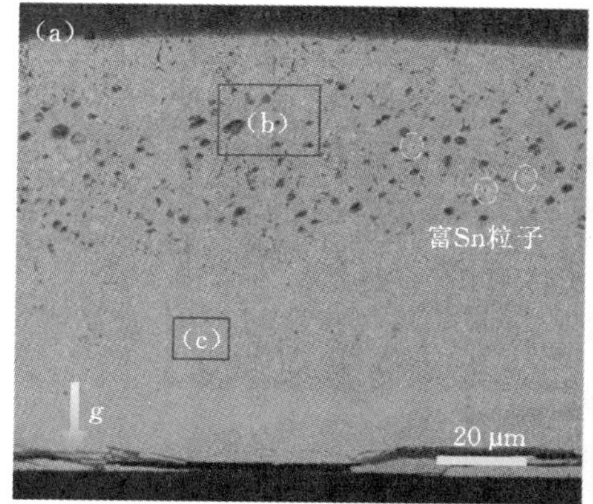

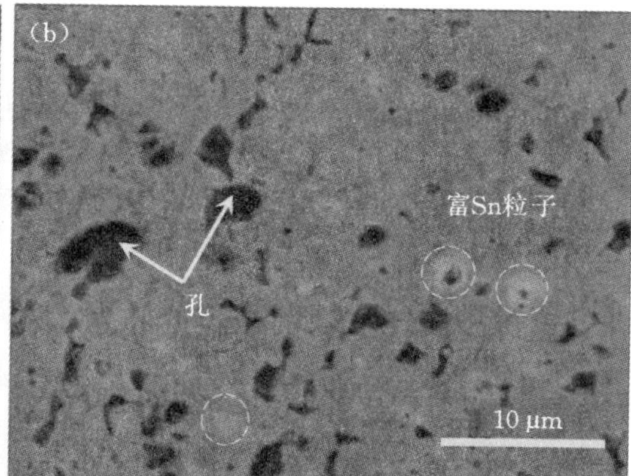

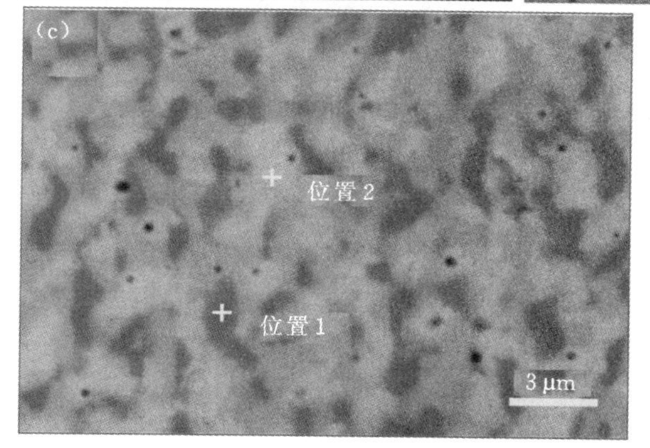

位置 1

元素	原子百分比/(%)
Fe	81.19
Sn	18.81

位置 2

元素	原子百分比/(%)
Fe	30.34
Sn	69.66

图 9-9　单辊快速凝固条件下 $Fe_{60}Sn_{40}$ 合金条带剖开面的相分离组织 SEM 图像

(a)整体;(b)、(c)局部区域

较好,且几乎孤立,如图 9-10(b)所示。再结合电子探针微区分析,确定了黑色球形第二相粒子为富 Fe 相,其中,Fe 原子百分比约为 67.52%(位置 1),而白色基体为富 Sn 相,其中 Sn 原子百分比约为 96.26%(位置 2)。

与常规凝固相比,快速凝固条件下第二相粒子的尺寸大幅度减小,且未出现宏观偏析现象。有研究表明:合金熔体在常规凝固条件下冷却速率为 $10^2 \sim 10^3$ K/s,而单辊快速凝固条件下的冷却速率为 $10^6 \sim 10^7$ K/s[25]。对于同一成分的合金而言,穿过难混溶区温度间隙所需的时间不同。简而言之,单辊高冷速使得合金熔体快速达到难混溶反应温度,第二相粒子用于生长和迁移的时间较短,即使熔体内部存在较高的温度梯度,也不能使第二相粒子长距离迁移而迅速被固-液界面“捕捉”。因此,第二相粒子孤立,且尺寸较小,不能聚集出现宏观偏析现象。然而,常规凝固的情况却截然不同,第二相粒子有更长的生长和碰撞凝并时间,在 Stokes 运动和

Marangoni 对流运动双重作用下，第二相粒子能形成尺寸更大的聚集体，因此，在块状合金中出现宏观偏析现象。

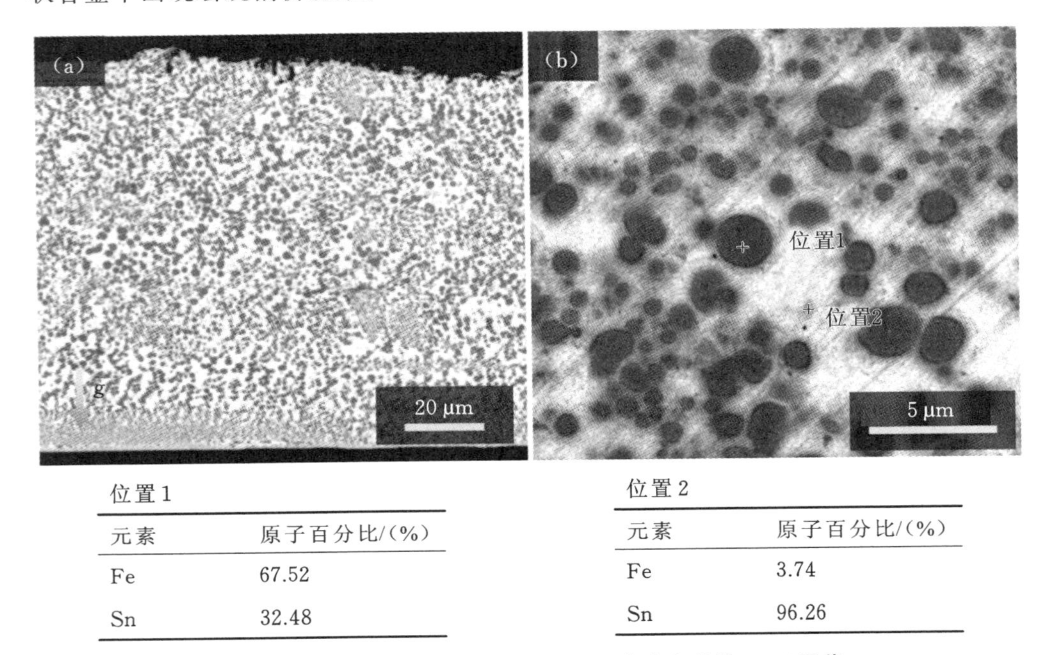

位置 1

元素	原子百分比/(%)
Fe	67.52
Sn	32.48

位置 2

元素	原子百分比/(%)
Fe	3.74
Sn	96.26

图 9-10　单辊快速凝固条件下 $Fe_{40}Sn_{60}$ 合金条带的 SEM 图像

(a)整体；(b)局部

9.3.4　快速凝固条件下的相组成

图 9-11 是快速凝固条件下 $Fe_{60}Sn_{40}$ 和 $Fe_{40}Sn_{60}$ 合金条带近辊面的 XRD 图样。对比可知，条带中的凝固组织均由 αFe、(Sn)、FeSn 和 $FeSn_2$ 四个相组成，未检出 Fe_5Sn_3 相和 Fe_3Sn_2 相。从衍射峰强度上看，$Fe_{40}Sn_{60}$ 合金条带中 $FeSn_2$ 相的含量高于 $Fe_{60}Sn_{40}$ 合金。

Fe_5Sn_3 相的缺失可能与其含量低有关，而 Fe_3Sn_2 相缺失可能与冷却速率有关。与常规凝固相比，快速凝固的合金条带中缺失 Fe_3Sn_2 相。这说明快速凝固抑制了金属间化合物 Fe_3Sn_2 相的生成。根据 Fe-Sn 合金相图可知，Fe_3Sn_2 相发生在 1076 K，由包晶反应 $Fe_5Sn_3+L_2 \longrightarrow Fe_3Sn_2$ 生成。当温度进一步降低至 1043 K，凝固将进入下一个包晶反应，$Fe_3Sn_2+L_2 \longrightarrow FeSn$，两次难混溶反应的温度仅相差 33 K。对于快速凝固而言，冷却速率较快，合金熔体穿过 33 K 仅需数十微秒。因此，生成 Fe_3Sn_2 相缺乏充足的时间。换句话说，温度迅速降低使得 FeSn 相具有更低的吉布斯自由能，成为优先析出相，抑制了 Fe_3Sn_2 相的析出。另外，金属间化合物也可能从 L_2 相中直接析出，但同样受到抑制。总之，常规凝固和快速凝固的主要区别是冷却速率存在巨大差异，且冷却速率影响凝固组织中的相生成。

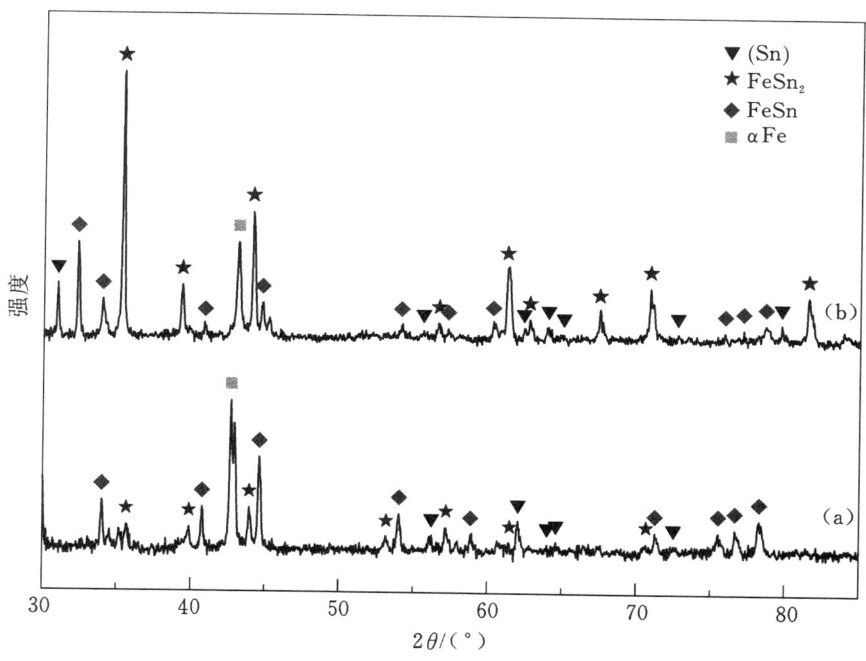

图 9-11　快速凝固条件下 $Fe_{60}Sn_{40}$ 和 $Fe_{40}Sn_{60}$ 合金条带近辊面的 XRD 图样

(a)$Fe_{60}Sn_{40}$；(b)$Fe_{40}Sn_{60}$

9.4　化学成分对 Fe-Sn 合金条带凝固组织的影响

9.4.1　临界点成分左侧的合金

对于难混溶区内临界点（最高点）左侧的合金，我们选择了 $Fe_{68}Sn_{32}$ 和 $Fe_{60}Sn_{40}$ 两组成分，其中 $Fe_{60}Sn_{40}$ 在 Fe-Sn 合金相图中的位置如图 9-1 所示。$Fe_{68}Sn_{32}$ 成分对应的相分离起始温度为 1435 K，$Fe_{60}Sn_{40}$ 成分对应的相分离起始温度为 1675 K，难混溶反应温度为 1403 K，因而 $Fe_{68}Sn_{32}$ 对应的难混溶间隙高度为32 K，而 $Fe_{60}Sn_{40}$ 对应的难混溶间隙高度为 272 K，两者相差 240 K。因此，不难推测：$Fe_{60}Sn_{40}$ 成分合金将有更多的液-液相分离时间。

1) $Fe_{68}Sn_{32}$合金条带

辊速为 3 m/s 时,$Fe_{68}Sn_{32}$合金条带的光学显微图像如图 9-12 所示。其中,条带厚约 127.4 μm。需要说明的是,对于单辊条带的放置方法,在无特殊标注的情况下,所有组织均为触辊面在下,自由面在上。从图 9-12 中不难看出,$Fe_{68}Sn_{32}$合金条带中最明显的特征是中心有一个黑色区域,且黑色区域较宽、稀疏。从形貌上看,黑色区域可能由细小的黑色粒子汇聚而成,且该区域与条带其他部分没有明锐的界面分隔。黑色区域上下两侧分布着细丝状的黑色组织,方向基本与触辊面垂直,有可能是被拉长的黑色粒子,通过前面对常规凝固条件下组织的分析可以判断,该黑色粒子很可能是富 Sn 第二相粒子。

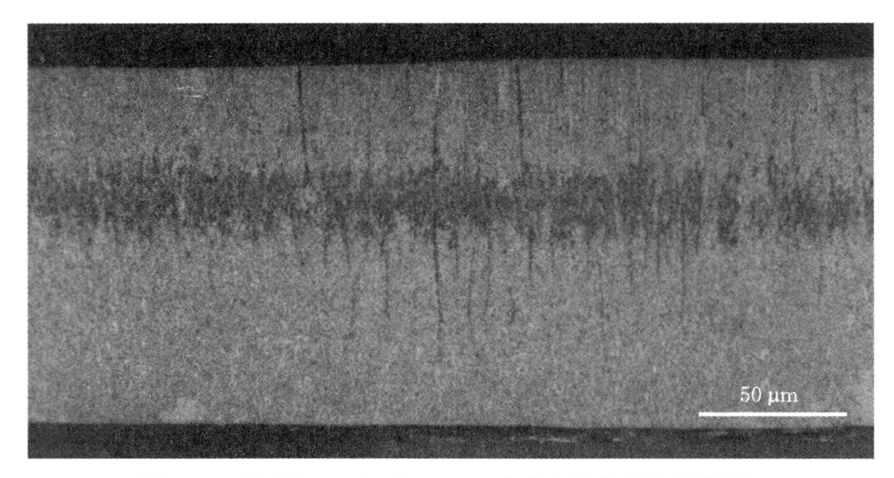

图 9-12 辊速为 3 m/s 时,$Fe_{68}Sn_{32}$合金条带的光学显微图像

2) $Fe_{60}Sn_{40}$合金条带

对于$Fe_{60}Sn_{40}$合金条带,图 9-9 给出了其中一种典型的形貌。除此以外,我们还得到其他三种典型的组织形貌,如图 9-13 所示。从图 9-13(a)中可以看出,条带的厚度总体上均一,厚度约为 112.5 μm,内部组织较为均匀。值得注意的是,部分条带中分布着少量被拉长的黑色粒子,而自由面附近弥散分布有较多黑色粒子。由实验数据可知,图 9-13(b)和(c)所示的形貌约占统计结果的 30%。对于图 9-13(b)所示的情况,条带总厚度为 136.2 μm。显然,在条带中清晰分布着一层黑色带状组织,与$Fe_{68}Sn_{32}$合金条带中的黑色组织类似。通过横向对比可知,该黑色带状组织更为致密,分布的范围更窄,形如一条细带,而且与触辊面几乎平行。该黑色带状组织的上、下两侧均分布有黑色粒子,且有明显被拉长的迹象,下侧分布更为弥散。因此,带状组织的下侧与基体分界线不明锐。相比之下,组织上侧则分布着大量黑色粒子，尽管这些粒子被拉长的迹象相对不明显，但上侧与基体的分界线较为清晰。

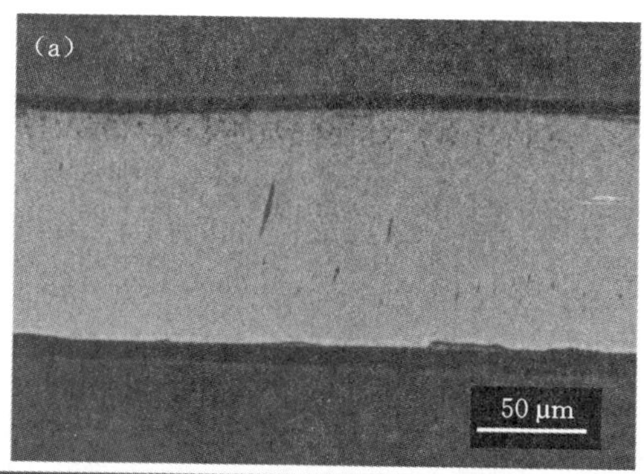

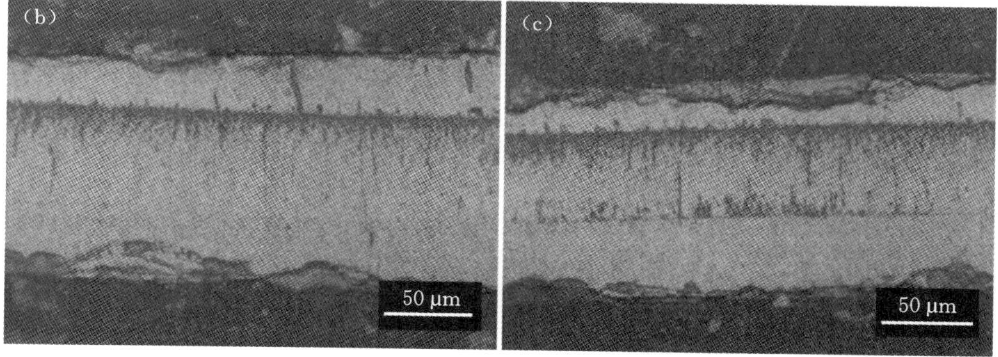

图 9-13　$Fe_{60}Sn_{40}$ 合金条带的三种典型组织形貌

图 9-13(c)中的条带厚度约为 125.9 μm。就形貌而言，其与图 9-13(b)中的情况类似，都有黑色带状组织，但二者最大的区别在于：图 9-13(c)中的合金条带有两层明显的黑色组织，而在黑色组织之间弥散分布着细丝状的黑色粒子。其中，靠近自由面一侧的黑色带状组织与图 9-13(b)中的极为类似，而靠近触辊面一侧的黑色带状组织则范围相对更窄，且下侧边界线明锐，黑色粒子分布较少。上侧则弥散分布着被拉长的黑色粒子，恰好与第一层黑色组织的分布情况相反。

9.4.2　临界点成分合金

难混溶间隙最高点成分是 $Fe_{50}Sn_{50}$，由于难混溶间隙具有对称性，最高点成分任意向一侧偏斜都会对液相分离第二相的析出造成截然不同的影响。对大量的实验结果进行分析，整理出最常出现的一种情况，如图 9-14(a)所示。从 SEM 图像可以清晰看到，大量白色粒子分布于灰色基体之中，但是粒子的形状并不规则，见局部区域放大图(图 9-14(b))。为了进一步确定凝固组织构成，对图 9-14(c)中白色粒子进行 EDS 分析，进而确定了白色粒子为富 Sn 相，周围的黑色基体为富 Fe 相。其中，位置 1 的 Sn 原子百分比为 88.59%，位置 2 的 Sn 原子百分比约为 37.48%。由此说明，该合金中的第二相为富 Sn 相。

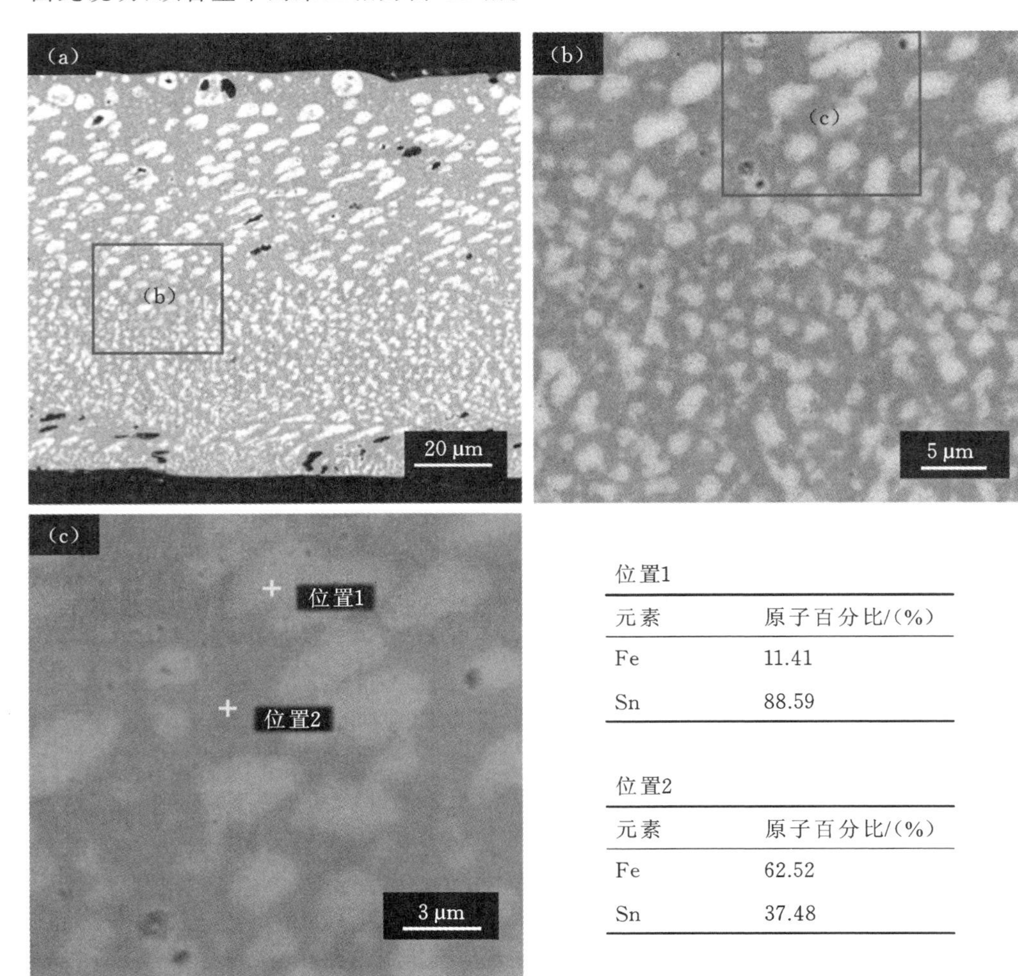

位置1

元素	原子百分比/(%)
Fe	11.41
Sn	88.59

位置2

元素	原子百分比/(%)
Fe	62.52
Sn	37.48

图 9-14　辊速为 3 m/s 时，$Fe_{50}Sn_{50}$ 合金条带横截面微观组织形貌的 SEM 图像及 EDS 分析

(a)整体；(b)、(c)局部区域放大图

从图 9-14 的形貌上看，富 Sn 粒子的迁移状态十分明显，且可将触辊面到自由面粗略地分为五层。$Fe_{50}Sn_{50}$ 合金条带中富 Sn 粒子的直径分布如图 9-15 所示。显

然，紧靠触辊面的第一层(a)是微晶区，厚度约为 5 μm，该层中大量分布着直径约为 1 μm 的富 Sn 晶粒。随后第二层(b)是迁移状细晶区，厚度约为 12 μm，该层中富 Sn 粒子的平均粒径约为 2 μm，且粒子呈明显的斜向拉长形态。第三层(c)厚约 30 μm，其内部分布着大量富 Sn 粒子，但粒子没有明显被拉长的迹象，粒径为 1.3～1.8 μm，且越往上粒子尺寸越大。再往上则是第四层(d)，粒子呈迁移状，厚约 51 μm，该层中的富 Sn 粒子直径自下而上从 1.8 μm 增大到 6 μm。靠近自由面的最后一层(e)厚约 8 μm，该层中的富 Sn 粒子平均直径最大，达到 7 μm 左右，而且粒子的球形形貌保持较好，但第二相粒子的数量相对较少。

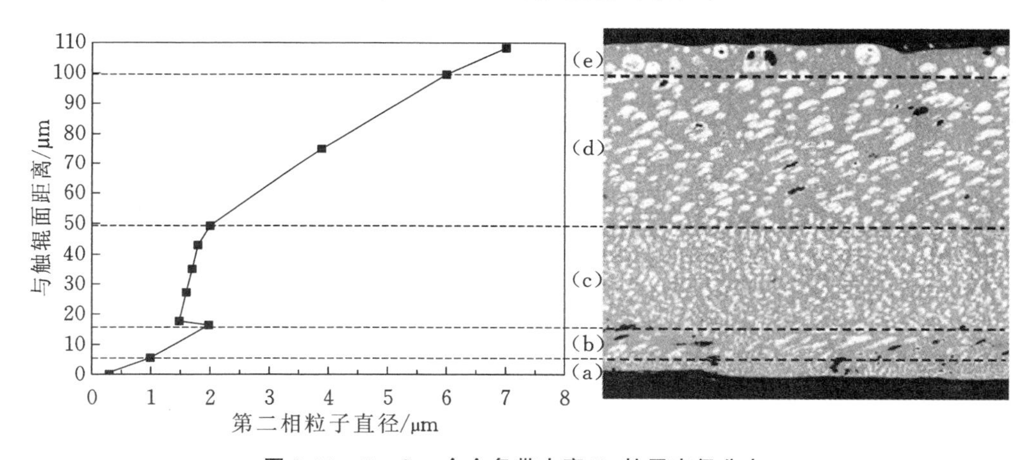

图 9-15　$Fe_{50}Sn_{50}$ 合金条带中富 Sn 粒子直径分布

9.4.3　临界点成分右侧的合金

在难混溶间隙内最高点右侧，选择了两组成分进行对比实验：$Fe_{40}Sn_{60}$ 和 $Fe_{32}Sn_{68}$。根据合金相图可知，$Fe_{40}Sn_{60}$ 合金对应的相分离起始温度为 1690 K，$Fe_{32}Sn_{68}$ 对应的相分离起始温度为 1456 K，难混溶反应温度为 1403 K，故 $Fe_{40}Sn_{60}$ 对应的难混溶间隙高度为 287 K，而 $Fe_{32}Sn_{68}$ 对应的难混溶间隙高度为 53 K，两者相差 234 K。可以推测，当其他条件相同时，$Fe_{40}Sn_{60}$ 合金需要更多的时间才能通过难混溶间隙，即有更多的时间进行相分离。因此，两组成分合金最终的凝固组织具有较好的可比性。

1) $Fe_{40}Sn_{60}$ 合金条带

尽管图 9-10 给出了 $Fe_{40}Sn_{60}$ 合金条带的一种典型凝固组织形貌，并分析了凝固过程，但大量实验表明，除类似图 9-10 中的条带外，还存在着另外一种常见的含带状组织的凝固形貌，如图 9-16 所示。统计结果显示，类似图 9-16 的条带组织约占总数的40%。与图9-10对比可以发现，图9-16中的$Fe_{40}Sn_{60}$合金条带在相同辊速下的凝固形貌明显不同。观察发现，图9-16(a)中的条带总厚度为145 μm，特殊结构条带的厚度约为8.7 μm。放大图9-16(a)中的区域得到图9-16(b)，在图9-16(b)中可以明显看到中间有一层细密的组织，其上沿较弥散，该组织平缓过渡到上面的基体组织，且没有明显突变；而下沿较明锐，可以清晰地看到分界线，甚至可以观察到部分黑色球形粒子被截掉。借助EDS分析，确定了图9-16(b)中第二相粒子和基体相的组成。其中：图中白色基体为富Sn相，Sn原子百分比约为96.41%；而黑色圆球为富Fe相粒子，Sn原子百分比约为33.61%；而在中心层状的细密组织的整体成分中，Sn原子百分比约为62.46%，与合金条带的原始成分十分接近。

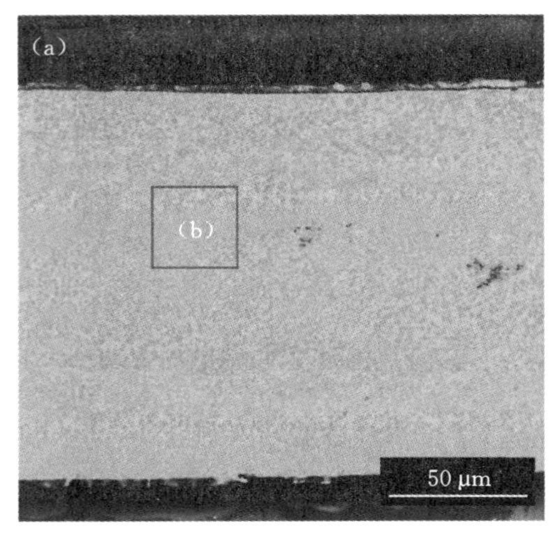

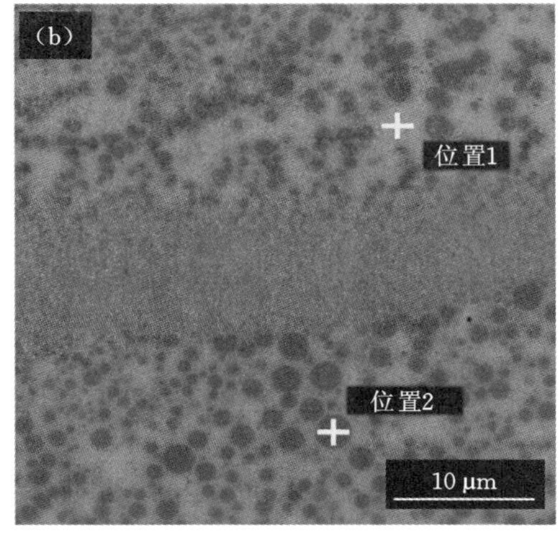

位置1

元素	原子百分比/(%)
Fe	3.59
Sn	96.41

位置2

元素	原子百分比/(%)
Fe	66.39
Sn	33.61

图9-16　辊速为3 m/s时，单层$Fe_{40}Sn_{60}$合金条带的组织形貌SEM图像

事实上，条带中分层结构的层数并不固定。从图9-17(a)中可以清晰地看到，三层带状组织平行于触辊面的亮色窄带，且每条窄带的厚度均为6 μm左右。为了进一步了解凝固组织的构成，实验对合金条带中自上而下的三条窄带分别进行微观放大分析，分别对应图9-17(b)～(d)。从形貌上看，三条窄带的内部均弥散分布互联的网络状组织，与周围基体中的球形粒子形貌截然不同。需要指出的是，此处的多层结构与单层结构类似，窄带下沿处的界线较为明锐，且附近的富Fe粒子较好地保持了球状外形。反观窄带上沿，组织平缓过渡到基体中，没有明显的突变，且上沿附近的富 Fe 粒子尺寸一般都小于下沿。两条窄带之间的区域则分布着大量的富 Fe 粒子。仔细观察发现，这些粒子的尺寸分布具有一定的规律性，即中间尺寸最大，由中间到两端尺寸逐渐减小。

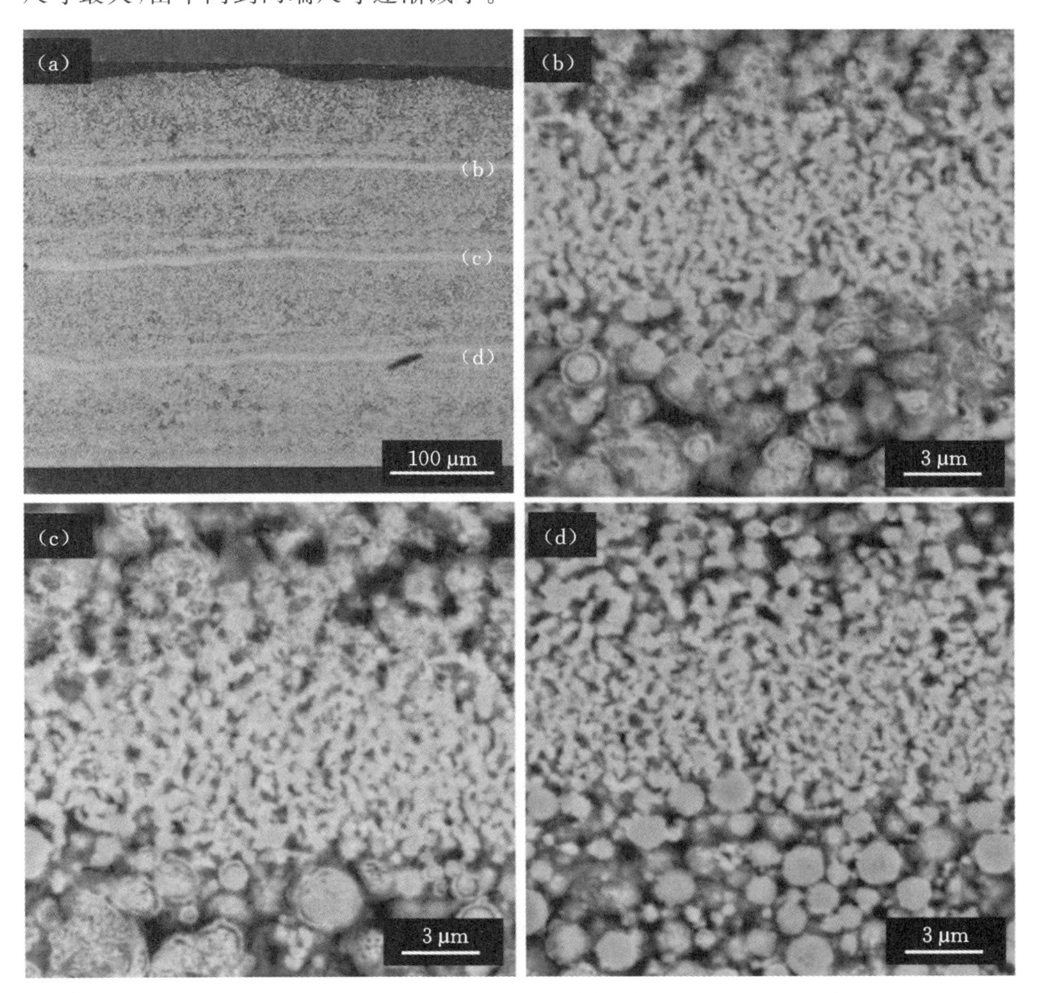

图 9-17　含三条窄带的 $Fe_{40}Sn_{60}$ 合金条带的组织形貌 SEM 图像

(a)整体；(b)～(d)窄带组织的局部放大图

为了全面分析该特殊窄带的分布情况，实验制备了合金条带的斜截面和自由面样品，如图 9-18 所示。其中，斜截面上分布着三条清晰的窄带，由此证明：在横截面上看到的窄带组织实际上是层状分布的。尽管每一条单独的窄带分布并不平行于触辊面，但比较这三条窄带和合金条带的自由面轮廓线可以发现，层状窄带的分布是高度一致的。根据单辊条带的特点可以推断:这三条窄带均垂直于热流方向。另外,合金条带中窄带的分布与自由面的轮廓有关。在较低辊速下,$Fe_{40}Sn_{60}$合金条带的自由面形状十分不规则,因而造成从平行于触辊面的自由面向下抛光得到的分布在平面上的窄带也不规则,进而导致带状组织与球形粒子两种不同的形貌,而且窄带组织的范围将有所扩大。此外,从图 9-18(b)中还可以看到,除条带外部边缘外,内部的窄带组织都是大片连续分布的。

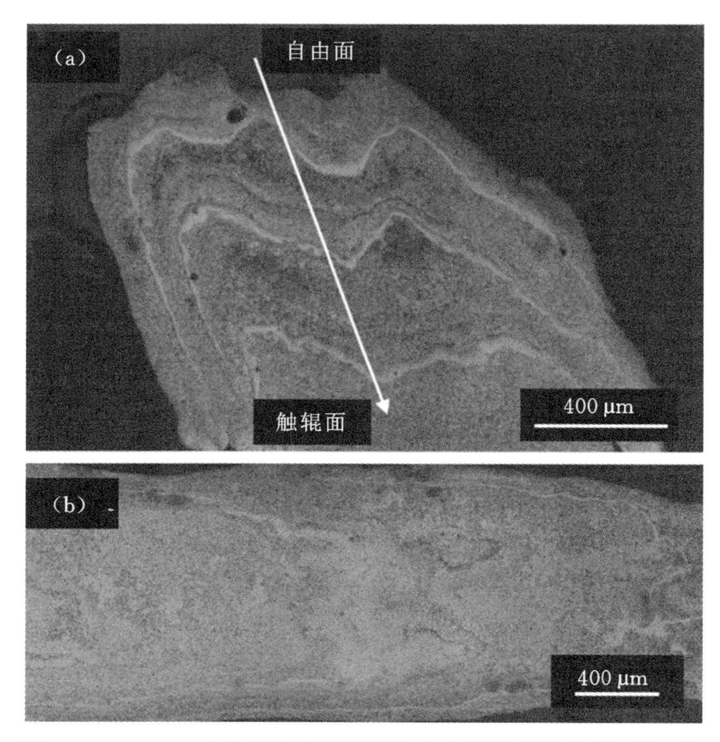

图 9-18　$Fe_{40}Sn_{60}$合金条带的斜截面和自由面样品的光学显微图像

(a)斜截面;(b)自由面

此外,通过 SEM 图像,我们分析了自由面样品中两种不同的凝固组织形貌,如图 9-19 所示。从图 9-19(a)中不难看出,第二相表现为球形粒子,且粒子的球状外形保持较好。由 EDS 分析可知,其中黑色的球形粒子为富 Fe 相。研究发现,这种组织在$Fe_{40}Sn_{60}$中最为常见。与图 9-19(a)中的凝固组织略有不同,图 9-19(b)中的第二相粒子颜色稍浅,且形态表现为深色相与浅色相交互生长的"蠕虫"状组织。实际上,这种特殊的组织与图 9-16 和图 9-17 中出现的窄带区域内的网络状组织是同一种组织。

图 9-19　$Fe_{40}Sn_{60}$ 合金条带自由面样品的 SEM 图像

(a)第二相表现为球形粒子;(b)第二相表现为“蠕虫”状组织

为了进一步分析这种特殊的“蠕虫”状组织,我们将该组织与朱定一等人[26]获得的实验结果进行了对照,如图 9-20 所示。其中,图 9-20(a)为朱定一等人在Fe-Sn合金深过冷条件下得到的调幅分解组织形貌,图 9-20(b)和(c)是本实验在 $Fe_{40}Sn_{60}$ 合金条带纵截面上获得的“蠕虫”状组织形貌的 SEM 图像。图 9-20(b)为腐蚀后的形貌,图 9-20(c)为未腐蚀时的形貌。借助 EDS 分析,本实验还确定了未腐蚀金相 SEM 图像(图 9-20(c))中位置 1、2 和 3 的成分及构成。

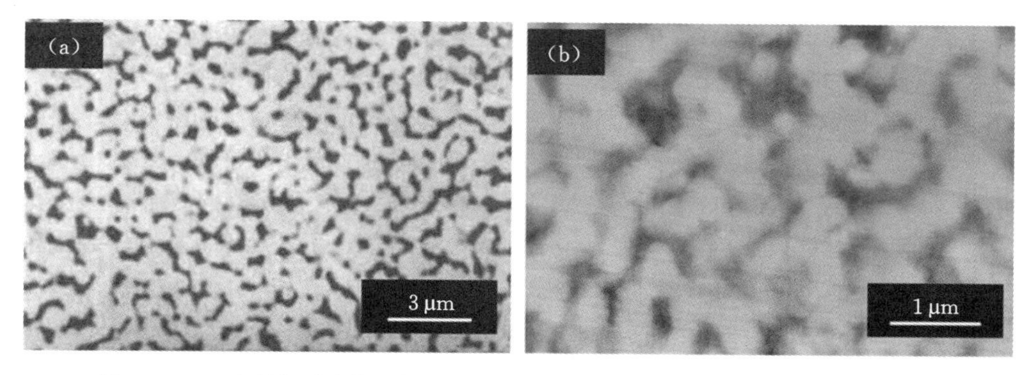

图 9-20　(a)文献[26]中的调幅分解组织形貌;(b)、(c)本实验在 $Fe_{40}Sn_{60}$ 合金条带纵截面上获得的“蠕虫”状组织形貌的 SEM 图像

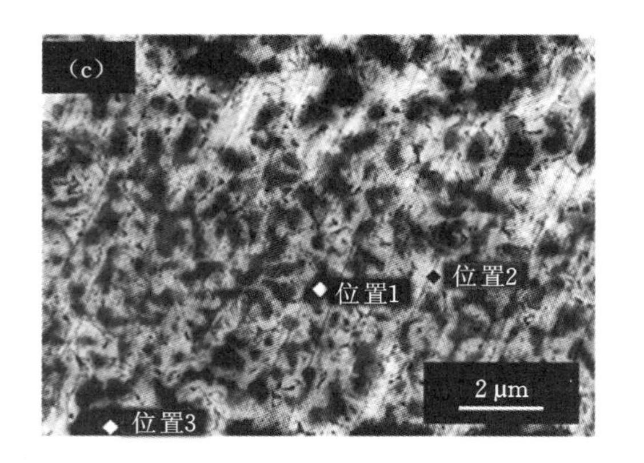

位置1

元素	原子百分比/(%)
Fe	40.48
Sn	59.52

位置2

元素	原子百分比/(%)
Fe	28.76
Sn	71.24

位置3

元素	原子百分比/(%)
Fe	67.36
Sn	32.64

续图 9-20

本实验在 $Fe_{40}Sn_{60}$ 合金条带中获得的“蠕虫”状组织也可能是调幅分解组织。首先，从形貌上看，这里得到的“蠕虫”状组织在形貌上与调幅分解组织极为相似；其次，从尺寸上看，文献[26]中的调幅分解组织尺寸在 1 μm 左右，而我们得到的“蠕虫”状组织尺寸为 400～500 nm，考虑到在均质合金中调幅分解是从无到有的过程，因而调幅分解尺寸小于 1 μm 是可能的，换句话说，单辊实验的冷却速率更高，捕获了调幅分解早期阶段的组织，使得这种组织未进一步粗化，因此，尺寸会更小；再次，EDS 分析结果显示，“蠕虫”状组织中，黑色相中 Sn 原子百分比约为 59.52%（位置 1），而白色相中 Sn 原子百分比约为 71.24%（位置 2），通过与该段合金条带总成分（Sn 原子百分比约为 62.97%）对比可知，黑白两相的成分恰好位于原始成分的两侧，而且均处于难混溶区范围内，考虑到调幅分解是一个成分不断变化的上坡扩散过程，其中的成分也应该是不断变化的，加之粒子形貌不是球形，这进一步说明黑色相的成分正处在变化之中，这种情况在调幅分解中是极有可能出现的。综合以上分析可知：本实验得到的“蠕虫”状组织也是调幅分解组织，与朱定一等人[26]的结果相同。

为了进一步确定 $Fe_{40}Sn_{60}$ 合金条带中的微观组织，我们制备了条带的透射电子显微镜（TEM）样品，表征结果如图 9-21 所示。从微区成分测试结果可知，合金条带中的第二相粒子为富 Fe 相（位置 1），其 Sn 原子百分比约为 31.56%。对比相图可以发现，该成分比较接近难混溶点成分（Sn 原子百分比为 31%）；球壳为 αFe 的固溶体，Sn 原子百分比约为 14.68%（位置 3），这与前面的 EDS 分析结果基本一致；内部为粒子状组织，单个粒子中 Sn 原子百分比约为 42.27%（位置 2）。粒子物堆叠使得制样难度大，而且凹坑位置难以控制，所以未曾找到“蠕虫”状的调幅分解组织。

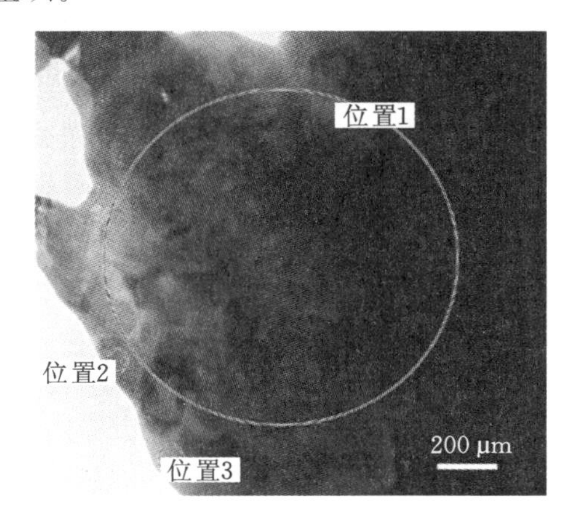

位置1

元素	原子百分比/(%)
Fe	68.44
Sn	31.56

位置2

元素	原子百分比/(%)
Fe	57.73
Sn	42.27

位置3

元素	原子百分比/(%)
Fe	85.32
Sn	14.68

图 9-21　$Fe_{40}Sn_{60}$ 合金条带中微观组织的 TEM 明场图像

2）$Fe_{32}Sn_{68}$ 合金条带

对于 $Fe_{32}Sn_{68}$ 合金条带，合金成分在平衡相图中的位置比 $Fe_{40}Sn_{60}$ 更靠右。实验发现，在辊速为 3 m/s 的条件下，$Fe_{32}Sn_{68}$ 合金条带的分层结构如图 9-22 所示，这种分层结构与图 9-17(a)所示的分层结构类似。图 9-22(a)为含有单层亮带分层结构

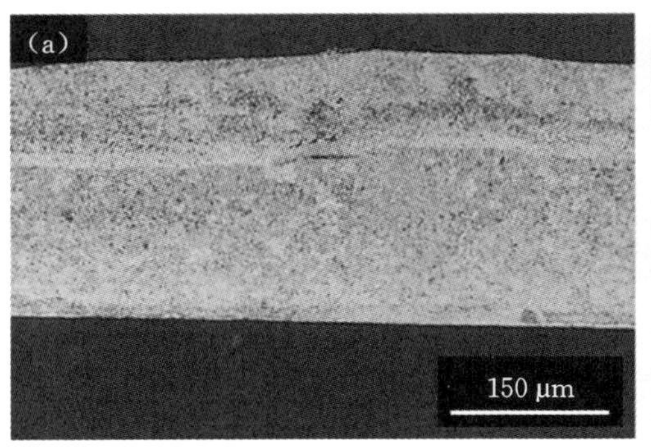

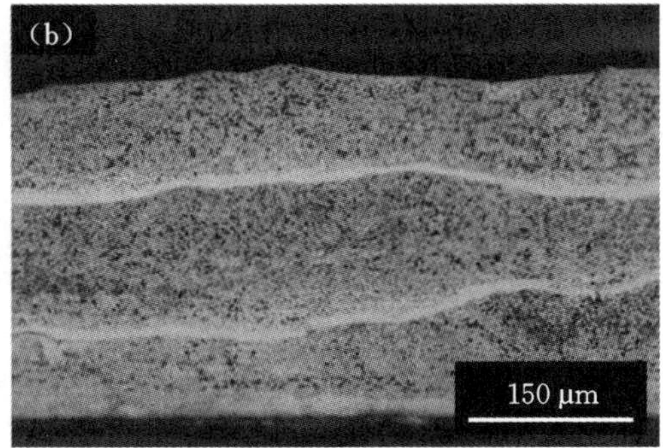

图 9-22　具有分层结构的 $Fe_{32}Sn_{68}$ 合金条带的光学显微图像

(a)单层亮带；(b)双层亮带

的 $Fe_{32}Sn_{68}$ 合金条带，条带厚 269 μm；图 9-22(b)为含有双层亮带分层结构的 $Fe_{32}Sn_{68}$ 合金条带，条带总厚 324 μm。与图 9-17(a)对比可以发现，图 9-22 中的分层结构不规整，尽管中部的亮带组织仍然是沿着辊面切线方向分布，但几乎不平行于触辊面，也不与自由面轮廓一致。由此可以推断，该亮带的不规整性可能是由单辊条带凝固过程中合金条带内部的热流方向不规则引起的。

为了进一步分析条带内分层结构的分布特点，我们得到了 $Fe_{32}Sn_{68}$ 合金条带的斜截面(图 9-23(a))和自由面(9-23(c))的光学显微图像。其中，斜截面上分布着两条较窄亮带。虽然亮带的边缘并不明锐，但仍可佐证该亮带组织是平行于触辊面分布的。将这两条亮带和合金条带的自由面轮廓线放在一起比较便可看出，它们的分布也是高度一致的。从图 9-23(c)中可以看到，样品自由面内部的组织都是大片连续分布的，且在条带边缘附近可以看到较为明锐的亮带组织。从图 9-23(c)中还可以看出，亮带组织在靠近合金条带左右边缘时，生长方向几乎垂直于触辊面。在自由面薄片样品中，合金条带的边缘出现的亮带组织范围很窄，而且边缘明锐。放大图 9-23(a)和(c)，分别得到图 9-23(b)和(d)。从图 9-23(b)中可以看出，$Fe_{32}Sn_{68}$

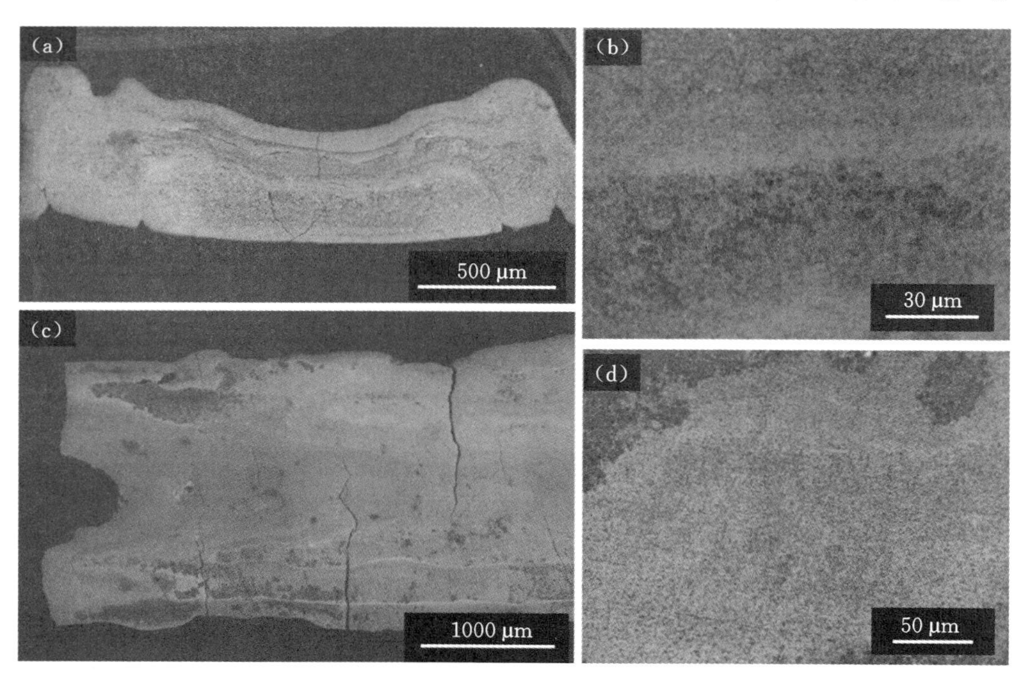

图 9-23　$Fe_{32}Sn_{68}$ 合金条带的光学显微图像

(a)斜截面；(b)斜截面放大；(c)自由面；(d)自由面放大

合金条带斜截面上的亮色窄带区域厚度小于 10 μm，上下侧均为黑色的富 Fe 相粒子区域，而在自由面薄片样品（图 9-23(d)）中，则出现了大片富 Fe 相粒子区域和大片窄带组织区域。

9.4.4　难混溶区外的合金

作为对比实验，我们选取了 $Fe_{17}Sn_{83}$ 合金为研究对象，该成分在难混溶区范围外，处于包晶范围内。该成分合金在冷却过程中不经过难混溶区，因此，不会发生液-液相分离。由于 Fe-Sn 难混溶反应最右端的成分为 $Fe_{27}Sn_{73}$，$Fe_{17}Sn_{83}$ 远远高于该成分点，因此，合金在冷却过程中不会发生难混溶反应。故最终的凝固组织应该排除液-液相分离和难混溶反应二者的影响。

图 9-24 为 $Fe_{17}Sn_{83}$ 合金条带及微观组织形貌的 SEM 图像。由图 9-24(a)可知，组织中未出现白色迁移状第二相粒子，也没有出现分层结构，而是形成均匀弥散分布的组织。结合 EDS 分析，考察了图 9-24(b)中类似小枝晶状的组织，其成分中 Sn 原子含量为 58.48%～65.20%。考虑到 Fe-Sn 合金平衡相图中难混溶反应温度以下有多个共析、包晶等反应，因而可以推测：这些小枝晶状的组织很可能是金属间化合物。此外，还分析了基体中的均匀白色组织，其中 Sn 原子含量为 88.90%～98.07%。这些组织应该是最后凝固的低熔点 Sn 的固溶体。对比可知，分层组织的出现应该与难混溶间隙的存在有关。

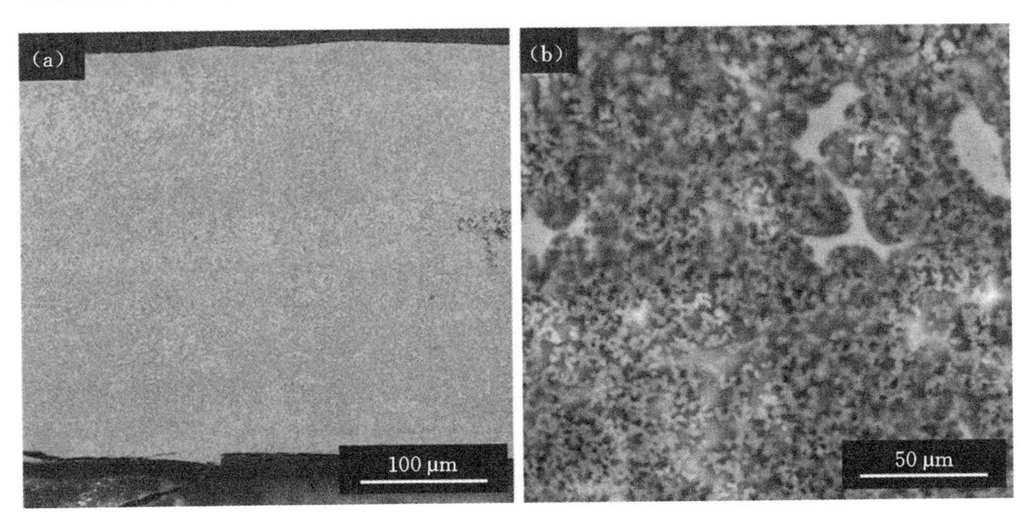

图 9-24　$Fe_{17}Sn_{83}$ 合金条带及微观组织形貌的 SEM 图像

9.4.5 初始成分对相分离过程的影响

在合金条带中，触辊面为急冷面，温度梯度的方向为从触辊面指向自由面，因此第二相液滴将在 Marangoni 对流作用的驱动下向自由面方向迁移。在此过程中，液滴自身将粗化、长大，同时，液滴与液滴之间将可能碰撞凝并形成更大的液滴。$Fe_{50}Sn_{50}$ 合金条带(图 9-14 和图 9-15)中的凝固组织可以很好地反映这一规律，即迁移状第二相粒子的形貌清晰可见，且粒子的尺寸自下而上明显增大。

然而，合金条带中自下而上的第二相粒子并不是呈单一的迁移状，而是可以根据组织的特点，将条带划分为图 9-15 所示的(a)～(e)五个区域。图 9-15 分别统计了各区域的平均粒子尺寸，关于这五个区域的形成原因，我们认为与单辊急冷动力学过程有关。当高温合金熔体从试管喷出后接触到铜辊表面时，极大的冷却速率使最初接触辊面的那一部分熔体快速开始发生相分离，随后相分离出来的第二相液滴在半径较小的时候便冷凝为固态，形成大量直径在 1 μm 以下的微小第二相粒子，该区域便是条带触辊面第一层(a)区域。与此同时，辊面的转动会使触辊面熔体沿着辊面切线方向加速，(a)区域以上的熔体也会在黏滞力的作用下加速，但是速度将滞后于(a)区域。又由于该区域没有直接与辊面接触，因而冷却速率有所降低，但靠近急冷面的部分的温度梯度仍然较大，因此，在(a)区域上方的一定区域内，液相分离析出的富 Sn 液滴继续向上迁移。由于这些第二相液滴上下两侧熔体的速度存在差异，这些第二相液滴在切向剪切力的作用下被横向拉长，同时，在该过程中，与周围液滴凝并的富 Sn 液滴的尺寸会变大，从而形成平均直径在 2 μm 左右的粒子区域(b)。随着与触辊面的距离加大至 17 μm，熔体内部的温度梯度急剧降低，加之此时刚析出的第二相液滴的直径还比较小，在这两种因素的共同作用下，液滴的移动速率变小。与此同时，该部分熔体的移动速率的增加量也减弱了切向剪切力的作用，使得第二相液滴析出后不久便被较早凝固的富 Fe 基体“捕获”，从而在原地不动，形成(c)区域。由于几乎不移动，第二相液滴之间相互碰撞和凝并的可能性减小，因此，该层的第二相粒子的球状外形保持较好，直径从 1.3 μm 增大至 1.8 μm，该区域的第二相粒子的直径略小于(b)区域的。

随着第二相液滴尺寸的进一步增大，移动速率随之增大，Marangoni 对流作用逐渐增强。而在第二相液滴移动的过程中，熔体液层切向运动速度不同，导致液滴在剪切力的作用下与触辊面成一定角度，并在条带熔体中展示出向自由面移动的趋势。第二相液滴在移动过程中，其直径也在不断增大，从 1.8 μm 增大至 6 μm，该区域的厚度达到 51 μm，这便形成了(d)区域。由于(d)区域的最上沿接近自由面，因而温度梯度将会变得很小，第二相液滴几乎不再移动 。自由面附近的第二相液滴由于在该区域的冷却速率最小，因而有着最长的液相分离时间。相应地，第二相液滴也有更长的时间在该区域粗化、长大，因此，这个区域内的第二相粒子在整个条带中直径是最大的。尽管该层的厚度只有 8 μm，但第二相粒子的平均直径高达 7 μm。这就是最后一层大粒子区域(e)。

对临界点成分左侧的两组合金，其内部组织的不同与第二相液滴的行为关系密切。以 $Fe_{60}Sn_{40}$ 合金为例，在单辊急冷过程中，该合金的难混溶间隙对应温度低，因而 $Fe_{60}Sn_{40}$ 合金中第二相液滴的移动时间比 $Fe_{50}Sn_{50}$ 合金中第二相液滴的移动时间短。此外，由相图可知，在平衡凝固条件下，$Fe_{50}Sn_{50}$ 合金中第二相液滴的体积分数最大[27,28]，约为 50%，而 $Fe_{60}Sn_{40}$ 中约为 31%。也就是说，$Fe_{60}Sn_{40}$ 合金中第二相液滴的体积分数远低于 $Fe_{50}Sn_{50}$ 合金。在 $Fe_{60}Sn_{40}$ 合金条带中出现的三种组织形貌(图 9-13)均是以第二相液滴的移动为最大特征，见图 9-13(a)。同时，图 9-13(a)所示形貌也是最常见的形貌之一。由于富 Sn 液滴的移动，这些第二相液滴可能聚集到自由面，而条带中部的粒子因基体的快速凝固而可能保持液滴被拉长的状态。此外，图 9-13(b)和(c)中合金条带内部出现了一层或两层液滴汇聚而成的富 Sn 相组织，该组织的形成原因可能是：在熔体急冷过程中，触辊面附近形成的第二相液滴迅速向自由面迁移，该过程伴随液滴的凝并和长大，当其恰巧与周围尺寸相当的液滴黏结时，可能汇聚成一带状组织。球形界面的减小使第二相液滴的 Marangoni 对流作用变弱，带状组织随即停止了移动行为，从而形成图 9-13(b)所示的形貌。如果近辊面附近新析出的第二相液滴也出现了类似的黏结，则有可能出现如图 9-13(c)所示的两层富 Sn 带状组织形貌。

第二相液滴因黏结而不凝并的现象在 $Fe_{68}Sn_{32}$ 合金条带中也能得到证实，如图 9-12 所示。不同的是，$Fe_{68}Sn_{32}$ 合金液-液相分离因析出的第二相液滴体积分数很小而使得其尺寸较小，因而 Marangoni 对流运动速率也很小，从而相互碰撞凝并的概率也较小，故不容易形成如同 $Fe_{60}Sn_{40}$ 中那样明锐的第二相液滴汇聚亮带，而更可能形成一种第二相液滴弥散分布的聚集区。这些第二相液滴的 Marangoni 对流运动速率相近，因而很容易被液固界面迅速“捕捉”而保留下来，这也很好地解释了 $Fe_{68}Sn_{32}$ 合金条带中为什么会出现单层带状组织形貌。

对临界点成分右侧的合金，第二相为富 Fe 相粒子，其凝固行为对最终的凝固组织至关重要。从图 9-16 中的 $Fe_{40}Sn_{60}$ 合金条带可以清晰看到，条带中弥散分布着大量黑色富 Fe 第二相粒子，直径约为 2.5 μm，且粒子的球状外形保持得较好。再结合图 9-21 所示的 TEM 结果，可以发现这些第二相粒子发生了难混溶反应，而球壳中 Sn 原子占比约为 14.68%。这表明，该球壳主要是由 αFe 构成的。根据该实验结果，推测条带中的相分离过程如下：①当合金进入难混溶区范围内时，液-液相分离过程中富 Fe 第二相液滴开始析出；②由于单辊急冷条件下，条带中存在着较大的温度梯度，因而富 Fe 第二相液滴在 Marangoni 对流作用下向自由面迁移；③因第二相液滴温度进一步降低而发生难混溶反应，形成 αFe 球壳，而周围基体仍然是低熔点的液态富 Sn 相，导致第二相液滴的球形形貌固定不变；④由于液滴的表面已经固化，因而 Marangoni 对流作用立刻减弱甚至消失，此时重力引起的 Stokes 运动成为第二相液滴移动的主要驱动力[29]；⑤熔体中极大的冷却速率使液固界面的推移速率较快，导致悬浮在液态富 Sn 相基体中的富 Fe 粒子很快被液固界面捕获，从而形成图 9-16 所示的组织形貌。

对于具有分层结构的 $Fe_{40}Sn_{60}$ 合金(如图 9-17 和图 9-18 等)和 $Fe_{32}Sn_{68}$ 合金条带(图 9-22)，条带中分布着一条或几条窄亮带区域，而其周围则分布着大量富 Fe 第二相粒子，呈暗黑色。相比较而言，$Fe_{32}Sn_{68}$ 合金由于相分离时间较短，因此，该合金条带中的第二相粒子尺寸也相对较小。前文已经介绍了多层条带的形成过程，这里不再赘述。此外，实验中还获得了“蠕虫”状的调幅分解组织，通过和文献结果进行比对，进一步证实了 $Fe_{40}Sn_{60}$ 合金在凝固过程中发生了调幅分解。

最后，$Fe_{17}Sn_{83}$ 合金成分由于在难混溶区外，其凝固过程将不会经历液-液相分离阶段，因而该成分合金条带中将不会出现第二相液滴。根据实验结果(图 9-24)，合金条带中确实未出现第二相液滴及与其类似的凝固组织，而是整体弥散分布着细小的枝晶。

9.5 冷却速率对 Fe-Sn 合金条带凝固组织的影响

由 9.4 节内容可知，对于辊速为 3 m/s、成分位于难混溶间隙最高点右侧的合金条带，其内部大概率将出现层状结构，而且 $Fe_{40}Sn_{60}$ 合金条带中的层数多于 $Fe_{32}Sn_{68}$ 合金条带中的层数。为了进一步研究这种特殊的分层结构出现的条件和影响因素，我们对这两种成分的合金进行了 10 m/s 和 25 m/s 两种辊速的单辊实验。

9.5.1 $Fe_{40}Sn_{60}$ 合金条带的分层现象

对于 $Fe_{40}Sn_{60}$ 合金，我们首先进行了 10 m/s 和 25 m/s 两种辊速的实验。然后对实验结果进行统计分析，整理得到出现亮带概率较大的合金条带。最后，磨制样品，并表征条带的凝固组织形貌。图 9-25 所示为 10 m/s 辊速下 $Fe_{40}Sn_{60}$ 合金条带的 SEM 图像，其中，图 9-25(a)和(b)为经过腐蚀处理的条带，图 9-25(c)和(d)是未经腐蚀处理的条带。整体上看，10 m/s 的合金条带厚度约为 90 μm，比 3 m/s 时的样品更薄。从形貌上看，该合金条带的中心有一条连续的亮色带状组织，其厚度约为 10 μm，在触辊面附近，不规则分布着若干块状亮色组织。如图 9-25(b)所示，亮带中分布着被拉长且平行于触辊面的黑色富 Fe 粒子，长度约为 5 μm，这些黑色粒子周围是均匀的白色富 Sn 相。亮带将整个条带分成上下两部分，上下两侧都弥散分布着大量黑色富 Fe 粒子，粒径在 1 μm 左右，推测合金条带上下两部分都分布着大量的黑色富 Fe 粒子。

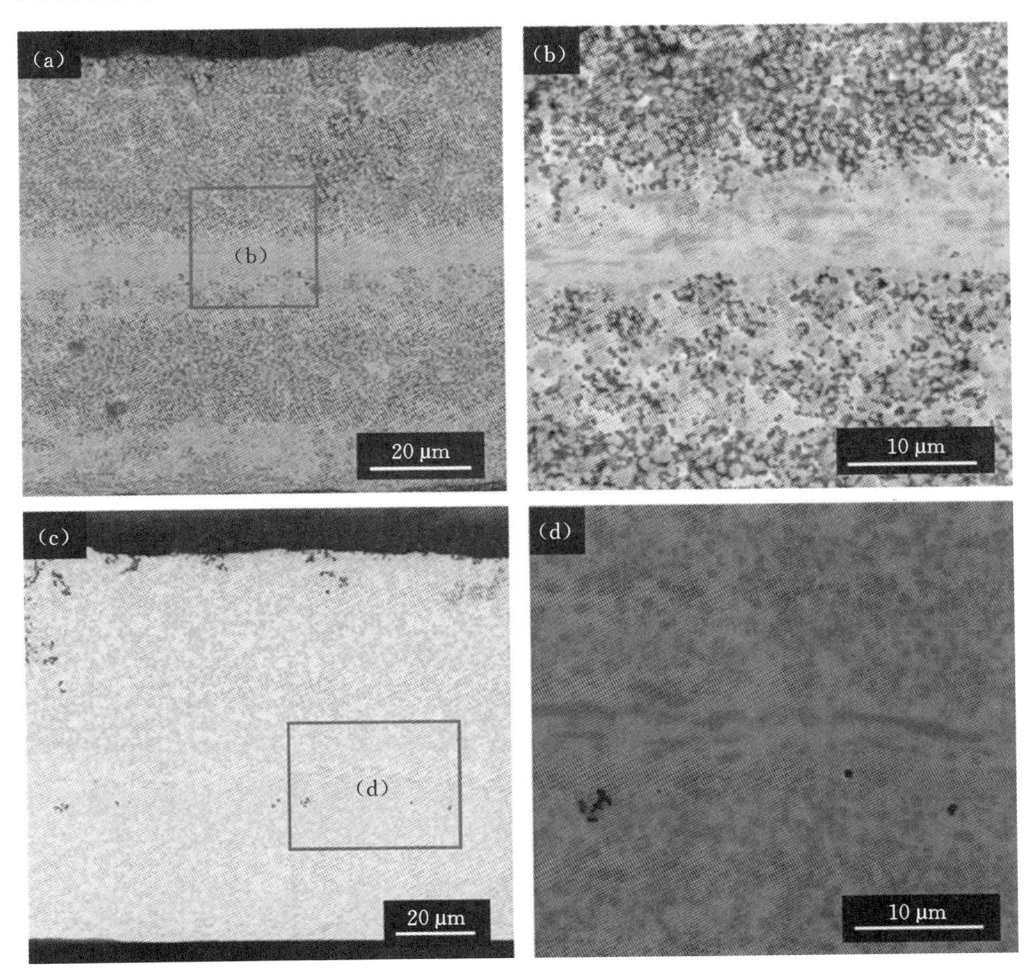

图 9-25　辊速为 10 m/s 时，$Fe_{40}Sn_{60}$ 合金条带的 SEM 图像

(a)腐蚀处理；(b)腐蚀处理放大；(c)未经腐蚀处理；(d)未经腐蚀处理放大

由于腐蚀后的样品可能对相分布的观察有一定的影响，因此我们做了一组未经腐蚀处理的对照实验，其结果如图 9-25(c)所示，条带约厚 103 μm。可以清晰地看到，合金条带中弥散分布着大量黑色粒子，且粒子的球状外形保持较好。通过 EDS 分析，确定了这些黑色粒子为富 Fe 相。显然，该条带中没有出现类似图 9-25(a)中那样明显的亮带，但中心区域的组织结构也比较特别，如图 9-25(d)所示。中心区域内分布着几乎平行于触辊面的黑色被拉长粒子，与图 9-25(b)的情况极为相似。同样地，借助 EDS 分析，这些黑色被拉长粒子的成分被确定，Sn 原子含量为 37.58%～38.52%，而其周围的白色相为富 Sn 相，Sn 原子占比约为 88.12%。

当辊速进一步增大到 25 m/s 时，$Fe_{40}Sn_{60}$ 合金条带的形貌如图 9-26(a)所示，条带总厚度急剧减小，约为 34 μm。就形貌而言，总体与 10 m/s 辊速条件下的 $Fe_{40}Sn_{60}$ 合金条带(图 9-25)类似，中心和触辊面附近各有一条亮色带状组织。其中，中心亮带厚度约为 5 μm，如图 9-26(b)所示。中心亮带内部也分布着被拉长的黑色富 Fe 粒子，长度为 2 μm 左右，亮带上下两侧均匀分布着黑色球形粒子。同时，粒子尺寸也进一步被细化，粒径约为 0.5 μm。

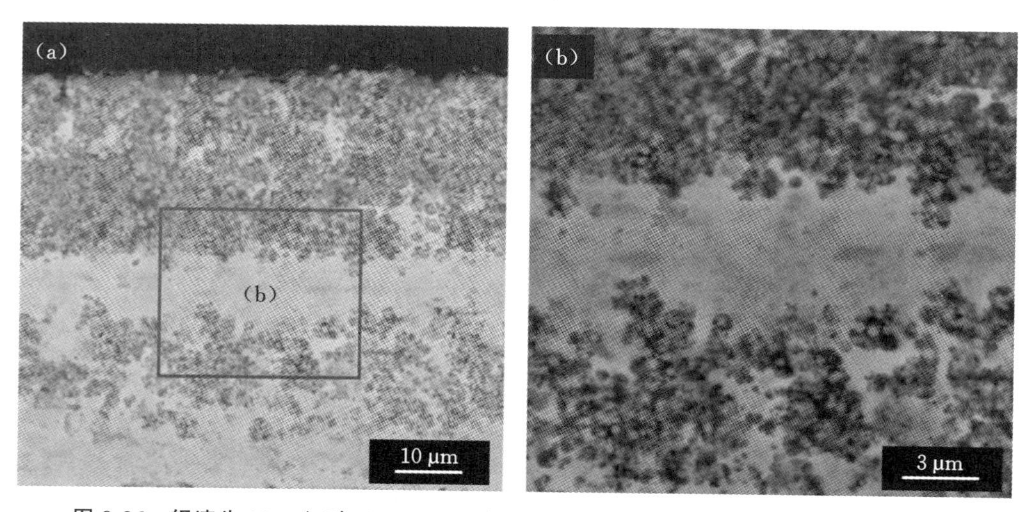

图 9-26　辊速为 25 m/s 时，(a)$Fe_{40}Sn_{60}$ 合金条带及(b)区域放大微观组织的 SEM 图像

9.5.2　$Fe_{32}Sn_{68}$ 合金条带的分层现象

对于 $Fe_{32}Sn_{68}$ 合金，我们同样进行了 10 m/s 和 25 m/s 两组辊速实验。对实验结果进行统计整理，发现在同一辊速下，$Fe_{32}Sn_{68}$ 合金条带中有多种分层结构组织出现。图 9-27 给出了两种不同辊速下 $Fe_{32}Sn_{68}$ 合金条带中的分层结构组织。其中，辊速为 10 m/s 时的实验结果如图 9-27(a)～(c)所示，辊速为 25 m/s 的实验结果如图 9-27(d)～(f)所示。需要说明的是，图 9-27(a)～(c)为光学显微图像，图 9-27(d)～(f)为 SEM 图像。

从图 9-27(a)～(c)可以看出，当辊速为 10 m/s 时，合金条带中都出现了分层结构。不同的是，中心亮带的数目由 1 条增加至 3 条。图 9-27(a)～(c)中条带的厚度也不同，依次为 76 μm、132 μm 和 161 μm，但中心亮带的厚度几乎保持不变，为 6～9 μm。针对亮带的特点及分布情况，可以看出图 9-27(a)和(b)中亮带较直，几乎平行于触辊面，而图 9-27(c)中亮带则相对弯曲。

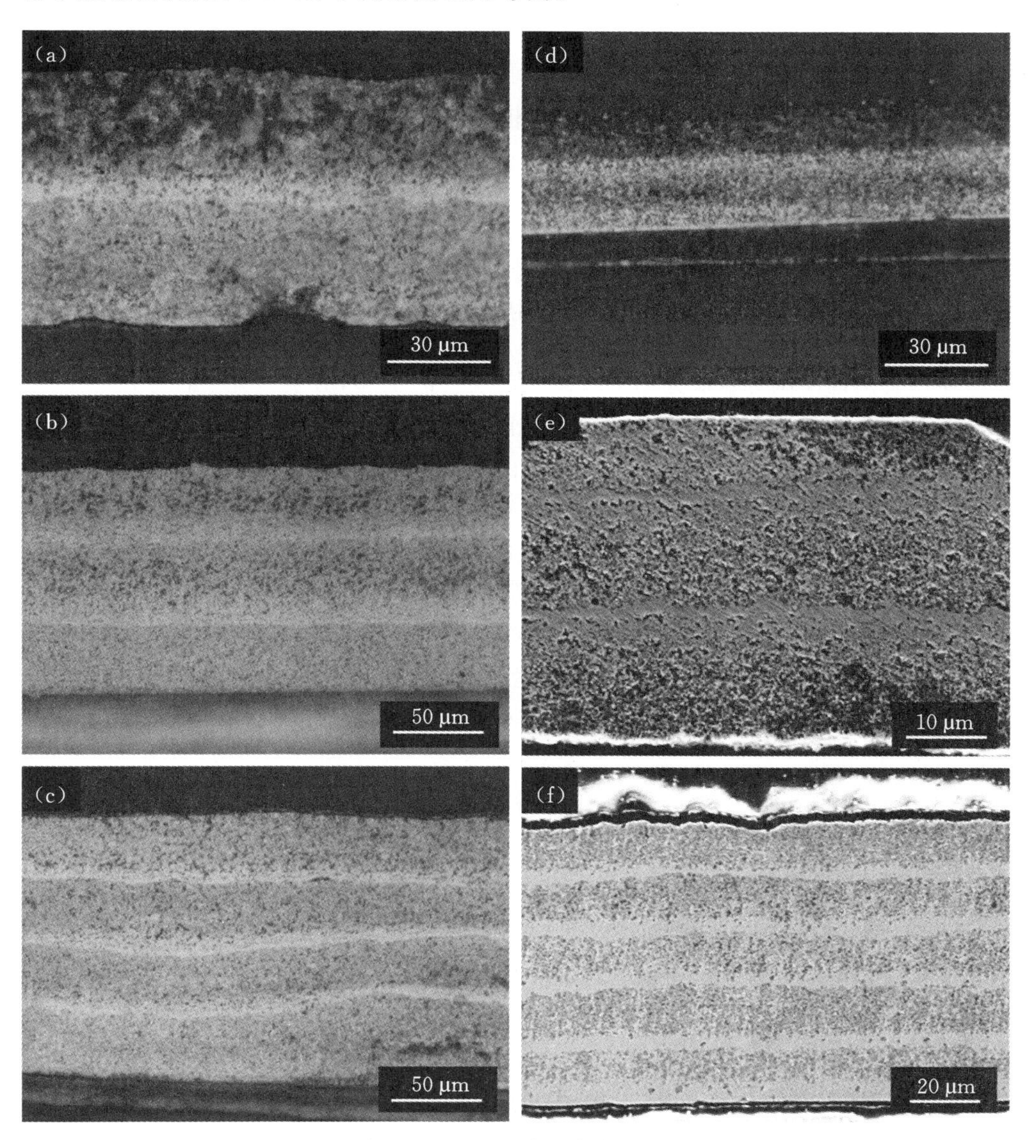

图 9-27　不同辊速下 $Fe_{32}Sn_{68}$ 合金条带中的分层结构组织

(a)～(c)辊速为 10 m/s；(d)～(f)辊速为 25 m/s

从图 9-27(d)～(f)中可以看出，当辊速为 25 m/s 时，条带中同样出现了分层结构组织。条带的总厚度分别为 34 μm、44 μm 和 82 μm。中心亮带的厚度均为 2～4 μm，且几乎所有的亮带都平行于触辊面，中心亮带的数目依次为 1、2 和 4 条。

对比 10 m/s 和 25 m/s 的合金条带组织，首先可以得出，在相同辊速下，分层数目与厚度呈正相关。也就是说，当辊速一定时，条带厚度越大，分层数目就可能越多。但需要说明的是，一般我们认为相同辊速下得到的同一批条带应该具有相同的厚度。然而，条带形成过程中铜辊温度的升高、喷射液流的不稳定，均会导致最后的条带厚度不一致。在相同辊速下，越厚的条带，其平均冷却速率和凝固速率越小。其次，在不同辊速下得到厚度相当的条带，其内部分层的情况没有可比性。如图 9-27(a)和(f)所示，两条条带厚度相当，但 10 m/s 辊速下的合金条带内部只有 1 条中心亮带，而 25 m/s 辊速下却有 4 条中心亮带。

9.5.3 冷却速率对层数的影响分析

本节针对高于临界点成分的 $Fe_{40}Sn_{60}$ 和 $Fe_{32}Sn_{68}$ 合金，分别研究了合金在 3 m/s、10 m/s 和 25 m/s 三种不同辊速下，条带中相分离的特点及凝固组织的变化规律。首先，从上述实验结果中可以看出，随着辊速的增大，$Fe_{40}Sn_{60}$ 和 $Fe_{32}Sn_{68}$ 合金条带中富 Fe 第二相粒子的尺寸都有减小的趋势，内部组织都得到显著细化。这是因为辊速越高，相应的冷却速率就越大，合金熔体通过难混溶间隙的时间就越短，从而第二相液滴的析出和长大时间也就越短，因此第二相粒子的粒径也就越小。其次，冷却速率越大，常规凝固下能够发生的一些相变反应将受到极大抑制，受影响的程度也就越剧烈，从而造成一些相的含量增加，另一些相的含量减少甚至消失。因此，较大的冷却速率也会使 Fe-Sn 合金中金属间化合物相的生长受到抑制。冷却速率越大，抑制效果越明显，即辊速越大，合金条带中组织的细化效果越明显。最后，将这两组成分中具有分层结构的合金条带的厚度进行了统计，结果如图 9-28 所示。

由图 9-28 可知，对于内部只有单层亮带组织的 $Fe_{40}Sn_{60}$ 和 $Fe_{32}Sn_{68}$ 合金条带而言，条带厚度均随辊速的增加而减小。这与单辊条带实验中的普遍规律相符：辊速越快，条带越薄。从具有单层亮带的条带厚度的变化趋势来看，$Fe_{40}Sn_{60}$ 比 $Fe_{32}Sn_{68}$ 合金条带的厚度变化更为平缓。对于具有双层亮带的 $Fe_{32}Sn_{68}$ 合金而言，其条带的厚度随着辊速的增大而减小，且这些条带的厚度都大于具有单层亮带的合金条带。对于具有三层亮带的合金条带，出现在辊速为 10 m/s 时的 $Fe_{32}Sn_{68}$ 合金中。至于具有四层亮带的合金条带，只在辊速为 25 m/s 时的 $Fe_{32}Sn_{68}$ 合金中被发现，其厚度甚至小于 10 m/s 辊速下的 $Fe_{32}Sn_{68}$ 合金条带(出现三层亮带)。

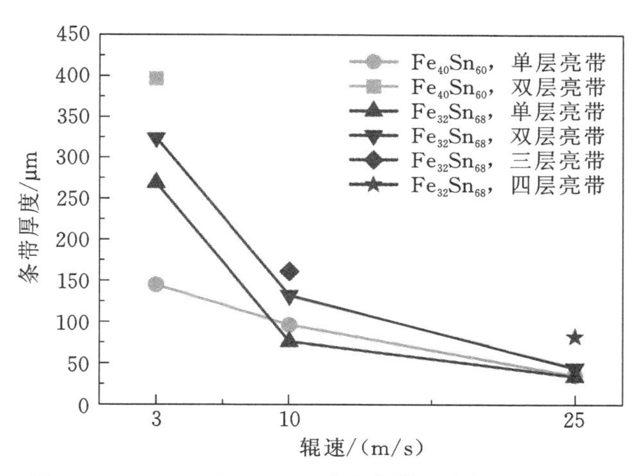

图 9-28　$Fe_{40}Sn_{60}$ 和 $Fe_{32}Sn_{68}$ 合金条带厚度与辊速的关系

综合以上统计结果可以发现：①在相同辊速下，条带越厚，层数越多；②对于 $Fe_{40}Sn_{60}$ 合金条带，低辊速时容易出现多层结构；③对于 $Fe_{32}Sn_{68}$ 合金条带，高辊速时更易得到多层结构。

对于第一点，可以解释为：由于同一条条带中各个亮带间距大致相同，因而厚度越大，出现新的亮带的概率也就越大。对于第二点和第三点，可以解释为：对于高于临界点成分的合金，其成分越靠近临界点，得到分层结构所需要的冷却速率越小。

9.6　本章小结

本章采用高频感应加热和单辊急冷技术分别制备了纽扣状和薄带状的 Fe-Sn 合金试样，并对 $Fe_{60}Sn_{40}$ 和 $Fe_{40}Sn_{60}$ 合金在常规凝固和快速凝固条件下的相分离组织及物相组成进行了对比分析。此外，明确了 Fe-Sn 合金在单辊快速凝固条件下条带中的多层亮带组织的形成过程及变化规律。得出的主要结论如下。

(1) 在常规凝固条件下，$Fe_{60}Sn_{40}$ 和 $Fe_{40}Sn_{60}$ 合金都经历了相分离过程，但二者的凝固形貌却大不相同。前者呈界线明锐的球-冠包裹式结构，后者为枝晶、小尺寸粒子、大尺寸粒子从上向下依次分区分布的组织形貌。凝固组织产生差异的根本原因是第二相粒子的运动与聚集。

(2) 对于 $Fe_{60}Sn_{40}$ 合金和 $Fe_{40}Sn_{60}$ 合金而言，相分离后第二相分别为富 Sn 粒子和富 Fe 粒子。第二相粒子悬浮于两种合金熔体中的临界半径 r_c 分别为 94.4 μm 和 49.6 μm。当 $Fe_{60}Sn_{40}$ 合金中第二相粒子的半径 $r<r_c$ 时，$V_M>V_S$，Marangoni

对流运动起主导作用，富 Sn 粒子将向高温区域迁移。对 $Fe_{40}Sn_{60}$ 合金而言，当第二相粒子半径大于临界半径时，Stokes 运动起主导作用，粒子将在合金熔体中下沉并聚集。计算结果与实验结果一致。

(3) 冷却速率可以抑制物相生成。常规凝固组织由 αFe、(Sn)、Fe_3Sn_2、FeSn 和 $FeSn_2$ 五个相组成，而快速凝固的合金条带由 αFe、(Sn)、FeSn 和 $FeSn_2$ 四个相组成。

(4) 在快速凝固条件下，临界点成分左侧的合金条带中将出现第二相粒子迁移形貌，且可能汇聚成一层或两层富 Sn 第二相粒子亮带。初始成分越靠近临界点，第二相粒子的迁移形貌就越明显。而在临界点成分右侧的合金条带中，可能出现更加明显的分层结构。

(5) $Fe_{40}Sn_{60}$ 和 $Fe_{32}Sn_{68}$ 合金条带内的分层结构的层数不固定。在相同辊速下，条带越厚，层数越多；对于 $Fe_{40}Sn_{60}$ 合金条带，低辊速时容易出现多层结构；对于 $Fe_{32}Sn_{68}$ 合金条带，高辊速时更易得到多层结构。总体规律是：成分越靠近临界点，得到分层结构所需要的冷却速率越小。

本章参考文献

[1] 赵九洲，江鸿翔. 偏晶合金凝固过程研究进展[J]. 金属学报，2018，54(5)：682-700.

[2] 王兴隆，赵德刚. 元素添加对偏晶合金凝固过程影响的研究进展[J]. 特种铸造及有色合金，2022，42(12)：1485-1491.

[3] 康智强，王恩刚，张林，等. 微重力条件下偏晶合金的研究进展[J]. 材料导报，2011，25(3)：13-16.

[4] WANG C P, LIU X J, OHNUMA I, et al. Formation of immiscible alloy powders with egg-type microstructure[J]. Science, 2002, 297(5583): 990-993.

[5] RATKE L, DIEFENBACH S. Liquid immiscible alloys[J]. Materials Science and Engineering: R: Reports, 1995, 15(7-8): 263-347.

[6] 贾均，赵九洲，郭景杰，等. 难混溶合金及其制备技术[M]. 哈尔滨：哈尔滨工业大学出版社，2002.

[7] 彭银利，白威武，李梅，等. 难混溶合金微滴中 L_2 相迁移动力学行为[J]. 有色金属工程，2023，13(2)：1-6.

[8] PENG Y L, WANG N. Effect of phase-separated patterns on the formation of core-shell structure[J]. Journal of Materials Science & Technology, 2020, 38: 64-72.

[9] 丁宗业，胡侨丹，卢温泉，等.基于同步辐射 X 射线成像液/固复层界面氢气泡的形核、生长演变与运动行为的原位研究[J].金属学报，2022，58(4)：567-580.

[10] 康智强，张煜博，杨雪，等.Al-Bi 过偏晶合金凝固过程中富 Bi 相分布规律研究[J].材料导报，2018，32(4)：598-601.

[11] 江鸿翔，孙小钧，李世欣，等.直流电流作用下 Al-Bi 偏晶合金连续凝固研究[J].特种铸造及有色合金，2020，40：1045-1049.

[12] 项兆龙，张林，黄明浩，等.磁场热处理对 FeCrCo 合金组织性能的影响[J].稀有金属材料与工程，2017，46(11)：3532-3537.

[13] 余挺，耿桂宏，王东新，等.电磁模拟微重力+电脉冲复合场作用下 Cu-20Pb 亚偏晶合金的组织与性能[J].特种铸造及有色合金，2019，39(1)：19-22.

[14] 张骁，刘亮，商剑，等.热处理对双 FCC 相 CoCrFeNiCu 高熵合金组织与性能的影响[J].金属热处理，2021，46(2)：157-160.

[15] 岳世鹏，接金川，曲建平，等.Ni、Si 元素对 Cu-Fe 合金显微组织和力学性能的影响[J].中国有色金属学报，2021，31(6)：1485-1493.

[16] WANG N，ZHANG L，PENG Y L，et al.Composition-dependence of core-shell microstructure formation in monotectic alloys under reduced gravity conditions[J].Journal of Alloys and Compounds，2016，663：379-386.

[17] WANG N，ZHANG L，ZHENG Y P，et al.Shell phase selection and layer numbers of core-shell structure in monotectic alloys with stable miscibility gap[J].Journal of Alloys and Compounds，2012，538：224-229.

[18] SHI R P，WANG C P，WHEELER D，et al.Formation mechanisms of self-organized core/shell and core/shell/corona microstructures in liquid droplets of immiscible alloys[J].Acta Materialia，2013，61(4)：1229-1243.

[19] WU Y H，WANG W L，CHANG J，et al.Evolution kinetics of microgravity facilitated spherical macrosegregation within immiscible alloys[J].Journal of Alloys and Compounds，2018，763：808-814.

[20] FAYYAZI B，SKOKOV K P，FASKE T，et al.Bulk combinatorial analysis for searching new rare-earth free permanent magnets：reactive crucible melting applied to the Fe-Sn binary system[J].Acta Materialia，2017(141)：434-443.

[21] KUMAR K C H，WOLLANTS P，DELAEY L，et al. Thermodynamic evaluation of Fe-Sn phase diagram[J].Calphad，1996，20(2)：139-149.

[22] WANG W L，LI Z Q，WEI B.Macrosegregation pattern and microstructure feature of ternary Fe-Sn-Si immiscible alloy solidified under free fall

condition[J].Acta Materialia,2011,59(14):5482-5493.

[23] 乔芝郁,许志宏,刘洪霖.冶金和材料计算物理化学[M].北京:冶金工业出版社,1999.

[24] GALE W F,TOTEMEIR T C.Smithells metals reference book[M].Amsterdam:Elsevier,2003.

[25] BAO S,YANG C,LI Z S,et al.Microstructure and air trace defects of the rapidly solidified ZK60 magnesium alloy ribbon[J].Materials,2024,17(1):30.

[26] 朱定一,杨晓华,韩秀君,等.Fe-Sn 偏晶合金的深过冷快速凝固组织[J].中国有色金属学报,2003,13(2):328-334.

[27] WU Y H,SU J W,ZHANG L,et al.Observations and simulations for phase separation process of immiscible $Fe_{50}Sn_{50}$ alloy droplets placed on a chilling surface[J].Journal of Alloys and Compounds,2023,947:169565.

[28] TIAN L L,PENG Y L,LEI X W,et al.Investigations on collision intensity of minor-phase globule and the resulting morphology in Fe-58wt% Sn powder [J].Journal of Molecular Liquids,2020,313:113285.

[29] WU Y H,WANG W L,XIA Z C,et al.Phase separation and microstructure evolution of ternary Fe-Sn-Ge immiscible alloy under microgravity condition [J].Computational Materials Science,2015,103:179-188.